GRANDES FAZENDAS PRODUZEM GRANDES GRIPES

editora **IGRÁ KNIGA**

ROB WALLACE

GRANDES FAZENDAS PRODUZEM GRANDES GRIPES

DOENÇAS INFECCIOSAS, AGRONEGÓCIO E A NATUREZA DA CIÊNCIA

Título Original: *Big Farms Make Big Flu*

TRADUÇÃO Allan de Campos Silva
ILUSTRAÇÕES Revista Comando
CAPA Nina Meirelles
PROJETO GRÁFICO E DIAGRAMAÇÃO Marina Manganotte

Dados Internacionais de Catalogação na Publicação (CIP)
(Câmara Brasileira do Livro, SP, Brasil)

Wallace, Rob
Grandes fazendas produzem grandes gripes : doenças infecciosas, agronegócio e a natureza da ciência / Rob Wallace ; tradução Allan de Campos. -- 1. ed. -- São Paulo, SP : Ed. Igrá Kniga 2025.

Título original: Big farms make big flu : dispatches on influenza, agribusiness, and the nature of science
ISBN 978-65-991950-3-7

1. Agronegócio 2. Doenças infecciosas 3. Epidemiologia 4. Geografia 5. Gripe aviária 6. Gripe - Prevenção 7. Pandemia 8. Saúde pública I. Título.

25-310801.1 CDD-616.9
NLM-WC 011

Índices para catálogo sistemático:

1. Doenças infecciosas : Medicina 616.9

Maria Alice Ferreira - Bibliotecária - CRB-8/7964

[2025]

Editora Igrá Kniga
São Paulo - SP
www.igrakniga.com
igrakniga@gmail.com

Quando não tínhamos meios, dissemos que o fim justifica os meios. Agora que não temos fins, dizemos que os meios justificam o fim. Nenhuma das duas afirmações é imoral. O que é inteiramente imoral é que não haja mais nenhuma contradição entre as duas: fins e meios tornaram-se indiferentes um para o outro. Eles simplesmente não pertencem mais à mesma ordem. Tudo funciona maravilhosamente, expandido como poliestireno, movido por fluxos genéricos de geradores: as metastáticas do Bem. Tudo corre mal, todos os circuitos divergem, movidos pela ansiedade e dirigidos à ansiedade: as erráticas do mal.

– Jean Baudrillard (1995)

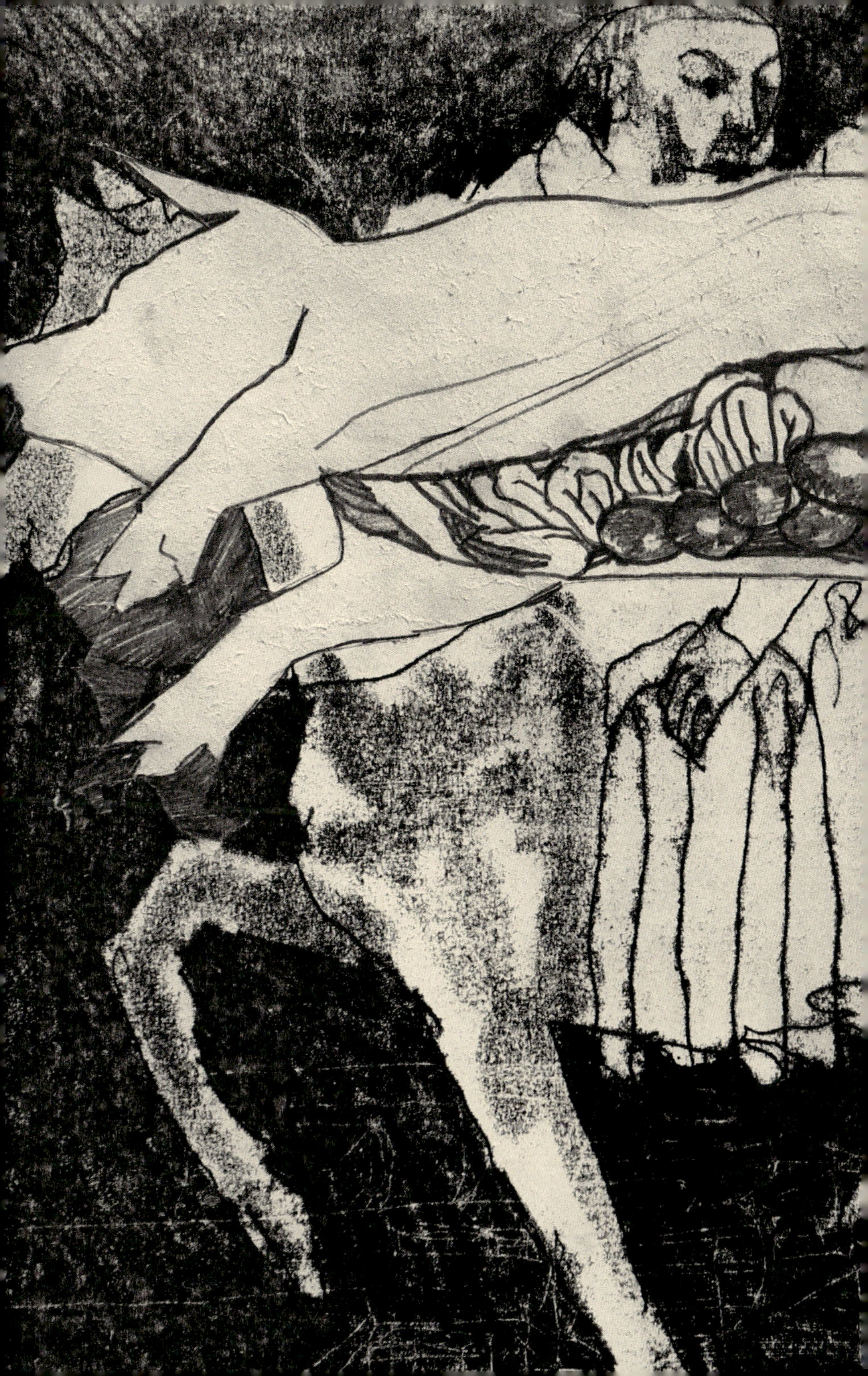

PARA VIOLETA

ROB WALLACE

GRANDES FAZENDAS PRODUZEM GRANDES GRIPES

DOENÇAS INFECCIOSAS, AGRONEGÓCIO E A NATUREZA DA CIÊNCIA

TRADUÇÃO
ALLAN DE CAMPOS SILVA

Em algum momento? Isso é sério? Em algum momento? Hoock Seng faz uma careta para ele. Eu não quero saber de "em algum momento". Eu me preocupo com este mês. Se esta fábrica fechar, não teremos sequer a chance de nos preocupar com esse "eventualmente" do qual você fala. Você estará de volta a Thonburi, selecionando tripas de frango e torcendo para não pegar a gripe, e eu estarei de volta a uma torre de cartão amarelo. Não se preocupe com o amanhã. Preocupe-se se o Sr. Lake vai jogar todos nós na rua hoje. Use a sua imaginação. Encontre uma maneira de fazer com que esta alga gaiside se reproduza.

- Paul Bacigalupi (2009)

SUMÁRIO

PARTE UM

PARTE DOIS

PARTE TRÊS

PARTE QUATRO

PARTE UM

"Sim, meu caro companheiro. Suspeito que o Pináculo tenha tolerado o drone até agora - nos embalando, se você quiser, em uma falsa sensação de segurança. No entanto, agora o Pináculo decretou que devemos descartar essa particular muleta mental... Não nos permitirá mais obter quaisquer conhecimentos acerca do conteúdo de uma sala, ao menos que um de nós entre nela. E nesse momento impedirá que qualquer um de nós saia até resolvermos esse problema."
"Você quer dizer que está mudando as regras à medida que avança?" Hirz perguntou.
O Doutor virou sua requintada máscara de prata para ela. "Quais regras você tinha em mente, Hirz?"

—Alastair Reynolds (2002)

O GRANDE JOGO DE EMPURRA DA GRIPE AVIÁRIA

Uma rosa pode preservar a sua fragrância, ainda que submetida às vicissitudes da taxonomia humana, Contudo, nunca duvide do poder de um nome para moldar e direcionar nossos pensamentos.

— *Stephen Jay Gould (2002)*

Vocês dão nomes um ao outro, dão nomes a tudo para afirmar a sua posição. Mas nós também temos nomes. Tomamos a forma do que nos trouxe aqui — e tomamos o nome do que matamos para aqui permanecer.

— *Adam Hines (2010)*

A Organização Mundial da Saúde (OMS) propôs uma nova nomenclatura para uma série de cepas de *influenza A* (H5N1), a gripe aviária que circula na Eurásia e na África (OMS,2008). As cepas, a partir de agora, serão numeradas em vez de receberem um nome relativo à sua região ou país de origem.

A OMS declarou que a mudança seria necessária por causa da confusão causada por sistemas de nomes díspares atualmente em uso na literatura científica. Um sistema de nomenclatura unificado facilitaria a interpretação dos dados genéticos e de vigilância produzidos por diferentes laboratórios. Também forneceria um sistema de trabalho adequado para revisar nomes de linhagens com base nas características virais. Ao mesmo tempo, o novo sistema acabaria com a estigmatização causada pela nomeação das cepas de gripe relativas aos seus locais de origem.

Sou um filogeógrafo, pesquisador de saúde pública. Isso significa que eu utilizo as sequências genéticas de vírus e bactérias, incluindo o H5N1, para fazer descobertas sobre propagação geográfica e evolução dos patógenos. A nomenclatura proposta tem um impacto direto no trabalho que realizo.

Por um lado, as mudanças propostas parecem razoáveis. O novo sistema ofereceria espaço para a taxonomia H5N1 crescer. Por exemplo, a cepa de H5N1 do tipo Qinghai que se espalhou à oeste do Lago Qinghai, no noroeste da China, através da Eurásia e da África, sofreu uma diversificação subsequente (Salzberg *et al.*, 2007). Os novos grupos que surgiram devem por isso ser designados de maneira mais precisa do que "semelhante a Qinghai".

Por outro lado, incluir a geografia nos nomes das cepas permite o seu reconhecimento mais facilmente do que a enumeração aberta proposta pela OMS. O "tipo Fujian" é mais facilmente identificável do que o "Clado 2.2.4". O mais importante, contudo, é que muitas cepas de H5N1 estão geograficamente associadas, seja pela distribuição atual, seja pelo lugar de origem, tal como se percebe nas variações das proteínas, como a hemaglutinina e a neuraminidase nas camadas mais externas do vírus. Atualmente, a ocorrência do Clado 2.1 está limitada à Indonésia. Já a cepa Clado 2.2, semelhante a Qinghai, espalhou-se para oeste, a partir do Lago Qinghai (ainda que, desde então, a linhagem tenha sido rastreada de volta ao Lago Poyang, em Jiangxi (Chen *et al.* 2006).

Aparentemente, isso pode parecer um problema técnico, um tópico relevante apenas para cientistas e burocratas. Mas pode haver mais em jogo. As mudanças propostas representam uma abordagem epidemiológica que pode ameaçar nossa capacidade de imputar as causas da gripe aviária, adotar intervenções apropriadas e nomear os responsáveis pelo controle de surtos locais.

Se for demonstrado que uma cepa de gripe aviária surgiu recentemente em uma província ou estado específico de um determinado país afetado, esse país é responsável por intervir de maneira que o surto e qualquer sequela sejam controlados. Rotular uma cepa segundo seu provável local de origem nos lembra quais países são responsáveis e para onde a atenção deve ser direcionada. Mesmo que as cepas se espalhem posteriormente, suas origens geográficas são essenciais para aprender mais sobre as características moleculares e epidemiológicas do vírus, além de impedir o surgimento de cepas semelhantes.

Causa e responsabilidade, então, parecem estar no cerne da questão. A terminologia que a OMS caracteriza como "estigmatizante" pode ser vista apenas como defindora, parte da identificação da causalidade.

Infelizmente, à primeira vista, a posição da OMS tem história a seu favor. A nomenclatura epidemiológica tem se comportado como um campo minado. As doenças têm sido marcadas com rótulos infundados, frequentemente inspirados na xenofobia. A doença francesa, a gripe espanhola, doenças imputadas ao "perigo amarelo" — todas erroneamente afixadas ou associadas. Em um caso, porém, a explicação da OMS parece exagerada. A "gripe aviária" não possui um rótulo geográfico e as origens dessa linhagem são estabelecidas pela investigação científica e não pela intolerância impensada.

O guarda-chuva terminológico da OMS também parece excessivamente protetor. Os governos nacionais cujas políticas contribuem para o surgimento de uma doença devem ser tratados como se fossem minorias indefesas, discriminadas por causa de uma noção mal concebida de etiologia da doença? Os ministérios da saúde e da agricultura devem ser considerados como tendo sido alvo do mesmo preconceito infundado aos qual os haitianos foram alvo no início da epidemia de AIDS?

Algo além da sensibilidade da OMS em relação à injustiças passadas parece estar em jogo. Uma incursão na recente economia política da pesquisa sobre a gripe aviária demonstra que a proposta de nomenclatura faz parte de um conjunto de concessões que a OMS concede aos países membros que atualmente são fontes aparentes de muitas das novas linhagens de gripe aviária. Sem a cooperação desses membros, a OMS teria pouco ou nenhum acesso a vírus isolados de H5N1, a partir dos quais suas sequências genéticas são identificadas e possíveis vacinas desenvolvidas.

Precisamos nos perguntar, no entanto, qual é o preço desse apaziguamento. Perdemos assim os meios pelos quais poderíamos fazer países recalcitrantes intervirem em epidemias locais que ameaçam o bem-estar do resto do mundo?

A nomenclatura proposta sugere que os maiores esforços da OMS e de muitos governos do mundo estão direcionados para agir como centro de controle no caso de uma pandemia de influenza. Para os loucos por conspiração por aí, isso não quer dizer que a OMS ou qualquer laboratório ou agência de qualquer governo esteja na origem à gripe aviária. Os vírus influenza circulam há muito tempo entre aves migratórias e nos últimos cem anos se adaptaram ao modo de vida industrial da humanidade. (Patterson, 1986) A OMS também não é negligente. Acredito que a OMS concentrou-se de fato no combate à gripe aviária.

Ainda assim, como muitas instituições, a OMS está manobrando para se proteger. O trem da gripe aviária pode já ter saído da estação epidemiológica e uma pandemia pode agora ser quase inevitável. O que seria uma falha catastrófica por parte dos governos e ministérios da saúde do mundo todo, pois milhões podem morrer.

Quem, então, tomará para si a responsabilidade, senão os países afetados? As instituições internacionais encarregadas de prevenir a catástrofe são muitas vezes feitas de bodes expiatórios em razão das falhas de seus membros. A Segunda Guerra Mundial destruiu a Liga das Nações. Uma pandemia poderia fazer o mesmo com a OMS. A nova nomenclatura pode representar um meio pelo qual a organização tenta escapar à linha de fogo política.

REAÇÕES ADVERSAS

No final de 2006, o virologista Guan Yi e seus colegas da Universidade Hong Kong reportaram uma cepa não caracterizada de H5N1 como do "tipo Fujian", em referência à suposta origem localizada nessa província chinesa (Smith *et al.* 2006). Eles atribuíram o surgimento da cepa como reação evolucionária do vírus à campanha de vacinação de aves do governo. O vírus parecia evoluir sob a cobertura da vacina.

As autoridades chinesas foram enérgicas, rejeitando as descobertas.

"Os dados citados no artigo não são autênticos e a pesquisa e a metodologia não possuíam fundamentação científica", disse Jia Youling, chefe do departamento veterinário da China, em entrevista coletiva.[1]

"Na realidade, não existe uma nova variante de vírus 'tipo-Fujian'" disse Jia.

O relatório da Universidade de Hong Kong pareceu envergonhar profundamente o governo chinês. Como apontado pelos funcionários da OMS, se o governo, que tem um esforço de vigilância paralelo, não conhecia a cepa emergente, o seu surgimento revelaria uma incompetência governamental. Se as autoridades sabiam da cepa do 'tipo Fujian', sua recusa em informar a comunidade internacional implicaria no encobrimento da SARS (Greenfeld, 2007).[2]

Mesmo sem mapas de propagação local do H5N1, os chineses certamente reconheceram que suas províncias do sul eram o marco zero da primeira propagação, assim como de muitos subsequentes surtos de H5N1.

1 Reuters (2006). "China shares bird flu samples, denies new strain report." 10 de Novembro. Disponível em: http://www.alertnet.org/the-news/newsdesk/PEK2663.htm

2 Em 2003 o governo chinês levou meses para informar o mundo a respeito da SARS, um coronavírus respiratório mortal que se originou na província de Guangdong, no sudeste do país, antes de infectar cerca de 8000 pessoas ao redor de diversos países do mundo.

Por outro lado, devemos reconhecer que a gripe aviária é um problema difícil para qualquer governo nacional. Imagine surtos ocorrendo ao redor de vinte e seis estados dos EUA – o furacão Katrina em versão ampliada. O Centro para Controle de Doenças (CDC), o Departamento de Agricultura (USDA) e o Serviço de Pesca e Vida Selvagem (Fish and Wildlife), atualmente com servidores não qualificados, nomeados por Bush, seriam capazes de reagir de forma diferente a um ataque tão virulento? Não posso eliminar a responsabilidade do governo chinês, mas devemos reconhecer como resposta preventiva ao que provavelmente será caracterizado como mais um caso de excepcionalismo chinês. Os governos em todo o mundo estão despreparados.

A pressão sobre as autoridades de saúde chinesas deve ser enorme e é difícil ignorar o tom da histeria. Mas mesmo quando reconhecemos a fonte da reação do governo, devemos aceitar as reivindicações apresentadas em sua manifestação?

"É absolutamente infundado afirmar que o surto de gripe em aves nos países do sudeste asiático foi causado pela gripe aviária vinda China e que haveria uma nova onda de surtos no mundo ", disse Jia. Isso não é verdade.

"Desde 2004, a China acompanha de perto a situação da gripe aviária nas regiões do sul", disse o porta-voz do Ministério das Relações Exteriores Liu Jianchao.[3] "A análise da sequência genética mostra que todas as variantes do vírus encontrado no sul da China compartilha alta uniformidade, o que significa que todos eles pertencem ao mesmo tipo de gene. " Isso também não é verdade.

"Nenhuma mudança distinta foi encontrada em suas características biológicas", continuou Liu. Novamente, isso não é verdade.

3 "Ministries refute bird flu virus rumour in China." *China Daily*. 3 de Novembro de 2006. Disponível em: http://english.people-daily.com.cn/200611/03/eng20061103_317874.html

Com colegas da Universidade da Califórnia, publiquei um relatório em março de 2007 que identifica a fonte geográfica de múltiplas cepas de influenza A altamente patogênica (H5N1). (Wallace *et al*, 2007) Nossa análise das sequências genéticas do H5N1, coletadas ao longo de 2005 em vinte localidades da Eurásia aponta Guangdong, outra província do sudeste, como a provável fonte de cepas de H5N1 que se espalharam regionalmente dentro da China e para outros países, incluindo Indonésia, Japão, Tailândia, e Vietnã.

Embora nosso artigo não tenha abordado a variante do tipo Fujian, os resultados refutaram a afirmação de que a China não tinha nada a ver com os repetidos surtos regionais e internacionais de H5N1. Está claro que múltiplas cepas evoluíram e se dispersaram pelo sul da China e, como mostra outro trabalho, continuam a se dispersar. Na realidade, cientistas da Universidade Agrícola do sul da China, em Guangdong, também publicaram uma pesquisa em 2005 mostrando que um novo genótipo H5N1 havia surgido no oeste Guangdong em 2003-4 (Wan *et al.* 2005).

A reação oficial ao nosso trabalho foi quase idêntica em sua consequência àquela dirigida aos cientistas de Hong Kong. Yu Yedong, diretor do Instituto de Prevenção de Epidemias Animais de Guangdong, e o Centro de Prevenção da Gripe Aviária de Guangdong rotularam nosso trabalho como 'não científico' e 'ridículo'.[4]

He Xia, porta-voz do Departamento Agrícola da Província de Guangdong, disse ao jornal China Daily que o estudo era falho e não possuía credibilidade.[5] "Na verdade, Guangdong não testemunhou nenhum caso de gripe aviária em 1996. Como resultado, as descobertas não se baseiam em fatos ", afirmou ele.

4 "Guangdong ridicules H5N1 claims." South China Morning Post. 7 de março de 2007.

5 "H5N1 death in Laos confirmed; Chinese reject research report." *Cidrap News*, 8 de março. Disponível em: http://www.cidrap.umn.edu/cidrap/cotent/influenza/avianflu/news/maro807avian.html

As declarações dele são curiosas, uma vez que amostras de cepas altamente patogênicas H5N1 foram isoladas por cientistas chineses a partir de um surto de 1996 em uma fazenda de gansos em Guangdong (Tang *et al.*, 1998; Mukhtar et al. 2007).[6] Durante o surto inicial de H5N1 em Hong Kong em 1997, os noticiários também deram detalhes sobre como as autoridades locais de saúde decidiram proibir a importação de aves de criação de Guangdong, origem de vários lotes de galinhas infectadas.[7]

MANIPULAÇÃO MULTILATERAL

O governo chinês não é a única fonte oficial de negação e procrastinação. A ministra da Saúde da Indonésia, Siti Fadilah Supari, afirmou que os estudos de uma equipe da Universidade de Washington "enganaram o público" (Yang *et al.*, 2007), ao mostrar que o contágio entre membros de uma família da Sumatra teria acontecido de humano para humano.

"É uma questão de lógica... se a transmissão ocorresse entre seres humanos já teria varrido o país e matado milhares", declarou Supari em uma entrevista coletiva.[8] Evidências de contágio entre humanos, contudo, não garantem uma pandemia subsequente. Cadeias de transmissão podem se encerrar sozinhas, por acaso.

---

6 Em 1999, o genótipo foi isolado novamente em Hong Kong em um carregamento de gansos proveniente de Guangdong. Cientistas da China continental recentemente levantaram a hipótese de que o genótipo de Guangdong de 1996 surgiu de um rearranjo entre cepas H3 e H7 isoladas nas cercanias de Nanchang e cepas de vírus H5 japonês. Cepas de baixa patogenicidade H5 circulam pelo mundo, com um surto recente na Pensilvânia, nos EUA.

7 "Chicken imports slashed by third." *South China Morning Post*. 15 de dezembro de 1997.

8 "Indonesia dismisses human-to-human bird flu report." 3 de setembro de 2007. Disponível em: http://www.reuters.com/article/healthNews/idUSPAR36484220070903

Supari também trabalhou para a OMS. Ela foi eleita vice-presidente da Assembleia Mundial da Saúde em 2006 e, no mesmo ano, foi eleita por unanimidade como membro do conselho executivo da OMS. O conselho executivo tem sua parte da culpa, particularmente em relação a conflitos de interesses (Horton, 2006). Mas pode-se imaginar o impacto sobre o moral dos cientistas da OMS quando um membro da liderança da organização rejeita descobertas científicas em favor de um expediente nacionalista.

De fato, os funcionários da OMS criticaram abertamente Supari. Sobre outro tema – a recusa da Indonésia em compartilhar amostras de H5N1 – David Heymann, diretor-geral assistente da OMS para doenças transmissíveis disse que Supari "sempre disse que não confia na OMS, e ela está encontrando novos motivos para não confiar em nós" (Enerink & Normile, 2007) – embora a própria OMS tenha contribuído para trazer para si essa desconfiança.

A subordinação da prática científica por diretrizes políticas não pode ser imputada somente à China ou à Indonésia. Uma pandemia que perverte a ciência em nome do ganho político está em fase de disseminação. Nos Estados Unidos, agentes do do governo Bush (2001-2009) revisaram o conteúdo de inúmeros relatórios científicos – a base da realidade sobre a qual a ação governamental precisa ocorrer – por questões políticas. Mudanças climáticas, desmatamento, poluição, células-tronco, Aids e preservativos, evolução, decisões do Departamento de saúde pública e dos Centros de Controle e Prevenção de Doenças – tudo foi deturpado ou recebeu interferência de pessoas nomeadas por Bush, em geral membros de lobbies corporativos ou da direita religiosa (Shulman, 2006; Mooney, 2005).[9]

9 "Former Bush surgeon general says he was muzzled. 10 de Julho de 2007. Disponível em: http://www.reuters.com/article/politicsNews/idUSN1034212120070710; Hebert HJ (2007). "White House edited CDC climate testimony." Associated Press. 24 de Outubro. Disponível em: http://news.yahoo.com/s/ap/20071024/ap_on_go_ca_st_pe/global_warming_health_21. Existem também mentiras e subterfúgios em torno de questões científicas relacionadas à ocupação do Iraque e à guerra ao ter-

Embora o presidente Bush tenha prestado mais atenção à possibilidade de uma pandemia de gripe do que, digamos, ao Katrina e suas consequências – ler o livro de John Barry sobre a pandemia de 1918 pode fazer isso com você (Barry, 2004) – os Estados Unidos seguiram uma agenda definida pelas multinacionais farmacêuticas às custas da saúde global.

A manobra mais recente envolveu o bloqueio de esforços para reformar o sistema mundial de vacinas contra o influenza. A partir da Rede de Vigilância Global de Influenza (GISN), nos últimos 55 anos, diversos países aderem à coleta de cepas prevalentes de influenza para a Organização Mundial da Saúde. (Fidler, 2008) A OMS oferece as amostras sem custo para empresas farmacêuticas dispostas a fazer vacinas. As empresas posteriormente vendem as vacinas com lucro. As vacinas são enfim disponibilizadas apenas para populações capazes de pagar, nomeadamente pessoas que vivem em países industrializados.

A Indonésia agora se recusa a compartilhar suas amostras de H5N1 como parte de uma estratégia para forçar uma mudança no sistema e, assim, disponibilizar vacinas para a sua própria população. A Indonésia, um epicentro primário de surtos de H5N1, sofreu sanções consideráveis por sua decisão, inclusive da parte da própria OMS, tal como o comentário de Heymann deixa claro. No fundo, a Indonésia está mantendo a saúde global como refém, ao impedir que cientistas em todo o mundo tenham acesso a amostras locais de gripe aviária.

ror. Bolo amarelo (urânio) do Níger. Guerra biológica de fósforo branco em Fallujah. Psicólogos em Guantánamo. Anthrax de Fort Detrick. Estimativas de mortos no Iraque. Os bilhões de dólares e o capital político gastos na visita à morte e destruição no Iraque poderiam ter sido usados contra a gripe aviária, uma ameaça comprovada aos interesses dos EUA e à estabilidade global. A guerra também torna o Iraque vulnerável à gripe aviária. Como mostram os recentes surtos de cólera no Iraque, a guerra destrói a infra-estrutura de saúde pública com consequências devastadoras.

Por mais frustrante que esta recusa seja para os cientistas, filogeógrafos incluídos, o protesto da Indonésia em princípio é justo. As pessoas que não podem pagar pelos medicamentos mais recentes merecem ser protegidas de doenças mortais. Opositores argumentam que estamos perdendo tempo e que um surto desenfreado na Indonésia não ajuda ninguém, incluindo, ou especialmente, os pobres de lá. Acho que esse impasse, contudo, pode ser resolvido rapidamente assim que for fornecida ajuda internacional para as fábricas de vacinas dos países mais pobres.

O problema é, evidentemente, que essa solução minaria a medicina voltada para o lucro, uma violação da globalização neoliberal idealizada pelos apoiadores mais ricos da OMS. Em uma conferência recente, realizada em Genebra para resolver o impasse, os Estados Unidos e a União Européia impediram os esforços para a reforma do GISN. Conforme relatado por Ed Hammond no blog *Effect Measure*, a interferência incluiu uma tentativa de inserir uma menção às Regulamentações Internacionais de Saúde da Assembléia da OMS que teria forçado países a transferir amostras de doenças para a OMS (mesmo que os Estados Unidos tenham citado a soberania nacional ao se recusarem a devolver amostras de influenza de volta à Indonésia).[10]

O impasse ainda pode muito bem ser resolvido – vamos todos torcer para o nosso bem – mas o papel da intransigência dos EUA no assunto, ao contrário da Indonésia, foi subnotificado.

10 "Flu virus sharing summit: wrap up." *Effect Measure* blog. 24 de novembro de 2007. Disponível em: http://scienceblogs.com/effect-measure/2007/11/flu_virus_sharing_summit_wrap_1.php Hammond relata que a conferência estava apinhada de representantes da indústria farmacêutica convidados pela OMS.

PRIMEIROS ALERTAS

Os ataques ao nosso trabalho sobre a filogeografia da gripe aviária chegaram através de autoridades de governos provinciais na China, mesmo antes do artigo tornar-se público. Curiosamente, o governo central, em Pequim, permaneceu em silêncio.

Talvez o trabalho já acumulado que demonstra o papel do sul da China na disseminação do H5N1 tenha chamado a atenção do governo central. Talvez Pequim tenha o bom gosto de criticar o trabalho somente depois de publicado. Talvez o governo tenha aprendido com o episódio da SARS, durante o qual comunicou erroneamente a cientistas estrangeiros que não havia perigo. Ou talvez as autoridades tenham descoberto que Walter Fitch, chefe da equipe que produziu nosso relatório, fez uma apresentação sobre os métodos usados no estudo para uma audiência que incluía membros da Academia Chinesa de Ciências de Xangai, em dezembro de 2005. O trabalho não era de todo surpreendente.

As autoridades também podem ter reconhecido que uma denúncia mais ampla poderia atrair demasiada atenção à longa história da gripe na China. Por décadas, foi registrado o surgimento de uma variedade de subtipos de influenza no sul da China, incluindo Guangdong (Chang, 1969; Shortridge & Stuart-Harris, 1982; Xu *et al.*, 2007; Cheung *et al.*, 2007). No início dos anos 80, o microbiologista da Universidade de Hong Kong, Kennedy Shortridge, identificou 46 das 108 diferentes combinações possíveis de subtipos de hemaglutinina e neuraminidase que circulavam mundialmente, naquela época, em uma única indústria avícola de Hong Kong. (Shortridge, 1982)

No próprio boletim da OMS, Shortridge, escrevendo em 1982, detalhou as razões pelas quais o sul da China serviram como ponto de partida para a próxima pandemia de gripe:

• O sul da China hospeda a produção em massa de patos em inúmeros lagos, facilitando a transmissão fecal-oral de vários subtipos de influenza.

• A maior combinação de sorotipos de influenza no sul da China aumenta a possibilidade de a combinação correta de segmentos gênicos surgir por rearranjo genético, selecionando uma cepa humana recém-emergente.

• A gripe circula o ano todo por lá, sobrevivendo ao período inter-epidêmico, e transmitindo através do modo de contágio fecal-oral.

• A alta densidade populacional no sul da China fornece uma interface ideal por meio da qual uma cepa específica para humanos pode emergir.

As condições descritas por Shortridge apenas se intensificaram com a liberalização da economia da China. Milhões de pessoas se mudaram para Guangdong desde o início do século, parte de um dos maiores fluxos migratórios da história da humanidade, da China rural para as cidades das províncias costeiras. (Fan, 2005) Mudanças concomitantes na tecnologia agrícola e na estrutura de propriedade adicionaram centenas de milhões de aves à produção (Sun, *et al.*, 2007; Luo *et al.*, 2003; Burch, 2005). A produção de carne de pato na China, por exemplo, triplicou nos anos 90.

Em 1995, dois anos antes do primeiro surto de H5N1 em Hong Kong, Shortridge, em estreito contato com colegas da China continental, alertou novamente que a próxima cepa pandêmica surgiria no sul da China (Shortridge, 1995). "Todos os esforços devem ser feitos para melhorar as capacidades de diagnóstico chinesas e as linhas de comunicação com os centros de saúde e prevenção de epidemias provinciais e municipais e, em seguida, com o Centro Nacional de Influenza de Pequim", aconselhou Shortridge.

A China é um país de um bilhão de pessoas e seria absurdo esperar outra coisa senão uma variedade de respostas ao alerta do pesquisador. O desdém, contudo, não foi a única resposta.

Em abril de 1982, Shortridge e colegas convocaram uma reunião entre virologistas da China, de Hong Kong e autoridades de saúde animal para discutir o possível surgimento de um contágio humano específico por um vírus influenza que circulava na região (Shortridge & Stuart-Harris, 1982) Os participantes incluíram Yuanji Guo, do Instituto de Virologia da Academia Chinesa de Ciências Médicas, F.A. Liu e S.C. Au, do Departamento de Pecuária e Medicina Veterinária da Universidade Agrícola do Sul da China, situado em Guangzhou, capital de Guangdong, e G.Z. Shen da Estação de Saúde e Contra-Epidemia em Guangzhou. Tais esforços de boa fé na colaboração científica são praticados há muito tempo.

Recebi e-mails de cientistas de instituições de toda a China depois que nosso artigo sobre a filogeografia da gripe aviária foi publicado. Os e-mails continham informações fascinantes, perguntas sobre metodologia e críticas sérias. Um cientista do Centro de Epidemiologia e Saúde Animal da China, em Qingdao, perguntou sobre erros de amostragem e estimativa em nossa análise e levantou a questão sobre se Hong Kong e Guangdong deveriam ser agrupados em uma única unidade epidemiológica.

Em suma, muitos cientistas chineses enfrentaram – e continuam a enfrentar – a gripe aviária de maneira séria e dedicada. De fato, boa parte do trabalho aqui citado foi conduzido pelos chineses do continente. Seus esforços para descobrir a natureza do que ocorre em seu próprio país e em outros lugares deve ser reconhecido. Isso é diferente, porém, de isentar a responsabilidade *prima facie* do governo chinês ao permitir a proliferação de condições que nos conduzem para um desastre epidemiológico.

RESPONSABILIDADE É UMA COISA BOA

A disputa em torno da cepa do tipo Fujian parecia parte integrante de um conflito em andamento entre o governo chinês e Guan Yi, o cientista de Hong Kong e líder da equipe que produziu o relatório sobre a nova variante viral. Em 2003, quando a SARS surgiu em Guangdong, Guan contrabandeava amostras de pacientes que sofriam da misteriosa nova pneumonia (Greenfeld, 2007). Guan transportava as amostras durante um embargo imposto por Pequim, quando ainda poucas amostras estavam disponíveis para análise em qualquer lugar. Desde então, Guan alertou repetidamente o governo por sua inação em relação à gripe aviária.[11] Em 2005, o governo ameaçou fechar o laboratório Shantou de Guan, em retaliação.

A disputa parece estar relacionada às objeções da veterinária-chefe Jia Youling em um caso de negação de autoria. No início de 2006, Jia reclamou que os cientistas ocidentais haviam reivindicado a autoria exclusiva de um artigo que incluía amostras fornecidas por pesquisadores do governo chinês.[12]

Em um esforço para manter o acesso a um fluxo de amostras chinesas de H5N1, a Organização Mundial da Saúde pediu desculpas pela referência imprecisa. No entanto, em um claro de apaziguamento que mal se relacionava com a ofensa original, a China também venceu com a recomendação da OMS de que nenhuma cepa da gripe aviária seja identificada como relacionada a uma única área, dezesseis meses antes das revisões propostas na nomenclatura H5N1.

"É muito importante que a nomeação de vírus seja feita de uma maneira que não estigmatize países, que não estigmatize regiões e que não estigmatize pessoas individualmente", disse David Heymann, diretor geral assistente da

---

11 "China hiding bird-flu cases: expert." *Globe and Mail*. 9 de dezembro de 2005.

12 "How academic flap hurt effort on Chinese bird flu." *Wall Street Journal*. 24 de fevereiro de 2006.

OMS para doenças transmissíveis. Talvez o cinismo abjeto esteja injustificado. Afinal, Heymann expressou sentimentos semelhantes durante o surto de SARS (Greenfeld, 2007). A negociação por baixo dos panos aqui é evidente.

Outra tática consiste em reconhecer as origens geográficas, mas desviar a atenção para as circunstâncias atuais. Em resposta ao nosso trabalho que mostra que o sul da China é uma fonte de múltiplas linhagens de H5N1, o porta-voz da OMS Gregory Hartl observou que as origens no continente já eram conhecidas e que "o que é mais importante para nós e para quem trabalha no campo da vigilância e tenta conter e combater o H5N1... é saber onde o vírus está agora, o que está fazendo e quais cepas estão circulando mais amplamente" (Wan *et al.*, 2005)

Não importa que cepas de H5N1 continuem surgindo no sul da China. Não importa que o curso atual da gripe aviária seja inextricavelmente entrelaçado com suas origens – a história do vírus é importante. As origens do H5N1 nos fornecem mais do que um contexto epidemiológico. As origens estão relacionadas à questões fundamentalmente pragmáticas, como a identificação de fontes de cepas, incluindo a descoberta dos mecanismos de disseminação e evolução do influenza.

Não importa também que o chamado por uma nomenclatura mais indulgente não tenha impedido o governo chinês de responsabilizar outros países. O *Beijing News* citou o vice-ministro da Agricultura Yin Chengjie para declarar que a China precisava fortalecer seus sistemas de monitoramento e resposta em todo o país por causa de recentes surtos em "países vizinhos", uma aparente referência ao Vietnã e outras regiões da Indochina.[13]

"A doença continuou a se espalhar pelos países vizinhos. Isso representa um grande perigo para o nosso trabalho de prevenção e controle ", disse Yin. Isso é absolutamente

13 "Parts of China not fully ready against bird flu—official." 19 de setembro de 2007.

correto. Mas o que vale para um deve valer para o outro. A China não pode extrair um passe livre de responsabilidade pela gripe aviária enquanto responsabiliza vizinhos.

O Vietnã, por sua vez, desde então informou que a cepa do tipo Fujian apareceu em várias províncias do norte e do sul. Na descrição dos surtos, as autoridades vietnamitas usaram a palavra-F de maneira reveladora, tal Crawford Kilian, em seu blog *H5N1*.

Em suma, a OMS tem razão. Desde 1580, os surtos de gripe que varrem toda a Eurásia têm sido atribuídos a – e nomeados após – terras estrangeiras, frequentemente com base em evidências precárias (Patterson, 1986). Os nomes da gripe têm se revelado bodes expiatórios para a xenofobia para qualquer outra doença, incluindo, de forma infame, as infecções sexualmente transmissíveis. A gripe "espanhola" de 1918 não surgiu na Espanha, mas foi relatada pela primeira vez por uma das poucas imprensas livres da Europa autorizada a operar sem censura durante a Primeira Guerra Mundial. A OMS, portanto, não está incorreta em seus esforços para desestigmatizar as cepas de gripe aviária, mesmo que o faça apenas com base em boas intenções.

A história mostra que os chineses têm motivos especiais de preocupação. A terceira pandemia da peste começou na província de Yunnan em 1855, antes de infectar milhões em todo o mundo nos cem anos seguintes. A doença foi compreendida por *sinofóbicos* – racistas anti-chineses – como um marcador essencial da população chinesa do país e um motivo utilizado para reverter a migração do "perigo amarelo" – ações racistas grotescas implantadas para obter ganhos nativistas.

A terrível ironia, no entanto, é que a próxima pandemia de gripe será a primeira para a qual os cientistas poderão identificar uma localidade de origem, talvez, caso a amostragem continue melhorando ou por coordenadas de GPS, até a própria fazenda de origem (Wallace, R.G. *et al.*, 2007; Kidd & Richtie, 2006) E essa é provavelmente uma razão pela qual o governo chinês e os governos de outros países afetados apóiam ou pressionam a favor da nova nomenclatura. A investigação científica pode mostrar que um ou mais desses governos são culpados por qualquer pandemia humana que surgir.

A localidade tem um significado além de onde o patógeno se originou. As condições locais impostas pelas políticas públicas e práticas sociais moldam a evolução viral. Outras crises e condições, ao contrário, são menos carregadas com essa causalidade imediata. A Suécia, por exemplo, não protestou perante a ONU diante da nomenclatura da "Síndrome de Estocolmo", nem a Alemanha quanto ao vírus de Marburg.

Dito isto, as origens do H5N1 altamente patogênico são multifatoriais, com muitos países e indústrias em jogo. Podemos então culpar o país, digamos, a Indonésia, o Vietnã ou a Nigéria, nos quais uma pandemia entre humanos poderia surgir primeiro? Deveríamos culpar a China por disseminar repetidamente surtos regionais e internacionais? Ou deveríamos culpar os Estados Unidos, onde o modelo de avicultura intensiva teve origem, com milhares de aves amontoadas como alimento para gripe (Boyd & Watts, 1997)? As respostas são sim, sim e sim.

A responsabilidade, assim como o próprio problema, deve ser distribuída sobre seus múltiplos níveis de organização social e ecológica e, sim, de acordo com localidades. Tentativas de aplacar os países-membros com taxonomias politicamente corretas podem dissipar esforços legítimos para identificar as causas da epidemia. Cada fonte – país, região, pessoas, para usar a lista de Heymann – deve assumir a sua responsabilidade e, o mais importante, transformar a falha em ação concertada e de base ampla.

No curto prazo, os pequenos agricultores devem ser bastante compensados pelas aves de criação que tiveram que ser sujeitadas a abates sanitários, nos esforços de controle dos surtos. O comércio de aves deve ser melhor regulamentado nas fronteiras internacionais (Kilpatrick *et al.*, 2006;

Wallace, R.G. & Fitch, 2008). Os pobres do mundo devem receber assistência epidemiológica, bem como vacinas e antivirais, sem nenhum custo (Cristalli & Capua, 2007; Ferguson, 2006).[14] Os programas de ajuste estrutural que degradam a infraestrutura de saúde animal nos países mais pobres devem ser encerrados (Rweyemamu *et al.*, 2000).

A longo prazo, devemos abolir a indústria avícola tal como a conhecemos. A gripe aviária surge agora por meio de uma rede globalizada de produção e comércio corporativo de aves, onde quer que as cepas específicas surjam. Devemos devolver grande parte da produção para fazendas menores, de propriedade local (Greger, 2006). As monoculturas genéticas de aves domésticas devem ser diversificadas novamente em variedades da herança, para agirem como barreiras imunológicas. As aves migratórias, que servem como fonte de cepas de influenza, devem ser desabituadas das terras agrícolas, onde infectam animais da avicultura (Gilbert *et al.*, 2014; Rapport *et al.*, 2006). Para isso, as áreas úmidas em todo o mundo, o habitat natural das aves aquáticas selvagens, devem ser restauradas.

A capacidade global de saúde pública também deve ser reconstruída (Garrett, 2001). Essa capacidade é apenas a solução mais imediata para a pobreza, desnutrição e outras manifestações de violência estrutural que promovem o surgimento e a mortalidade de doenças infecciosas, inclusive o influenza (Kim *et al.*, 2000). A gripe pandêmica e inter-pandêmica tem maior impacto sobre os mais pobres (Davis, 2006). E, como em qualquer infecção, uma ameaça para um é uma ameaça para todos.

Somente quando esses objetivos forem cumpridos, seremos capazes de nos proteger contra o H5N1 e os outros sorotipos de influenza – H5N2, H6N1, H7N2, H7N7, H9N2

14 Em um ato de boa vontade internacional, a China recentemente doou mais de 500.000 dólares para o esforço da Nigéria no combate à gripe aviária. Claramente, a Nigéria nunca teria precisado do dinheiro se antes de tudo a produção chinesa não tivesse infectado seus bandos com a gripe aviária. A cepa tipo-Qinghai que agora circula na Nigéria originou-se no sudeste da China.

— alinham-se agora nas fazendas industriais como ciclones tropicais no oceano.

SEM RÓTULOS GENÉRICOS

Em conjunto com o amplo plano descrito aqui, a natureza das interações da Organização Mundial da Saúde com a China deve mudar.

Durante a epidemia de SARS, o governo chinês fez pouco caso da OMS. Tomou medidas extraordinárias para impedir os cientistas da OMS de visitar Guangdong, a fonte original do surto (Greenfeld, 2007). Em uma corrida de cair o queixo, os cientistas da OMS foram enviados à *perseguição do ganso selvagem*[15], em Pequim. Durante semanas, o Ministério da Saúde chinês negou que Pequim sofria mais do que alguns casos de SARS. Enquanto os cientistas da OMS visitavam hospitais locais, o serviço de saúde municipal de Pequim carregava dezenas de pacientes com SARS em ambulâncias que percorreriam a cidade até que os representantes da OMS deixassem cada hospital.

Depois que o estratagema foi exposto, o ministro da Saúde foi demitido e Hu Jintao, então novo presidente da China, levou o governo chinês à uma reviravolta. O governo fez da SARS uma prioridade fundamental e impôs um bloqueio às áreas afetadas.

A capacidade do governo chinês de impor medidas drásticas de saúde pública pode ser tomada como a infeliz vantagem de uma ditadura. Exceto, é claro, o tratamento dado pela China aos dados de saúde pública como segredos de estado, que ajudaram a provocar a crise em primeiro lugar. Médicos em províncias recém-infectadas eram mantidos no escuro por muito tempo quanto à natureza do

15 [N.T.] No original, "wild goose chase", expressão que se refere a uma busca ou perseguição fútil de algo inatingível, sem esperança ou inexistente.

misterioso patógeno, adiando o tratamento apropriado e espalhando a SARS para a próxima cidade.

Ao que parece, desde a SARS, a OMS aprimorou o seu programa de trabalho, embora ainda tênue, com o governo chinês.[16] Garantir maior acesso a amostras e locais parece ser a norma para lidar com diversos patógenos — o que é bom. Mas se há uma coisa que aprendi na reação ao nosso relatório de pesquisa, essa cooperação tem um preço.

A OMS voluntariamente participa dos esforços de propaganda da China para minimizar — e até negar — as responsabilidades do governo pelos surtos. Repetidas vezes, mesmo quando as autoridades chinesas se esforçam para liberar amostras, as autoridades da OMS são chamadas a desviar o foco das críticas externas e elogiar a abertura epidemiológica da China (que outros países devem defender como prática internacional padrão). É uma diplomacia arriscada que quase explodiu na cara da OMS durante o surto de SARS.

Atropelar o trabalho de alguns cientistas independentes é um preço que a OMS pode pagar. Afinal, o governo da China é um dos principais clientes da organização e o acesso às amostras é imperativo. O que ocorre, porém, quando os interesses dos governos entram em conflito com a saúde da população mundial? Como a acomodação dos interesses do governo da China protege minha esposa, meu barbeiro, o estudante de medicina de Xangai que me mandou um e-mail, Peter e Kate e seu filho Julian, Felipe Pichardo, tia Adrienne? Quando e onde seus interesses são representados? Os cientistas mais diplomáticos frequentemente confundem as disputas em jogo com a forma como o mundo funciona. Certamente as negociações entre países e instituições fazem parte do mundo, mas elas não são a

16 Na época, o governo chinês orientou a imprensa local a não publicar qualquer coisa sobre os surtos além das declarações oficiais do governo, incluindo no caso do surto em Guangzhou que surgiu em novembro de 2007. Nenhuma notícia pode ser uma boa notícia, especialmente quando os jogos olímpicos de Pequim se aproximavam.

finalidade última. Um H5N1 em evolução ameaça milhões de pessoas ao longo do caminho. Elas importam.

As autoridades da OMS podem contra-argumentar que, ao obter cooperação suficiente fora da China, poderemos parar a próxima pandemia e salvar sua família e seus amigos. Mas com o H5N1 agora percorrendo a Eurásia e a África, essa estratégia deve ser considerada um fracasso. A cooperação mal qualificada da OMS pode, em vez disso, dar indevida cobertura às práticas agrícolas e de saúde pública que colocaram o mundo à beira de sua próxima pandemia.

A OMS precisa parar de interferir no governo da China (e dos Estados Unidos, nesse caso). Não obstante, a OMS deve evitar classificar linhagens chinesas de cepas de gripe aviária sob rótulos genéricos. Tais nomes "do tipo Qinghai", "do tipo Fujian" devem permanecer intactos, se são capazes de lembrar que a gripe aviária tem origens específicas. A melhor maneira de os chineses ou qualquer outro governo evitarem as consequências danosas da nomenclatura é criar e implementar meios pelos quais impedir que as próximas cepas surjam em primeiro lugar. Não haveria vírus para nomear.

A China poderia argumentar, de modo razoável, que uma taxonomia mais precisa é preferível. Uma vez identificadas as fábricas que originaram os últimos surtos virulentos, podemos nomear novas linhagens de acordo com as suas origens corporativas: a cepa Bernard Matthews, o vírus Charoen Pokphand, o cluster Tyson.[17]

Qualquer que seja a nomenclatura, a reputação será manchada – não por intolerância ou injustiça, mas pela infâmia de governos e empresas que se empenharam em colocar muitos milhões de pessoas em perigo.

– Blog H5N1, 27 de Dezembro de 2007.

17 N.E.: Bernard Matthews, Charoen Pokphand e Tyson Foods são conglomerados da indústria de carnes.

A GRIPE NAFTA

Casos da nova gripe suína H1N1 já foram relatados em Honduras, na Costa Rica, Brasil, na Argentina, na Áustria, na Tailândia, em Israel, etc. Mal podemos acompanhar o seu curso.

O H1N1 está percorrendo o mundo por *difusão hierárquica* (Pyle, 1986). Através da rede mundial de circulação de pessoas, o surto atinge uma hierarquia de cidades definida por seu tamanho e poder econômico e por sua interconexão com a Cidade do México, a cidade internacional mais próxima do surto inicial. Não é coincidência que Nova Iorque e San Diego estejam entre as primeiras cidades atingidas.

O vírus também está produzindo *difusão por contágio*, espalhando-se dentro de cada novo país atingido.

Em outros países que não o México, de forma geral, apenas alguns casos foram relatados. Porém, como o influenza, ao contrário da SARS, pode ser transmitida antes que os sintomas apareçam, pode não haver como parar o H1N1 agora. Nova Iorque agora relata centenas de infectados.

O que está claro é que quanto mais países forem afetados, maior a probabilidade de o vírus encontrar fendas na armadura epidemiológica do mundo. A nova cepa pode atingir o momento ótimo para a sua difusão quando alcançar os países cujas infra-estruturas de saúde pública são precárias ou prejudicadas por programas de ajuste estrutural. Por outro lado, isso pode estar acontecendo desde o começo. Desde o início dos anos 80, a infra-estrutura sanitária precária do México está sujeita a truncamentos impostos pelo FMI.

A transmissão não controlada em áreas vulneráveis aumenta a variação genética por meio do qual o novo H1N1 pode evoluir características que aceleram a transmissão e aumentam a sua virulência (Wallace, 2009). Ao se espalhar por uma grande extensão geográfica, o H1N1, em rápida evolução, também entra em contato com uma variedade crescente de ambientes socioecológicos. Cada localidade apresenta combinações específicas de infraestrutura de transporte disponível, cobertura vacinal e antiviral e genética dos hospedeiros.

Dessa maneira, através de um tipo de *seleção dêmica (populacional)* crescente ou por seleção natural entre populações locais, o novo H1N1 pode explorar melhor suas opções evolutivas. Em respostas às condições locais, pode surgir uma série de variantes de ajuste que aprimoram a sua capacidade de difusão, cada variação mais transmissível que a anterior. No caso da H5N1, até a semana passada a celebridade entre os influenza, o rearranjo Z, a cepa tipo-Qinhai e a cepa tipo-Fujian superaram todas as variantes locais da H5N1 e emergem como a variação preponderante em escala regional e no caso da cepa tipo Qinghai uma preponderância de escala continental (Vijaykrishna, 2008). Quanto maior a variação genética e física produzida no espaço geográfico, mais compacto é o tempo até que a infecção mais transmissível evolua. O H1N1 provavelmente está se ajustando à medida que se espalha.

A variação do H1N1 pode se acumular a partir de mutações pontuais ao longo de seu genoma. Mas a variação genética também pode surgir por meio do que chamamos de *rearranjo*. O genoma do influenza é segmentado. Quando duas cepas de influenza infectam o mesmo hospedeiro, elas podem trocar segmentos, como jogadores de cartas, em uma noite de sábado. A maioria das "mãos" genômicas é pobre em cartas, mas, de vez em quando, o equivalente virológico de um *royal flush* surge e supera todas as outras mãos. Esse vírus supera todos os outros.

Estudos anteriores identificaram que as fontes do genoma do novo H1N1 em cepas que infectam populações humanas, de aves e porcos da América do Norte e da Europa.

De uma maneira fundamental, então, a "gripe suína" é um nome equivocado. Esse influenza é um rearranjo "humano-ave-suíno". As origens extraordinariamente complexas do novo influenza – a partir de tantos tipos de hospedeiros e regiões geográficas – nos dizem algo sobre a capacidade atual do influenza de cruzar espécies hospedeiras e atravessar grandes distâncias espaciais entre populações de animais.

Em primeiro lugar, sabemos que o agronegócio transfere suas empresas para o Sul Global para tirar vantagens dos custos baixos do trabalho e dos preços das terras (algo para o qual retornaremos). Mas as empresas também estão envolvidas em uma sofisticada estratégia corporativa. O agronegócio espalha a sua cadeia de valor (Burch, 2005). Por exemplo, o Grupo CP da Tailândia, hoje o quarto maior produtor de aves do mundo, opera indústrias avícolas na Turquia, na China, na Malásia, na Indonésia e nos Estados Unidos. Possui unidades de engorda de animais na Índia, na China, Indonésia e Vietnã. Seu comércio de animais vivos também está em franca expansão geográfica[18].

Essas novas configurações atuam como um colchão de proteção da suposta capacidade do mercado de corrigir ineficiências corporativas. Por exemplo, o Grupo CP opera indústrias avícolas em *joint venture* em toda a China, produzindo 600 milhões dos 2,2 bilhões de frangos vendidos anualmente na China. Quando ocorreu um surto de gripe aviária em uma fazenda operada pelo Grupo CP na província de Heilongjiang, o Japão proibiu a importação de aves da China. As fábricas da CP na Tailândia conseguiram aproveitar a brecha e aumentaram as exportações para o Japão. Em suma, o Grupo CP lucrou com um surto que ele mesmo causou. Não sofreu efeitos negativos de seus próprios erros.

18 [N.E]: Em 2025, a Charoen Pokphand, também conhecido com CP, é a terceira maior produtora global de camarão e a quinta maior produtor global de frango, atrás da Tyson Foods (EUA), JBS (Brasil), Cargill (EUA) e BRF (Brasil).

O rótulo gripe suína, no entanto, é equivocado por outra razão. Ele prejudica o entendimento de um ponto óbvio: os porcos têm muito pouco a ver com o surgimento da gripe. Eles não se organizaram em cidades de milhares de porcos imunocomprometidos. Eles não inviabilizaram artificialmente a variação genética que poderia ter ajudado a reduzir as taxas de transmissão pelas quais as cepas de influenza mais virulentas se espalham. Eles não se organizaram em guetos animais, lado a lado com milhares de aves da indústria avícola. Eles não se locomovem por milhares de quilômetros de caminhão, trem ou avião. Por natureza, os porcos não voam.

O ônus deve ser colocado sobre as decisões que *nós seres humanos* tomamos para organizá-los dessa maneira. E quando dizemos "nós", sejamos claros, estamos falando de como o agronegócio organizou porcos e aves.

Embora, com razão, se dê atenção considerável ao papel de uma empresa em particular no surgimento do novo influenza, poderíamos dedicar mais atenção à desregulamentação que permitiu que tais porcinopólios se proliferassem a ponto de comunidades humanas inteiras terem sido expulsas de terras, agora destinadas à suinocultura.[19]

Portanto, se quisermos posicionar a responsabilidade onde ela deveria estar, a nova gripe da América do Norte deveria ser nomeada como gripe do NAFTA. O Acordo de Livre Comércio da América do Norte, criado por Bill Clinton em 1993 e aprovado por um Congresso bipartidário, reduziu as barreiras comerciais entre os Estados Unidos, o Canadá e o México. Daí em diante os produtos passaram a ser comercializados nos três países sem taxas que favorecessem as indústrias domésticas. O acordo incrementou o comércio entre os países e permitiu a consolidação dos negócios das empresas ao redor do bloco. As Granjas Carroll, com sede em Veracruz, México, empresa

19 "Four-year-old could hold key in search for source of swine flu outbreak." The Guardian. 29 de abril de 2009. Disponível em: http://www.theguardian.com/world/2009/apr/27/swine-flu-search-outbreak-source.

que passa por um escrutínio diante do presente surto, é uma subsidiária da Smithfield Foods, com sede nos EUA.

O acordo do NAFTA teve efeitos fundamentais sobre a agricultura norte-americana, assim como impactou a indústria de suínos do México. Como Batres-Marquez e seus colegas relataram em 2006:

> Entre as principais mudanças que ocorreram com o advento do NAFTA, pode-se destacar que muitos pequenos produtores comerciais abandonaram o setor por causa de sua incapacidade de produzir animais com mais eficiência e atender aos padrões de qualidade exigidos por seus compradores. Como resultado da saída dos pequenos produtores, a escala de produção aumentou e a indústria se tornou altamente integrada. Essa redução na pequena produção e a expansão da produção com uso intensivo de tecnologia ocorreu lado a lado com a produção que utiliza métodos tradicionais de produção pecuária (Batres-Marquez, Clemens & Jensen, 2006).

Batres-Marquez e colaboradores, apoiadores do comércio que são, prosseguem com a celebração das condições sanitárias dos grandes empreendimentos às custas dos pequenos proprietários, mas sua censura se enfraquece em um ponto óbvio. Os pequenos proprietários podem até ser menos capazes de controlar os surtos individualmente, mas como as cepas mais virulentas surgem, em primeiro lugar? Podemos culpar os pequenos agricultores pelo fracasso em controlar os patógenos que primeiro evoluíram nas fazendas do agronegócio? Em resumo, por que o verdadeiro zoológico dos vírus influenza especificamente humanos recém evoluídos surgiu apenas após a desregulamentação e desde que a pecuária intensiva se espalhou pelo mundo? Será isso só uma coincidência?

Como Mike Davis observa:

> Seis anos atrás, a revista Science dedicou um artigo importante (escrito pela admirável Bernice Wuethrich) que demonstra que "depois de anos de estabilidade, o vírus da gripe suína na América do Norte saltou para uma estrada de alta velocidade evolutiva". Desde a sua identificação, no início da Depressão,

> a gripe suína H1N1 se afastou um pouco do seu genoma original. Então, em 1998, o inferno veio à terra. Uma cepa altamente patogênica começou a dizimar porcas em uma fazenda do agronegócio suinícola na Carolina do Norte, e novas versões mais virulentas começaram a aparecer quase todos os anos, incluindo uma estranha variante do H1N1 que continha os genes internos do H3N2 (o outro *influenza* tipo A que circula entre humanos).[20]

As recentes fronteiras porosas levantam outra questão. A nova gripe poderia ter penetrado primeiro nos Estados Unidos antes de cruzar a fronteira do México? O jogo de empurra da responsabilização já está em andamento.[21]

O secretário de Saúde do México, Jose Angel Cordova, disse que ninguém sabe onde o surto começou e sugeriu que ele pode ter começado nos Estados Unidos.

"Eu acho muito arriscado dizer, ou querer dizer, qual é o ponto de origem ou disseminação, uma vez que já houve casos relatados no sul da Califórnia e no Texas", disse Cordova em entrevista coletiva.

É fascinante que um *ethos* nacionalista ressurja logo que o livre comércio se mostre implicado em uma doença que poderia matar milhões de pessoas em todo o mundo. Os conflitos transfronteiriços têm o efeito adicional de desviar as causas centrais. Será que a nomenclatura dos negócios que empurrou o NAFTA aos três países será responsabilizada por suas decisões?

Enquanto a bolha imobiliária e o colapso dos bancos marcam as consequências da febre da desregulamentação financeira, o H1N1 é apenas um dos vários patógenos que, a partir de agora, registram os efeitos do neoliberalismo também para a saúde global.

- *Farming Pathogens*, 28 de abril de 2009.

---

20 Davis Mike (2009). "O capitalismo e a gripe suína." revista Margem Esquerda 14. Boitempo, São Paulo.

21 "Where did swine flu start? Official says it's not necessarily Mexico, could be Texas, Calif." 28 de abril de 2009. Disponível em: http://www.nydailynews.com/news/world/swine-flu-start-official-not-necessarily-mexico-texas-calif-article-1.359793.

A INDÚSTRIA SUÍNA CONTRA-ATACA

A Gripe Suína H_1N_1, parece, ao mesmo tempo, surgir com toda velocidade, e espalhar-se lentamente. A Organização Mundial da Saúde relata 15.510 casos oficiais em cinquenta e três países, com novos países engrossando os registros a todo o tempo.[22] O dobro ou o triplo desses casos provavelmente não são relatados e, juntos, representam um surto atípico de primavera para o influenza. Ao mesmo tempo, a virulência da cepa parece manter-se nos níveis de um influenza sazonal ruim.

Um dos erros que precisamos evitar é assumir que fomos vítimas de uma histeria alimentada pela mídia. Dadas as taxas de mortalidade relatadas no início do surto no México – excedendo a da pandemia de 1918 –, parecia que estávamos embarcando nessa. As pandemias anteriores nos ensinam que a preparação para o pior é a opção prudente. Imagine a reação se apenas os frágeis preparativos tivessem sido feitos diante de uma pandemia verdadeiramente mortal. O custo de um erro do Tipo II, que não considera possível uma pandemia com um perigo iminente, é catastroficamente maior que o de seu irmão do Tipo I, que considera uma pandemia iminente mesmo que nenhuma se apresente.

Um segundo erro é aceitar qualquer afirmação de que *está tudo bem,* logo de cara. A gripe suína H_1N_1 pode ser agora, para a maior parte das pessoas infectadas, apenas uma infecção relativamente leve, mas ainda não temos certeza qual o rumo que irá tomar. Sem dúvida, o vírus está evoluindo à medida que se espalha e pode se rearranjar com outras variedades para produzir uma cepa mais

22 "Global Alert and Response: Influenza A(H_1N_1) - atualização de 41. OMS, 29 de maio de 2009." Disponível em: http://www.who.int/csr/don/2009_05_29/en/

infecciosa e mortal. Em outras palavras, se o novo H1N1 continua imitando os efeitos da gripe sazonal, enquanto se difunde, permanece uma questão em aberto.

A história oferece um alerta escrito em escarro e sangue. A pandemia de 1918 mostrou-se leve em sua encarnação da primavera e apocalíptica no outono seguinte (Barry, 2004). Mas, mesmo assim, havia uma grande variação nos efeitos do patógeno sobre a população: algumas pessoas foram expostas, mas não infectadas, outras foram infectadas, mas sofreram apenas uma gripe sazonal e, é claro, houve aquelas cujas vísceras derretiam de dentro para fora. Uma taxa de mortalidade de 5% – um conforto apenas para os mais perversos dos pessimistas de hoje – matou entre 50 e 100 milhões de pessoas em todo o mundo.

Estamos longe de estarmos todos bem por outro motivo, uma razão finamente costurada no tecido da vida moderna. Circula atualmente um verdadeiro zoológico de subtipos de influenza, que se mostraram capazes de infectar seres humanos: H5N1, H7N1, H7N3, H7N7, H9N2, muito provavelmente também o H5N2 e talvez algumas das séries H6.[23] Pense em furacões. Podemos ter esquivado um aqui mas, mesmo assim, agora um Katrina do influenza pode estar engrossando seus braços na fila epidemiológica.

Uma variedade crescente de novos subtipos de influenza capazes de infectar seres humanos resulta de uma globalização concomitante do modelo industrial de produção de aves e suínos. Desde a década de 1970, a produção pecuária intensiva se espalhou, desde suas origens no sudeste dos Estados Unidos, para todo o mundo. Nosso mundo está cercado por cidades de monoprodução de milhões de porcos e aves amontoados, um ao lado do outro, em uma ecologia quase perfeita para a evolução de várias cepas virulentas de influenza.[24]

---

23 Conferir o artigo "A virologia política da agricultura *offshore*" publicado neste livro.

24 "The agro-industrial roots of swine flu H1N1." *Farming Pathogens*. 26 de abril de 2009. Disponível em: https://farmingpatho-gens.wordpress.com/2009/04/26/the-agro-industrial-roots-of-swine-flu-h1n1.

Não é uma imagem agradável, na verdade é motivo de sobra para acabar com a bizarra prática cultural de confinar milhares de animais consanguíneos sob o mesmo teto. Mas, desvendar a globalização do agronegócio intensivo, já há mais de cinquenta anos em andamento, exigirá mais do que a percepção de que, em fim, foi uma má idéia. A *Big Food* gosta de ganhar bastante dinheiro e tem como objetivo proteger um mercado que demorou bastante tempo para ser controlado. Os esforços para investigar os laços entre o agronegócio e o influenza proto-pandêmico são uma ameaça às vantagens competitivas conquistadas a tão duras penas.

De modo que, a indústria do porco contra-atacou. Fez lobby com sucesso na Organização Mundial da Saúde para renomear a gripe suína por um nome científico, H1N1, ainda que portasse conotações confusas para o H1N1 sazonal.

Essa não é a primeira vez que a OMS cede à pressão política sobre a nomenclatura.[25] Em 2007, a OMS implementou um novo sistema de nomes para as várias cepas de influenza A (H5N1), o vírus da gripe aviária que circula pela Eurásia, África e Oceania. As cepas H5N1 agora são enumeradas e não rotuladas de acordo com os países ou regiões de origem. A cepa "tipo Fujian", batizada com o nome de sua província de origem no sul da China, agora é chamada "Clado 2.2.4".

A OMS declarou que os novos nomes de H5N1 eram necessários por causa da confusão causada por sistemas díspares usados na literatura científica. Um sistema unificado de nomenclatura facilitaria a interpretação dos dados genéticos e de vigilância gerados por diferentes laboratórios.

---

25 Conferir o artigo "O grande jogo de empurra da gripe aviária" neste livro.

Também forneceria um quadro de referência para revisar nomes de cepas com base nas características virais. Ao mesmo tempo, o novo sistema acabaria com a "estigmatização" causada quando as cepas de gripe recebem o nome de seus locais de origem.

As mudanças também representaram uma tentativa da OMS de aplacar os países membros que atualmente são fontes de muitas das novas linhagens de gripe aviária. Sem a cooperação desses membros, a OMS teria pouco ou nenhum acesso a vírus de H5N1 isolados, a partir dos quais as sequências genéticas são identificadas e possíveis vacinas produzidas. O apaziguamento da OMS, no entanto, nunca impediu a China, local de origem do H5N1, de colocar uma verdadeira quarentena em torno de informações científicas sobre a gripe aviária em seu país. Apenas algumas sequências genéticas do H5N1 chinês foram disponibilizadas ao público desde 2006.

Os novos nomes também remetem a causalidade à dimensão biomédica. O vírus influenza pode ser definido por sua estrutura molecular, genética, virologia, patogênese, biologia do hospedeiro, curso clínico, tratamento, modos de transmissão e filogenética. Obviamente, esse trabalho é essencial. Porém, limitar a investigação a esses tópicos prejudica o entendimento de mecanismos críticos que estão operando em outros níveis mais amplos da organização socioecológica. Esses mecanismos incluem como os animais da pecuária são adquiridos e organizados no tempo e no espaço. Em outras palavras, precisamos identificar as decisões específicas que governos e empresas tomam para promover o surgimento de um influenza virulento. Pensar somente em termos virológicos faz com que essas explicações desapareçam, o que muito vem a calhar para a indústria de suínos.

Para a gripe suína H1N1, os porcos industriais aparecem como culpados, mesmo que a história, tomada por inteiro, se mostre muito mais complexa. Conforme relatado pelo

CDC dos EUA, vários segmentos genômicos do novo influenza são derivados de cepas de suínos:

> A maior parte dos seus genes, incluindo o gene da hemaglutinina (HA), é semelhante aos vírus da gripe suína que circulam entre os porcos dos EUA desde aproximadamente 1999; no entanto, dois genes que codificam as proteínas neuraminidase (NA) e matriz (M) são semelhantes aos genes correspondentes aos vírus da gripe suína da linhagem eurasiana [...] Esta combinação genética específica dos segmentos do vírus da gripe suína não foi reconhecida anteriormente entre vírus isolados, suínos ou humanos, nos Estados Unidos ou em outros lugares, com base em análises de sequências genômicas do *influenza* disponíveis no GenBank (Ginsburg, 2009).

Um artigo recente da revista *Science* faz uma afirmação ainda mais forte: "O gene ancestral mais próximo de cada um dos oito segmentos gênicos é de origem suína" (Garten *et al.*, 2009)

Nenhum pequeno agricultor possui a capacidade industrial necessária para exportar animais vivos de qualquer relevância entre países, tampouco possuem tamanha participação no mercado que o influenza animal precisaria para se espalhar por uma cadeia internacional. E, no entanto, a hipótese de que a indústria de suínos é responsável foi tratada como quase paranormal. Um relatório da Agência Reuters de 30 de abril agrupou a possibilidade com as teorias de conspiração mais malucas que poderiam ser extraídas da Internet:

> Porcos mortos na China, fazendas industriais maléficas no México e uma conspiração da Al Qaeda envolvendo cartéis de drogas mexicanos são algumas teorias selvagens que procuram explicar um surto mortal de gripe suína que já matou 176 pessoas.
>
> Ninguém sabe ao certo, mas os cientistas dizem que as origens são de fato muito menos sinistras e provavelmente são explicadas pela capacidade dos vírus de sofrer

> mutações e pular de espécie para espécie, à medida que os animais e as pessoas cada vez mais se aproximam.[26]

A reportagem levanta a questão acerca da proximidade entre animais e humanos. Mas os repórteres não dão muita bola. Em algum momento, no entanto, a matéria deve implicar em responsabilidade nos atos de determinadas pessoas, em determinadas localidades. Essas fazendas industriais "más" dispostas ao longo de faixas rurais e periurbanas que circundam a Cidade do México, uma das maiores cidades do mundo, podem muito bem ter algo a ver com o início dessa pandemia específica e isso justificaria uma investigação séria.

A reportagem da *Reuters* continua:

> No México, reportagens em pelo menos dois jornais focaram em uma fazenda industrial administrada por uma subsidiária da gigante global de alimentos Smithfield Foods. Rumores fazem menção a uma fumaça nociva de esterco de porco e moscas – nenhum dos dois é reconhecido como vetor para vírus da gripe.
> Essas reportagens levaram a resposta rápida do maior produtor de suínos dos EUA.
> "Com base nas informações disponibilizadas recentemente, a Smithfield não tem motivos para acreditar que o vírus esteja de alguma forma conectado às suas operações no México", afirmou a empresa em comunicado.

Uma cuidadosa resposta de advogado. É engraçado, no entanto, que, no momento do surto inicial em Veracruz, a Smithfield tenha desconsiderado as preocupações dos moradores locais sobre doenças causadas pela poluição da empresa como provável resultado da "gripe", em sua subsidiária Granjas Carroll, nos arredores de Perote, perto de uma estrada principal e a apenas meio dia de viagem da Cidade do México. É de se perguntar a que a Smithfield atribui essas doenças agora que nega a possibilidade da gripe.

---

26 "Swine flu source spawns wild theories." Reuters, 30 de abril de 2009. Disponível em: http://www.reuters.com/article/2009/04/30/us-flu-theories-idUSTRE53T3ZK20090430.

Nomeamos essa linha de gripe em homenagem a NAFTA para abordar o neoliberalismo que em geral força a produção agroindustrial intensiva no México às custas dos pequenos agricultores.[27] Nenhuma empresa precisa ser totalmente responsabilizada. Mas, e se essa cepa específica de influenza de fato surgiu nos lotes de Smithfield? Ao contrário das tentativas da Reuters de enterrar uma hipótese genuína com base em fatos materiais – mais do que conspirações originadas de uma fantasia perversa, mas paranóica –, a FAO levou o suposto papel da Smithfield a sério o suficiente para enviar uma equipe ao México para investigar.

Em um ataque preventivo, o CEO da Smithfield, Larry Pope, anunciou que os porcos da empresa Veracruz estavam livres de H1N1:

> Tenho o prazer de informar que os resultados das testagens realizadas pelo governo mexicano confirmaram que nenhum vírus, incluindo a cepa humana do influenza A (H1N1), está presente no rebanho de porcos em Granjas Carroll do México (GCM), nossa fazenda em *joint venture* em Veracruz, México. Essas descobertas, que são consistentes com nossas comunicações anteriores, validam o que acreditávamos desde o início: que o recente subtipo do vírus influenza H1N1 que afeta os seres humanos não se originou na GCM.[28]

O governo mexicano foi além, e chegou ao ponto de declarar que não havia doença alguma em qualquer lugar do México: "Após investigações repetidas, declaramos que os 15 milhões de porcos do México estão todos saudáveis e prontos para comer, segundo o ministro da Agricultura, Alberto Cárdenas".

---

27 Cf. o artigo "A gripe NAFTA", publicado neste livro.

28 "Smithfield Swine Herd in Veracruz, Mexico Tests Negative for Human A(H1N1) Influenza." *Newswire*, 14 d emaio de 2009. Disponível em: http://www.prnewswire.com/news-releases/smithfield-swine-herd-in-veracruz-mexico-tests-negative-for-human-ah1n1-influenza-61875212.html.

Mas essa certificação, à qual retornaremos, geralmente é uma moeda de troca política, sua credibilidade e rejeição dependem antes do estado da batalha comercial da semana. Em dezembro passado, Cárdenas bloqueou as importações da Smithfield e de outras corporações do agronegócio dos EUA:

> O México, um grande comprador de carne dos EUA, suspendeu a compra de carnes de trinta frigoríficos de bovinos, cordeiros, suínos e aves dos EUA em 23 de dezembro, citando fatores como embalagem, rotulagem e condições de transporte. Vinte deles foram liberados na segunda-feira após o USDA relatar ações corretivas [...]
> O ministro da Agricultura do México, Alberto Cárdenas, disse a repórteres que o governo está intensificando o controle sanitário para manter a carne contaminada fora do México [...]
> Analistas dos EUA disseram que as proibições provavelmente ocorreram devido à oposição do México à uma lei sobre os rótulos das carnes, recentemente promulgada. O México e o Departamento de Agricultura dos EUA negaram a acusação de retaliação.
> As fábricas de propriedade da Tyson Foods (TSN.N), Smithfield Foods (SFD.N) e JBS (JBSS3.SA) estão entre as plantas autorizadas a exportar para o México, incluindo Tar Heel, na Carolina do Norte, um frigorífico de suínos, o maior do mundo, de acordo com um relatório do USDA [...]
> O México é o principal mercado de exportação dos EUA em volume de carne bovina, de vitela e de peru, o segundo maior de suínos e o terceiro maior de frangos, de acordo com estatísticas do governo dos EUA.[29]

A recente certificação sanitária da Smithfield gera uma série de perguntas. O vírus H1N1 estava ausente em todos os porcos de Veracruz vários meses atrás, no início de fevereiro, quando os moradores começaram a ficar doentes? Como explicar o caso de Edgar Hernandes, o menino

29 "UPDATE 2-Mexico clears more US meat plants, beefs up controls." Reuters, 30 de dezembro de 2008. Disponível em: http://www.reuters.com/article/2008/12/30/mexico-meat-ban-idUSN30351185200812300.

Xaltepec de quatro anos de idade, o primeiro confirmado de H1N1 no México? Hernandes não era uma anomalia. A Diretoria Geral de Epidemiologia do México relatou um surto de doenças semelhantes ao influenza no início de abril em Veracruz semanas antes do vírus se espalhar. Como uma gripe com uma variedade de segmentos genômicos de origem suína de todo o mundo se originou fora do comércio suíno? A Smithfield está preparada para responsabilizar outras empresas? A Smithfield possui oito grandes fazendas suínas na área em que o patógeno parece ter emergido como uma infecção humana. Tudo isso poderia ser apenas coincidência?

De acordo com Smithfield, sim. Como disse um gerente da Smithfield, "o que aconteceu em La Gloria foi uma infeliz coincidência com um grande e sério problema que está acontecendo agora com esse novo vírus da gripe". Essa não é uma explicação. A empresa, canalizando Jean Baudrillard, parece perfeitamente confortável em apagar a conexão entre causa e efeito.

Em todo caso, pode acontecer de a Smithfield não ser responsável por esse surto em particular, afinal. As origens da gripe suína H1N1 podem se estender muito além das fronteiras de qualquer país. Ruben Donis, chefe de virologia molecular e vacinas do CDC, sugeriu que o vírus pode ter:

> se originado em um porco dos EUA que viajou para a Ásia como parte do comércio de suínos. O vírus pode ter infectado um humano lá, que depois viajou de volta à América do Norte, onde o vírus aperfeiçoou a disseminação de humano para humano, talvez até passando dos Estados Unidos para o México (Cohen 2009).

É uma possibilidade logicamente plausível, consistente com a hipótese de que a extensão geográfica dos múltiplos rearranjos do influenza agora se estendem por todo o planeta. Mas, essa possibilidade não impede a investigação da explicação mais simples: o fenótipo viral final de uma série de eventos de rearranjo surgiu na localidade que causou os primeiros casos humanos. Além disso, é uma hipótese razoável considerar que o rearranjo acelerado possa ter sido promovido por uma mudança fundamental na estrutura de propriedade das fazendas da região.

A Smithfield entrou no México em 1994, o mesmo ano em que o NAFTA entrou em vigor. A empresa incorporou pequenas fazendas nos arredores de Perote, abrindo a Carroll Ranches por meio de uma nova empresa subsidiária, a Agroindústrias de México. No México, a Smithfield evitou a regulamentação a que as corporações estão cada vez mais sujeitas nos Estados Unidos. Em 1997, a Smithfield foi multada em 12,6 milhões de dólares por violar a Lei de Água Limpa dos EUA. Os moradores de Missouri estão processando a Smithfield por poluição. Os federais estão agora investigando uma fazenda da Smithfield, na Pensilvânia, utilizada para liberar esgoto da suinocultura nas águas locais em 2007. Por outro lado, de acordo com o jornal mexicano *La Jornada*, a Carroll Ranches, que abate 800.000 porcos anualmente, atualmente não tem obrigação de direcionar as fezes de suínos, toneladas produzidas diariamente, para o sistema de tratamento de esgoto.[30]

A Smithfield globalizou tais práticas. Em uma matéria do New York Times que se tornou clássica assim que publicada, Doreen Carvajal e Stephen Castle descrevem a campanha da Smithfield na Europa Oriental e seus efeitos epidemiológicos:

> A abordagem global de Smithfield é clara; seu presidente, Joseph Luter III, descreveu sua abordagem como "um movimento muito grande e muito rápido". Em menos de cinco anos, a Smithfield alistou políticos na Polônia e na Romênia, aproveitou os grandes subsídios agrícolas da União Europeia e afastou grupos da oposição local para criar um conglomerado de fábricas de ração, matadouros e celeiros climatizados que abrigavam milhares de porcos.

30 "Astillero." La Jornada. 29 de abril de 2009. Disponível em: http://www.jornada.unam.mx/2009/04/29/index.php?section=politica&article=004o1pol.

> Movia-se com tanta velocidade que às vezes não conseguia obter licenças ambientais ou informar as autoridades sobre a morte de porcos – lapsos que vieram à tona após a peste suína varrer três compostos de suínos romenos em 2007, dois dos quais estavam operando sem permissão. Cerca de 67.000 porcos morreram ou foram submetidos a abates sanitários, tanto os porcos infectados quanto os saudáveis foram abatidos para estancar a propagação.
> "Para eles, é como lidar com pessoas primitivas no meio do mato, onde apenas poder e força são importantes", disse Emilia Niemyt, prefeita de Wierzchkowo, uma vila polonesa de 331 pessoas que prestou queixas sobre os odores. "Eles levam a sério a ideia de conquistar o Oriente com os métodos de Faroeste"[31]

A matéria, leitura obrigatória, oferece um relato detalhado do exercício regional do poder político da Smithfield.

Esse poder se estende em direção a uma política da pandemia, além e em do nome vírus. O México exonerou as operações da Smithfield em Veracruz, com base em trinta amostras de suínos escolhidas pela própria Smithfield.[32] Algumas amostras oferecidas voluntariamente pela própria empresa sob escrutínio não servem de base para os testes rigorosos e imparciais que se esperaria em uma pandemia mundial. Como afirma o blogueiro Tom Philpott, que tem sido excelente em desmascarar o agronegócio em torno do surto:

> Para um lobista que opera em nome de uma indústria, o padrão-ouro é a auto-regulação. Não há necessidade de enviar inspetores – iremos testar nosso processo para garantir que ele não polua. Confie em nós!
> Surpreendentemente, a gigante suína Smithfield Foods conseguiu, evidentemente, organizar um regime de testes para as operações de suinocultura em Vera Cruz, no México

31 "A U.S. hog giant transforms Eastern Europe." *New York Times*. 5 de maio de 2009. Disponível em: http://www.jornada.unam.mx/2009/04/29/index.php?section=politica&article=00401pol.

32 "Smithfield seeks to ease flu concerns." *Richmond Times-Dispatch*. 6 de maio de 2009. Disponível em: http://www.richmond.com/business/article_3477015d-0e1e-5e9a-bb1c-fae06f1bee80.html.

— algumas das quais ficam a poucos quilômetros da vila onde o surto de gripe suína primeiro manifestou-se.[33]

Apesar de hospedar bilhões de porcos e aves, os governos de todo o mundo não oferecem testagens ou regulamentações sistemáticas. Nos Estados Unidos, não existe nenhum sistema que vá além da teoria. De acordo com o CDC:

> Não existe um sistema formal de vigilância nacional para determinar quais vírus prevalecem na população suína dos EUA. A recente colaboração entre o Departamento de Agricultura dos EUA e o CDC levou ao desenvolvimento de um programa piloto de vigilância do vírus da gripe suína para entender melhor a epidemiologia e ecologia das infecções pelo vírus da gripe suína em suínos e humanos (Ginsburg, 2009).

Compare a histeria com o bioterrorismo desde o 11 de setembro com as milhões de malas-bombas de gripe se desfazendo enquanto são transportadas sem inspeção pelas fronteiras.

O lance mais descarado da indústria suína é culpar as pessoas por possíveis infecções de gripe nos porcos:

> "Essa é a maior preocupação, que seu rebanho possa de alguma forma contrair esta doença de uma pessoa infectada", disse o criador de porcos do Kansas, Ron Suther, que está proibindo os visitas aos seus porcos e exige que trabalhadores de manutenção, entregadores e pessoas de fora ofereçam informações sobre viagens recentes ou qualquer doença antes de pisar em sua propriedade [...]
> "Não há evidências dessa nova cepa em nossas populações de suínos nos Estados Unidos. E nossa preocupação é que não queremos que um ser humano doente entre em nossos estábulos e transmita esse novo vírus para

33 "Smithfield: Don't worry, we're testing our Mexican hogs for swine flu." Grist. 7 de maio de 2009. Disponível em: http://grist.org/article/2009-05-06-smithfield-self-regulate/.

> nossos porcos", disse a veterinária-chefe da National Pork Producers, Jennifer Greiner.
> "Se os humanos transmitirem para os porcos, não temos um Tamiflu para porcos. Não temos antivirais. Não temos outro tratamento senão dar aspirina a eles ", disse Greiner.[34]

Por enquanto, vamos deixar de lado a tentativa de Greiner de enterrar a evidência de que vários dos segmentos genômicos da nova cepa se originaram de uma gripe H3N2/H1N1 recombinante que circula entre os suínos dos EUA desde 1998. A evidência de infecção humano-porco é, na melhor das hipóteses, circunstancial. A repórter médica da *Canadian Press* Helen Branswell escreve:

> Não existe uma evidência definitiva no caso dos porcos infectados com H1N1 – e as autoridades que investigam as primeiras infecções conhecidas de porcos com esse novo vírus da gripe suína podem não ser capazes de descobrir uma, admite um alto funcionário da Agência Canadense de Inspeção de Alimentos.
> A testagem de pessoas nas fazendas – algumas das quais foram feitas tarde demais, outras das quais podem não ter usado técnicas apropriadas – não mostraram nenhuma evidência definitiva de que as pessoas trouxeram o vírus para os porcos. E resta saber se os exames de sangue serão capazes de preencher a lacuna de evidências.[35]

Portanto, a manobra da indústria não poderá se sustentar por muito tempo. Mas mesmo que sua afirmação capenga seja verdadeira, admitiria de forma culposa a natureza do trânsito do influenza entre os diferentes tipos de hospedeiros. Por enquanto, tal afirmação permanece apenas como um monumento à arrogância de uma

34 "Farmers fear pigs may get 'swine' flu from people." Reuters, 1 de maio de 2009. Disponível em: http://www.reuters.com/article/2009/05/02/us-flu-hogs-idUSTRE5401DJ20090502.

35 "Circumstantial evidence is the only proof of person-to-pig H1N1 infection: CFIA." *The Canadian Press*. 9 de maio de 2009. Disponível em: http://www.winnipegfreepress.com/special/flu/Circumstantial-evidence-the-only-proof-of-person-to-pig-H1N1-infection-CFIA.html

indústria descarada o suficiente para culpar as vítimas por suas próprias práticas cotidianas.

Com autoridades de saúde pública, repórteres e assessores de relações públicas apagando rastros e despistando autoridades, se enfraquece a capacidade de investigação, e o papel que as operações de confinamento de animais desempenham no surgimento de pandemias de influenza pode — puf! — desaparecer. Os próximos meses podem muito bem demonstrar que um conglomerado global com as devidas conexões nunca precisaria se desculpar, independentemente do dano causado. Afinal, a indústria de suínos paga por esse tipo de proteção.

Contudo, manter as bases de uma influência política desta dimensão exige tempo e cuidado (além de dinheiro suficiente). Como relatam Carvajal e Castle:

> A Smithfield aperfeiçoou a sua abordagem nos condados economicamente deprimidos produtores de tabaco do leste da Carolina do Norte nos anos 90. Em 2000, o dinheiro começou a fluir para aquele estado e para o resto dos EUA a partir de um comitê de ação política da Smithfield. Ao final, mais de 1 milhão de dólares foi destinado a candidatos nas eleições estaduais e federais. E os legisladores da Carolina do Norte ajudaram a acelerar as licenças para a Smithfield e isentaram as fazendas de suínos das leis de zoneamento.[36]

Com restrições crescentes nos Estados Unidos, a Smithfield:

> levou a estratégia utilizada na Carolina do Norte para a Polônia e para a Romênia, onde a empresa rapidamente atropelou economias fracas e sistemas políticos e regulatórios [...]
>
> Depois que os principais líderes da Romênia mostraram seu apoio à Smithfield, seus empreendimentos logo se estabeleceram; cerca de uma dúzia de fazendas da Smithfield foram projetadas por uma empresa de arquitetura de

36 "A U.S. hog giant transforms Eastern Europe." *New York Times*, 5 de maio de 2009. Disponível em: https://www.nytimes.com/2009/05/06/business/global/06smithfield.html

> propriedade de Gheorghe Seculici, um ex-vice-primeiro ministro com laços estreitos com o presidente Traian Basescu, que é padrinho da sua filha.
> A ajuda adicional veio de uma frente familiar: a empresa McGuireWoods, da Virgínia, que atua como lobista da Smithfield, montou um escritório em Bucareste em 2007 para estabelecer uma conexão entre a Smithfield e o governo romeno. A McGuireWoods foi a escolha perfeita por várias razões; também representou a Romênia durante três anos para pressionar sua candidatura como membro da OTAN.

As conexões nos escalões mais altos do governo fizeram com que a Smithfield resistisse aos protestos das comunidades locais.

As tentativas de alterar proativamente a produção de aves e animais, com a finalidade de impedir surtos de patógenos, enfrentam severa resistência por parte dos governos, em dívida com os seus financiadores corporativos. Com efeito, o influenza, em virtude da sua associação com o agronegócio, tem alguns dos representantes mais poderosos à sua disposição, defendendo seus interesses nos corredores do governo. Ao encobrir ou subestimar os surtos, por meio de esforços para proteger os lucros trimestrais, essas instituições contribuem para a sorte evolutiva dos vírus. A própria biologia do influenza está enredada na economia política dos negócios de alimentos.

Se o agronegócio multinacional pode definir a geografia da produção para obter enormes lucros, independentemente dos surtos que possam ocorrer, quem paga os custos? Via de regra, os custos das fazendas industriais são externalizados. Como afirma Peter Singer, o Estado há muito é forçado a pagar pelos problemas que essas fazendas causam; entre eles, problemas de saúde para seus trabalhadores, poluição liberada nas terras vizinhas, intoxicação alimentar e danos à infraestrutura de transportes.[37]

---

37 "Who pays for bird flu?" *Project Syndicate*, 10 de novembro de 2005. Disponível em: http://www.projectsyndicate.org/commentary/singer5.

Uma fenda em uma lagoa de aves de criação, que despeja toneladas de fezes em um tributário do Rio Cape Fear, causando morte massiva de peixes, passa a ser problema para os governos locais.

Com o espectro do influenza a rondar, o Estado está novamente preparado para pagar a conta, para que as fazendas industriais possam continuar a operar sem interrupção, desta vez diante das pandemias mundiais que o agronegócio ajuda a causar em primeiro lugar. A economia é surpreendente. Os governos do mundo estão preparados para subsidiar bilhões e mais bilhões para o agronegócio destinados para controle de danos sob a forma de vacinas animais e humanas, Tamiflu, operações de abate sanitário e sacos para corpos.

Até os apelos para a manutenção da ganância global são insuficientes. Junto com a vida de um bilhão de pessoas, o establishment parece disposto a apostar grande parte da produtividade econômica do mundo, que sofrerá catastroficamente se ocorrer uma pandemia mais grave. A miopia criminalmente negligente e politicamente protegida sempre é capaz de pagar, até que não o seja mais. Então alguém leva a conta para casa.

Talvez seja um clichê evocar os destinos de impérios perdidos. E, no entanto, o elogio de Edward Gibbon (1788) encapsula nosso momento tanto em seu espírito quanto em seus detalhes:

> O fórum Romano, onde eles se reuniam para promulgar suas leis e eleger seus magistrados, agora está ocupado pelo cultivo de ervas aromáticas e a criação de porcos.

No nosso caso, contudo, a infestação pastoril parece ser o meio que nos leva à ruína, não a sua consequência.

— *Farming Pathogens*, 1º de junho de 2009

ATUALIZAÇÃO: O H1N1 (2009) mostrou-se menos generalizado e virulento do que se esperava. A incidência cumulativa global não atingiu mais do que 20%, muito menos do que os esperados 50% (embora nas crianças em idade escolar essa índice possa chegar até 43%) (Kelly *et al.*, 2011). As crianças americanas não eram mais propensas a hospitalização do que durante os anos de surtos sazonais de influenza (Belongia *et al.*, 2010). No entanto, em todo o mundo, 579.000 pessoas podem ter morrido pelo vírus e suas complicações mostraram uma incidência quinze vezes maior do que o inicialmente estimado pelos testes de laboratório (Dawood, 2012). Enquanto isso, o H1N1 (2009) continua circulando e se rearranjando com outras cepas de influenza humanas, de animais selvagens e de animais de cativeiro (Nelson *et al.*, 2015; Stincarelli *et al.*, 2013).

A VIROLOGIA POLÍTICA DA AGRICULTURA *OFFSHORE*

HONG KONG, MARÇO DE 1997. Um surto mortal de gripe aviária devasta duas fazendas. O surto é encerrado mas, dois meses depois, um menino de três anos morre da mesma cepa, identificada como uma versão altamente patogênica do influenza A (H5N1). Representantes do governo estão chocados. Essa parece ser a primeira vez que essa cepa ultrapassa a barreira de espécie e mata um ser humano. Igualmente impressionante é a persistência do surto. Em novembro, uma criança de seis anos é infectada, mas se recupera. Duas semanas depois, um adolescente e dois adultos foram infectados. Dois dos três morrem. Quatorze novas infecções ocorrem logo em seguida.

As mortes provocam pânico na cidade e, com o início da temporada regular de gripe, muitos pacientes vão parar no hospital, preocupados que seus sintomas possam ser os da nova gripe. Em meados de dezembro, aves domésticas começam a morrer em massa nos mercados da cidade, e parece que a maior parte dos humanos infectados lidavam com aves. Hong Kong atua de forma decisiva a partir dessa informação. O governo ordena a eliminação de todas as 1,5 milhão de aves de Hong Kong e bloqueia novas importações de Guangdong, a província do outro lado do rio Shenzhen, de onde teriam vindo algumas das aves infectadas. Apesar de outra morte humana em janeiro, o surto foi interrompido.

As aves infectadas com esta versão do vírus sofrem mais do que o típico distúrbio gastrointestinal da gripe aviária. Os sintomas clínicos também incluem inchaço das barbelas e seios infraorbitais, congestão e manchas de sangue na pele na altura dos jarretes e canelas e uma descoloração azulada da crina e das pernas (Yuen & Wong, 2005). Este último sintoma é característico da cianose e da privação de oxigênio sofrida por muitas vítimas humanas na pandemia de 1918. Internamente, as aves infectadas são marcadas por lesões e hemorragias no trato intestinal e na traquéia, com secreção sanguínea a partir do bico e da cloaca. Muitas aves também sofrem infecção em outros órgãos, incluindo fígado, baço, rim e cérebro, esta última capaz de levar à ataxia e causar convulsão.

O mais preocupante para a saúde humana é a capacidade de ampla transmissão xenoespecífica dessa cepa. O surto de Hong Kong, o primeiro alerta para o mundo sobre o H5N1, infectou os seres humanos com um vírus influenza muito mais patogênico do que as infecções relativamente leves de outros surtos em aves que atingiram intermitentemente as populações humanas. Estes pacientes apresentaram febre alta, desenvolvendo posteriormente uma combinação de pneumonia aguda, sintoma semelhante ao influenza, infecções respiratórias superiores, conjuntivite, faringite e uma síndrome gastrointestinal que incluía diarréia, vômito, vômito com sangue e dor intestinal. (Buxton-Bridges *et al.*, 2000; De Jong *et al.*, 2006) Os pacientes também sofreram disfunção de múltiplos órgãos, incluindo fígado, rim e medula óssea. As síndromes respiratórias envolveram extensa infiltração em ambos os pulmões, consolidação difusa de múltiplos locais infectados e colapso do pulmão. Se grande a morbidade do H5N1 já é angustiante, sua mortalidade associada então é alarmante. Uma vez infectada, a vasculatura dos pulmões torna-se porosa e o fibrinogênio – uma proteína envolvida na coagulação do sangue – vaza para os pulmões (De Jong, 2006). Os fibroblastos exsudados produzidos entopem os sacos alveolares dos pulmões, onde ocorrem trocas gasosas, resultando em uma síndrome de doença respiratória aguda. Em um esforço desesperado para salvar sua carga, o sistema imunológico recruta uma tempestade de citocinas que levam a um edema pulmonar. Na realidade, os pacientes se afogam em seu próprio fluido apenas alguns dias após a infecção.

Após seu primeiro ataque em Hong Kong, o H5N1 desaparece do mapa, com surtos em grande parte limitados a aves no sul da China. O vírus sofreu o primeiro de uma série de eventos de rearranjo, nos quais vários segmentos genômicos foram substituídos por segmentos de outros sorotipos, antes de ressurgir como uma infecção humana em Hong Kong em 2002 (Li *et al.* 2004, Webster *et al.*, 2006). No ano seguinte, o H5N1 ressurgiu novamente, desta vez com uma vingança. O genótipo Z que surgiu como o rearranjo preponderante se espalhou pela China, Vietnã, Tailândia, Indonésia, Camboja, Laos, Coreia, Japão e Malásia. Duas cepas adicionais vieram posteriormente à tona. Desde 2005, a cepa do tipo Qinghai (H5N1, hemaglutinina, Clado 2.2) se espalhou pela Eurásia, até o oeste da Inglaterra e da África (Salzberg *et al.*, 2007). A cepa do tipo Fujian (Clado 2.3), emergindo de sua província homônima no sul da China, espalhou-se regionalmente pelo sudeste da Ásia e, mais recentemente, para a Coréia e para o Japão (Smith *et al.*, 2006).

Desde 2003, o H5N1 infectou 440 pessoas, matando 262 (OMS, agosto de 2009). A maioria dessas infecções tem relação com aves, geralmente atingindo os filhos de pequenos agricultores que brincam com uma ave de estimação. Mas casos documentados de transmissão humano a humano se acumulam – em Hong Kong, Tailândia, Vietnã, Indonésia, Egito, China, Turquia, Iraque, Índia e Paquistão (Kandun *et al.*, 2006; Yang *et al.*, 2007). As cadeias relativamente curtas de transmissão consistem, em grande parte, de parentes que vivem ou cuidam de um paciente. A preocupação, tornada pública, é que o H5N1 se desenvolva a partir dessas primeiras infecções, evoluindo um fenótipo de humano para humano que inicie uma pandemia mundial nos moldes da gripe suína deste ano, mas mais mortal em sua manifestação.

A difusão geográfica do vírus está intimamente relacionada ao surgimento desse fenótipo. Assim como outros patógenos, o H5N1 está encontrando as regiões do mundo onde a vigilância da saúde animal é precária ou degradada por programas de ajustes estruturais associados a empréstimos internacionais e acordos comerciais neoliberais (Rweyemamu *et al.*, 2000). Atualmente, além disso, existe uma maior integração da criação de animais, da aquicultura e da horticultura, com um crescente sistema de mercado de aves vivas e uma proximidade generalizada à avicultura (Cristalli & Capua, 2007; Gilbert *et al.*, 2012). As paisagens rurais de muitos dos países mais pobres são agora caracterizadas por operações não regulamentadas do agronegócio, pressionadas contra favelas periurbanas (Fasina, Bisschop & Webster, 2007; Guldin, 1993). A transmissão sem qualquer acompanhamento em áreas vulneráveis aumenta a variação genética a partir da qual o H5N1 pode desenvolver características específicas para humanos. Ao se espalhar por três continentes, o H5N1, em rápida evolução, também entra em contato com uma variedade crescente de ambientes socioecológicos, incluindo combinações, específicas para cada localidade, de tipos de hospedeiros prevalecentes, modos de avicultura e práticas veterinárias.

Dessa maneira, por meio de um tipo de seleção populacional crescente, o H5N1 pode explorar melhor suas opções evolutivas (Wallace, R.G & Wallace, R., 2003). Uma série de variantes de ajuste, cada uma mais transmissível que a anterior, pode evoluir em resposta às condições locais e assim se espalhar. O recombinante Z, a cepa do tipo Qinghai e a cepa do tipo Fujian superaram todas as demais cepas locais do H5N1, agora preponderantes em escala regional, e a cepa do tipo Qinghai, preponderante em escala continental. Quanto maior a variação genética e fenotípica produzida no espaço geográfico, mais compactado é o tempo até que uma infecção humana evolua.

Como entramos nessa enrascada? Por que esta doença mortal agora? Em um fluxo que rivaliza com a pesquisa realizada sobre o mistério central do Solaris, de Stanislaw Lem, naquele misterioso planeta, milhares de relatórios foram publicados sobre a estrutura molecular do vírus, genética, virologia, patogênese, biologia do hospedeiro, curso clínico, tratamento, modos de transmissão, filogenética e distribuição geográfica. Esse corpo de trabalho, em grande parte fascinante, parece se basear em uma narrativa molecular que retrata a doença em grande parte em termos de um conflito entre vírions e imunidade, entre evolução viral e a capacidade da humanidade de produzir vacinas e antivirais adequados, entre a natureza vermelha de glicoproteína e o branco do jaleco médico (Braun, 2007). Os paradigmas competem e, ao investirem em uma narrativa - talvez por causa de seus benefícios políticos, comerciais ou institucionais — deixam explicações para trás. Algumas das perguntas mais básicas sobre a natureza da gripe aviária parecem perdidas na tempestade de micrografias, alinhamentos de sequências, estruturas de soluções terciárias, modelos SIR, cartogramas antigênicos e dendrogramas filogenéticos. No entanto, qual o contexto maior do vírus?

Noel Castree revisou recentemente uma nova bibliografia destinada a abordar exatamente esse contexto (Castree 2008a; 2008b). Essa bibliografia, neste momento amplamente restrita a estudos de caso, acompanha as maneiras pelas quais o atual modelo financeiro e de produção globalizado, estruturantes para grande parte da vida cotidiana da humanidade, é incorporado ao controle e à exploração de sistemas não humanos. Seu trabalho traça o caminho pelo qual a natureza é "neoliberalizada". Aos exemplos de Castree — gerenciamento da água, pesca, exploração madeireira, mineração, genômica de plantas e animais e emissões de gases de efeito estufa — podemos incluir a agricultura, os programas de melhoramento e a produção de fármacos. Este artigo representa outro exemplo, embora caminhe em uma direção que atravessa os outros exemplos. Analiso o influenza como um estudo de caso para os inadvertidas efeitos colaterais biológicos que resultam dos esforços do direcionamento da ontogenia animal e da ecologia para a lucratividade multinacional (Benton, 1989).

Abordarei aqui as origens sociais da gripe altamente patogênica A (H5N1) e, dentro do possível, a partir da bibliografia atual, as conecto à evolução e à disseminação do vírus. Primeiro, reviso os principais conceitos sobre virulência e diversificação de patógenos. Em seguida formulo uma hipótese sobre os meios pelos quais a presente virulência e diversidade da gripe surgiu na Revolução Pecuária. No contexto de uma avicultura agora globalizada, exploro uma questão fundamental até agora mal abordada, considerando a quantidade surpreendente de trabalhos dedicados à caracterização do vírus: Por que o H5N1 patogênico evoluiu no sul da China? Além disso, por que isso aconteceu em 1997? Localizar a virulência da gripe aviária nos esforços de intensificação produtiva da avicultura da China é um problema. A persistência do surto lá é diferente de outros lugares: também analiso as complicações na epidemiologia da gripe que surgem para além dos portões da indústria. Por fim, proponho um amplo programa de intervenção, embora preliminar, que vai além das ações de emergência surgidas regularmente a cada temporada de surtos. Ao longo do caminho, enfrento também questões epistemológicas. Ao cruzar saberes disciplinares, busco uma virologia evolutiva que integre o impacto da humanidade na evolução de patógenos ao início de qualquer investigação.

Para começar, exploro a letalidade da gripe aviária, indo além da descrição dos mecanismos moleculares pelos quais o vírus transforma as células em descendentes, por mais importantes que tais mecanismos sejam.

INFLUENZA CADA VEZ MAIS MORTAL

Apesar dos seus impactos epidemiológicos e psicológicos, o H5N1 de Hong Kong não produziu o primeiro surto de gripe aviária. Na realidade, somente nos Estados Unidos, onde o H5N1 altamente patogênico ainda não se espalhou, uma série de surtos vêm se acumulando na última década (Davis, M., 2006). Estes surtos eram tipicamente de baixa patogenicidade, causando menos danos à avicultura. Houve, no entanto, um surto de H5N2 altamente patogênico no Texas em 2002. Um surto de H6N2 de baixa patogenicidade na Califórnia, que começou em grandes fazendas nos arredores de San Diego e adquiriu maior virulência à medida que se espalhava pelo Vale Central da Califórnia. Outro surto digno de nota é o de uma cepa de baixa patogenia do H5N1 em Michigan em 2002. O H5N1, então, já invadiu os Estados Unidos sob uma forma menos mortal e com diferentes composições genéticas, nos fazendo entender que a identidade molecular de uma cepa é insuficiente para definir o perigo de um único surto. Cepas de baixa e alta patogenia devem ser distinguidas de outra forma. Algum mecanismo deve transformar cepas de baixas patogenia em versões mais virulentas (assim como, deve-se supor, o seu contrário).

O dano causado pelo influenza patogênico decorre, em parte, a uma mudança antigênica para a qual as populações suscetíveis atualmente não têm imunidade. Os seres humanos, por exemplo, foram infectados no século passado quase que exclusivamente por cepas H1, H2 e H3, às quais desenvolvemos eventualmente a memória de anticorpos. Quando muitos de nós somos confrontados por uma variante sazonal desses mesmos tipos, podemos retardar a infecção. Temos imunidade parcial no nível individual e imunidade de rebanho no nível da população. Como nunca fomos expostos em massa a infecções por H5, não temos nada para diminuir a infecção dentro de cada pessoa e nada para mantê-la contida na população em geral.

O que não pode ser retardado chega mais cedo. Então, provavelmente como aconteceu no caso das pandemias de 1957 e 1968, as próximas principais ondas de influenza humana irão varrer o planeta mais cedo do que a típica temporada de gripe, com a gripe suína (2009) que chegou mais cedo, em agosto deste ano ou, se outra cepa surgir, teremos algum ano terrível em um futuro próximo (Cliff, Haggett & Ord, 1986).

Mas como se explica o aumento na virulência dentro de um subtipo específico de gripe? Lembre-se da cepa de baixa patogenicidade do H5N1 em Michigan. E, ademais, há o caso macabro das aves aquáticas devastadas pelo H5N1, que normalmente agem como o reservatório natural (e incólume) de várias cepas H5. Uma determinada explicação se baseia em uma extensa bibliografia sobre modelagem que propõe a existência de uma relação entre a taxa de transmissão, a evolução da virulência e o tamanho do dano que uma cepa causa ao hospedeiro (Dieckmann *et al.*, 2002; Ebert & Bull, 2008). Simplificando, para começar, existe um limite para a virulência de patógenos. Os patógenos devem evitar desenvolver a sua capacidade de incorrer em um dano em seu hospedeiro de maneira que impeça a sua própria transmissão. Se um patógeno mata seu hospedeiro antes de infectar o próximo hospedeiro, ele destrói sua própria cadeia de transmissão. Mas o que acontece quando o patógeno "sabe" que o próximo hospedeiro está chegando cedo demais? O patógeno pode ser virulento porque pode infectar com sucesso o próximo suscetível da cadeia antes de matar seu hospedeiro. Quanto mais rápida a taxa de transmissão, menor o custo da virulência.

Uma chave para a evolução da virulência é o suprimento de hospedeiros suscetíveis (Lipsitch & Nowak, 1995). Enquanto houver suscetíveis suficientes para infectar, um fenótipo virulento pode funcionar como uma estratégia evolutiva. Quando o suprimento se esgota, não importa qual virulência o patógeno tenha evoluído. O tempo não está mais do lado da cepa em particular. O fracasso no suprimento de suscetíveis, drenado por uma alta mortalidade ou por incremento de imunidade, força todas as epidemias de influenza a se esgotarem em algum momento. Isso é, obviamente, um conforto frio se milhões de pessoas forem deixadas mortas na esteira de uma pandemia.

Dada a explicação, que circunstâncias mudaram a relação entre vírus e hospedeiro de forma a elevar o H5N1 a uma virulência de tirar o fôlego? As crescentes evidências circunstanciais apontam para a avicultura intensiva ou, no léxico crítico, a criação de animais por meio do confinamento (FAO, 2008; Graham *et al.*, 2008; Greger, 2006; Shortridge, 2003a; CAST, 2005). Ilaria Capua e Dennis Alexander, analisando recentes surtos de influenza em todo o mundo, não encontraram cepas endêmicas altamente patogênicas em populações de aves selvagens, o reservatório fundamental de quase todos os subtipos de influenza (Capua & Alexander, 2004). Em vez disso, vários subtipos de influenza de baixa patogenicidade nessas populações desenvolveram maior virulência apenas quando entraram nas populações de aves domésticas. Embora as populações domésticas possam ser divididas entre de quintal e industrial, de qualquer maneira as primeiras foram criadas por séculos sem conviver com os vírus influenza patogênicas mais recentes, agora tão presentes. As condições que dão suporte para essas cepas parecem melhor representadas na indústria avícola. Graham e colegas encontraram probabilidades significativamente maiores de surtos do H5N1 em 2004 na Tailândia nas operações comerciais de aves em larga escala do que na criação de bandos de quintal (Graham *et al.*, 2008). O padrão se repete em outros sorotipos de influenza. Na Colúmbia Britânica, em 2004, 5% das grandes fazendas da província hospedavam infecções por H7N3 altamente patogênicas, enquanto 2% de suas pequenas fazendas hospedavam surtos (Otte *et al.*, 2007). Na Holanda, em 2003, 17% das fazendas industriais hospedaram surtos de H7N7, e o número cai para 0,1% quando são consideradas as pequenas produções locais.

Mesmo que essas e outras cepas se desenvolvam primeiro nas pequenas propriedades, uma possibilidade à qual retornaremos, animais da pecuária industrial se apresentam como uma população ideal para dar suporte aos patógenos virulentos. O crescimento de monoculturas genéticas de animais domésticos pode remover qualquer barreira para desacelerar a transmissão (Garrett & Cox, 2008). Tamanho e densidade populacional maiores facilitam maiores taxas de transmissão. As condições de confinamento deprimem a resposta imune. Os altos rendimentos, parte de qualquer produção industrial, fornecem uma oferta continuamente renovada de suscetíveis, o combustível para a evolução da virulência.

Existem pressões adicionais sobre a virulência do influenza em tais fazendas. Assim que os animais da indústria atingem o peso adequado, são abatidos. As infecções por influenza devem atingir seu limiar de transmissão rapidamente em qualquer animal, antes que o frango, o pato ou o porco seja abatido. Quanto mais rápido é a produção de vírus, maior o dano ao animal. O aumento da mortalidade específica por idade em animais da pecuária industrial deve contribuir para uma maior virulência. Com as inovações na produção, a idade em que os frangos são abatidos foi reduzida de sessenta para quarenta dias (Striffler, 2005), aumentando a pressão sobre os vírus para atingir seu limiar de transmissão – e carga de virulência – para um ritmo muito mais acelerado. Uma trajetória semelhante para a evolução da virulência foi registrada de forma ampla nos esforços para mitigar os surtos de H5N1 por meio do abate sanitário em massa: quanto maior o abate, mais pressão sobre o vírus para evoluir a virulência (Shim & Galvani, 2009) O modelo, contudo, perde de vista, antes de tudo, como surgiu a virulência de um surto que demanda um abate sanitário em massa. A produção industrial de animais compreende pouco mais do que um abate contínuo. As cepas de influenza resultantes, que devem ser transmitidas entre animais cada vez mais jovens, não são não apenas mais virulentas, mas capazes de crescer em face do sistema imunológico mais robusto de uma população hospedeira. Em resumo, com uma simples troca de hospedeiro, encontramos aqui uma receita para o surgimento de uma pandemia mortal voltada para jovens de quinze a quarenta e cinco anos.

Embora não haja atualmente nenhuma evidência conclusiva que demonstre o surgimento específico de cepas mortais de H5N1 em fazendas determinadas, uma crescente bibliografia filogenética não tem sido capaz de refutar essa hipótese de trabalho. Duan e colegas identificaram parentes de baixa patogenicidade do H5N1 altamente patogênico em aves migratórias, em linhagens que remontam à década de 1970 (Duan *et al.*, 2007). Nenhum dos parentes pouco patogênicos de H5 recém surgidos foram encontrados em aves aquáticas ou terrestres. Por outro lado, as origens da virulência recente do H5 parecem ser características apenas das aves domésticas. Vijaykrishna e colegas (Vijaykrishna *et al.*, 2008), enquanto isso, mostraram que a fonte da cepa de Guangdong de 1996 passou para a avicultura regional com todos os oito segmentos genômicos intactos. A diversificação subsequente em múltiplos genótipos, incluindo o mortal genótipo Z que predomina nos surtos desde 2003, ocorreu em patos domésticos na China, entre 1999 e 2000.

Muito trabalho, no entanto, resta por ser feito. O trabalho de filogenia continua em ritmo acelerado, focando em escalas geográficas mais precisas e em paisagens melhor inventariadas. Pesquisas atualmente em desenvolvimento acompanham a evolução do H5N1 na Eurásia e na África em séries de nichos definidos por combinações de variáveis de ecologia agrícola, como a intensificação da avicultura (Cecchi *et al.*, 2008) Uma recente conferência internacional de cientistas que estudam H5N1, reunida em Bangcoc, estabeleceu uma agenda de pesquisa destinada a integrar melhor os estudos filogeográficos do vírus com análises geocodificadas da cadeia de valor de produtos agrícolas.

Em paralelo, um número crescente de estudos se concentra na sero-epidemiologia de regiões densas de aves no sul da China, o suposto epicentro do H5N1, analisando inclusive unidades de produção específicas. Lu e colegas (Lu *et al.*, 2008) mostraram que Guangdong hospedou uma variedade de vírus influenza. As cepas sazonais H1N1 e H3N2 compuseram a maioria dos 1214 casos humanos descobertos. Também foram encontrados anticorpos para H5N1 (2,5%) e H9N2 (4,9%) nas testagens, com uma prevalência significativamente maior de anticorpos para H9N2 (9,5%) em pessoas expostas a aves no ambiente de trabalho. Enquanto isso, Wang, Fu e Zheng detectaram poucos casos de H5 entre os 2191 trabalhadores de Guangzhou cujos trabalhos os expõe às aves (Wang, Fu & Zheng, 2009). O vírus H9, por outro lado, apareceu amplamente em toda a cadeia de produtos avícolas, especialmente entre os varejistas do mercado avícola (15,5%), atacadistas (6,6%) e trabalhadores de empresas de criação de aves em larga escala (5,6%). A título explicativo, o vírus H5 é alvo de campanhas de vacinação, enquanto o H9 geralmente não. Os varejistas lidam com diferentes espécies de aves de vários atacadistas, enquanto os atacadistas lidam com seus próprios lotes sozinhos. Por fim, Zhang e colegas acompanharam surtos de H9N2 ao longo de cinco anos em uma única operação de frangos de corte em Xangai (Zhang *et al.*, 2008). Os vírus em todos os surtos da planta pareciam estar relacionados ao primeiro surto, apesar dos esforços de vacinação. O isolado da cepa H9N2, com *loci* internos produzidos por meio de rearranjo local com H5N1, mostrou evolução por desvio antigênico ao longo do período do estudo. Em resumo, estão sendo feitos avanços significativos, conectando os detalhes da produção humana à disseminação e evolução do influenza.

A produção industrial já foi implicada no aumento da diversidade do vírus influenza humano. Nos últimos quinze anos, uma variedade sem precedentes de vírus influenza capazes de infectar seres humanos surgiu na cadeia global de fazendas industriais. Juntamente com o H5N1, existem agora a gripe suína H1N1, H7N1, H7N3, H7N7, H9N2, com toda a probabilidade o H5N2, e talvez até alguns dos sorotipos de H6 (Myers *et al.*, 2007; Ogata *et al.*, 2008; Puzzelli *et al.*, 2005). Não obstante, os esforços empreendidos para controlar a gripe aviária patogênica podem, de passagem, aumentar a diversificação e persistência viral. No final de 2006, o virologista Guan Yi e colegas da Universidade de Hong Kong identificaram a linhagem H5N1 semelhante a Fujian, anteriormente não caracterizada (Smith, 2006). A equipe atribuiu o surgimento da cepa como uma reação evolutiva viral à campanha do governo chinês de vacinar aves. Como no caso de outros sorotipos de influenza, o vírus parecia evoluir sob a pressão da cobertura vacinal (Escorcia *et al.*, 2008; Suarez, Lee & Swayne, 2006).

As práticas industriais fornecem o que parece ser um ambiente propício para a evolução de uma variedade de cepas virulentas de influenza, incluindo versões pandêmicas. A gripe suína H1N1, o exemplo mais recente surgido no início de 2009, o qual abordaremos apenas de passagem, surge por definição, como de origem industrial. O ancestral mais próximo de cada um dos oito segmentos genômicos deste H1N1 é de origem suína. Os segmentos foram identificados como originários de diferentes partes do mundo: neuraminidase e a proteína da matriz de cepas que circulam na Eurásia, os outros seis da América do Norte. Nenhum pequeno agricultor tem a capacidade industrial necessária para exportar animais em escala por essas distâncias longas, nem a participação de mercado que o influenza necessita para se espalharem pelas cadeias internacionais de mercadorias.

Se o H1N1 suíno ou qualquer outro influenza específico para humanos se provar mortal, a poluição epidemiológica passa a ameaçar a própria existência da indústria de animais, incorporando aquilo James O'Connor chama de segunda contradição do capitalismo, na qual o sistema destrói as bases naturais de sua própria reprodução (O'Connor, 1998).

Mas esse parece ser um risco ao qual o agronegócio está disposto a correr para manter os preços baixos das suas mercadorias.

A EXPORTAÇÃO MODELO TYSON INC.

Em Israel, pesquisadores recentemente selecionaram geneticamente uma linhagem de galinhas sem penas (Yaron, Hadad & Cahaner, 2004). À primeira vista, alguém pode sofrer um trauma Latouriano[38], quando perceber como pássaros nus se parecem com mantimentos vivos. Capazes de sobreviver apenas em climas quentes, as galinhas foram desenvolvidas no interesse do produtor, não do consumidor. Há muito que os consumidores evitam arrancar as penas, uma etapa normalmente realizada na fábrica. Uma ave sem penas permitirá que os produtores eliminem a etapa de depenagem da produção. A ave careca é o equivalente anatômico da epidemiologia da fábrica, imposta pelo agronegócio à avicultura – gerando ecologias artificiais que nunca poderiam persistir na natureza devido aos custos da doença em que incorrem, mas que permitem que mais aves sejam processadas mais rapidamente. Os custos resultantes são transferidos para os pássaros, é claro, mas também para os consumidores, trabalhadores rurais, contribuintes, governos locais e animais selvagens próximos.

A profundidade com que o agronegócio alterou a produção pecuária é notável, principalmente, mais recentemente, na atual zona de gripe aviária. O sul da China serve como uma incubadora regional para novos métodos de melhoramento de aves (Luo, Ou & Zhou, 2003). Sun e colegas, por exemplo, descrevem um programa de Guangdong no qual os gansos são expostos a um cronograma de iluminação contra-sazonal que induz a postura de ovos fora de

38 O termo *Latouriano* é uma referência ao pensamento do filósofo Bruno Latour e aqui é utilizado em menção à ideia de simplificação ecológica.

estação (Sun *et al.*, 2007). A inovação ajudou a duplicar os lucros da produção local de ganso e expandiu o mercado e o apetite chinês por sua carne. As vantagens de mercado resultantes forçaram a falência de fazendas menores e levaram a uma consolidação do agronegócio na província. A mudança estrutural marca uma volta perversa à coletivização agrícola que o governo chinês abandonou em 1980, mas desta vez sob o controle de muito menos mãos. Como resultado de tais inovações, às quais retornaremos, milhões de aves foram adicionadas à capacidade produtiva.

Karl Marx atribui diversos desses fundamentos ao processo de mercantilização. No primeiro capítulo do primeiro volume d'*O Capital*, Marx escreveu que objetos feitos pelo ser humano têm múltiplas características (Marx, 1983). Eles têm valor de uso – um martelo pode ser usado para martelar pregos. Em determinadas economias sociais, os objetos também possuem um valor de troca – quantos outros objetos (por exemplo, chaves de fenda) podem ser trocados por esse martelo. Uma economia capitalista acrescenta uma terceira característica – a venalidade que transforma objetos, incluindo o trabalho que os produz, em mercadorias negociáveis no mercado. A diferença entre o valor adicionado pelo trabalho à mercadoria, como evidencia, entre outros fatores, o seu preço e o salários que os capitalistas pagam em troca do trabalho, caracteriza a mais-valia de uma mercadoria, que aparece para os capitalistas como lucro.

Essa é, é claro, uma apresentação rudimentar da teoria de Marx, e outros autores elaboraram melhor suas aplicações aos organismos e suas ecologias (Castree, 2008; Foster, 2000; Heynen *et al.*, 2007; Kovel, 2002). No entanto, nesses primeiros esforços para melhor relacionar a evolução do influenza com seu contexto social, abordaremos apenas os pontos mais gerais da teoria de Marx, a saber: os capitalistas produzem mercadorias não porque as mercadorias sejam úteis – tem valor de uso – mas porque produzem valor, para os capitalistas a característica mais importante do objeto. Alterar a cor ou o estilo de um martelo para atrair mais consumidores pode parecer insignificante, mas, para outros objetos, as alterações no valor de uso podem ter consequências de longo alcance, por vezes até perigosas. Nesse caso, o agronegócio mudou sua mercadoria – organismos vivos e respirantes – para maximizar a produção do valor. Mas o que significa mudar o valor de uso das criaturas que comemos? O que acontece quando a alteração do valor de uso transforma nossas aves em transportadoras de peste? A produção de ganso fora de estação, por exemplo, permite que cepas de influenza evitem a extirpação sazonal, normalmente uma interrupção natural na evolução da virulência? Os lucros resultantes são defensáveis face a uma acumulação tão rápida dos custos?

A mercantilização em massa de aves surgiu a partir da chamada "Revolução Pecuária". Antes dessa mudança, as aves eram em grande medida uma atividade de quintal. No mapa de criação de aves feito por William Boyd e Michael Watts dos Estados Unidos em 1929 (**Figura 1**), cada ponto representa 50.000 galinhas (Boyd & Watts, 1997). Vemos uma grande dispersão em todo o país – 300 milhões de aves no total, com um tamanho médio de bandos de apenas setenta galinhas. A cadeia de produção daquela época mostra incubadoras locais que vendiam ovos para pequenos produtores de aves e agricultores independentes, que por sua vez contratavam caminhoneiros independentes para levar aves vivas para os mercados da cidade.

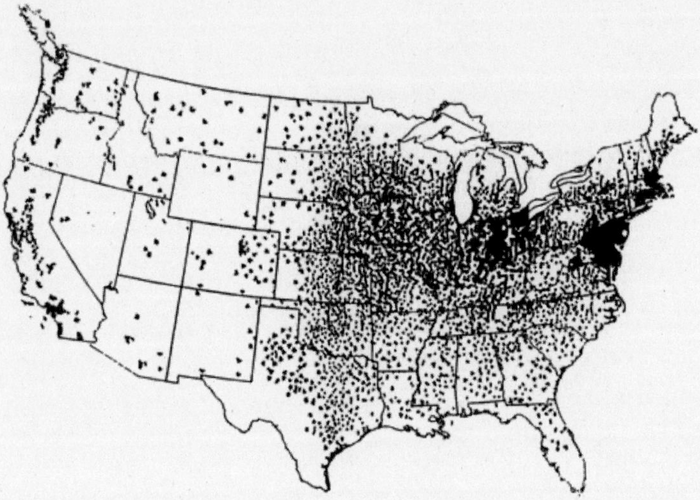

Figura 1: Mapa de frangos vendidos, vivos ou abatidos, em 1929: quantidade (excluindo pintinhos) (Boyd & Watts, 1997). Cada ponto representa 50.000 frangos. Total de frangos: 378.878.281; total de frangos vendidos: 284.626.00; porcentagem de bandos com menos de 100 animais: 77%; porcentagem de bandos com mais de 2,500 animais: 0,3%; número total de aves em bandos com mais de 2.500 animais: 1,61%; tamanho médio dos bandos: 70 aves.

Isso mudou após a Segunda Guerra Mundial. Tyson, Holly Farms, Perdue e outras empresas intensificaram a produção de frangos, comprando produtores locais e incorporando todos os passos da produção ao comando de cada empresa.[39] Boyd e Watts mostram em 1992 que a produção de aves dos EUA estava amplamente concentrada no sul e em partes de alguns outros estados. Agora, cada um dos pontos de seus mapas representa um milhão de frangos, seis bilhões no total, com um tamanho de bando médio de 30.000 aves.

Um mapa de 2002 reproduzido por Graham e colegas (**Figura 2**) mostra uma distribuição geográfica semelhante, mas dez anos depois, com três bilhões de frangos a mais (Graham *et al.*, 2008).

39 Striffler S (2005). Chicken: The Dangerous Transformation of America's Favorite Food; Manning L and RN Baines (2004). "Globalisation: A study of the poultry-meat supply chain." British Food Journal 106: 819–36.

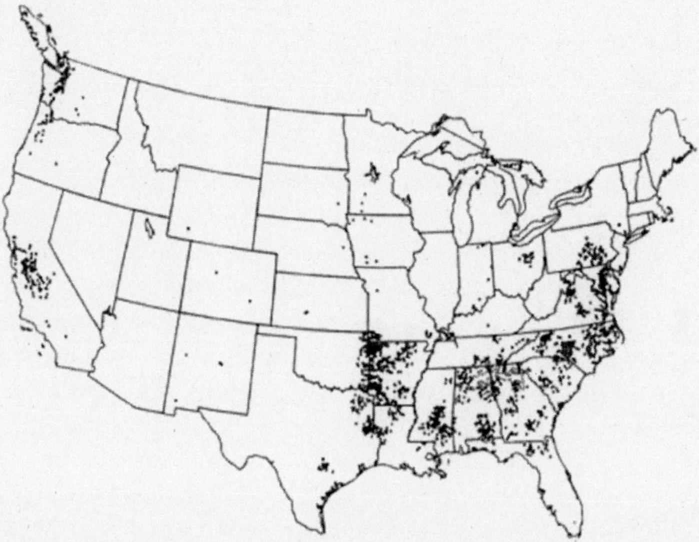

Figura 2: Mapa das vendas de frangos de corte e outros frangos para abate (Graham *et al.*, 2008). Cada ponto representa 1.000.000 de frangos de corte. Total de frangos de corte vendidos: 5.428.589.485; Total de aves vendidas: 6.321.404.361; porcentagem de granjas de frango de corte com menos de 100 aves: 91,82%; porcentagem de granjas de frango de corte com mais de 100.000 aves: 0,12%; porcentagem de bandos de frango de corte em granjas com mais de 100.000 aves: 44,44%; tamanho médio de bandos de frango de corte: 30.641 aves; porcentagem de frangos de corte vendidos de granjas com 200.000 ou mais aves: 83,4%.

As populações de porcos e leitões nos EUA explodiram de tamanho, de forma semelhante, principalmente nos últimos quinze anos, e agora estão amplamente concentradas na Carolina do Norte, Iowa, Minnesota e partes de outros estados do Meio-Oeste. Na década de 1970, o novo modelo de produção foi tão bem-sucedido que criava mais aves do que, até então, as pessoas estavam habituadas a comer. Quantas galinhas assadas as famílias aguentariam comer por semana? Com a ajuda do marketing e da ciência, a indústria avícola reembalou o frango em uma variedade impressionante de novos produtos, incluindo nuggets de frango, tiras de frango para saladas e comida de gato. Foram desenvolvidas quotas de mercado de tamanho suficiente para absorver a produção de valor agregado, tanto no mercado interno quanto no exterior. Os Estados Unidos foram por muitos anos o principal exportador mundial de aves.

Desde então, as aves industriais se espalharam geograficamente. Com a produção generalizada, a produção avícola mundial anual aumentou de 13 milhões de toneladas no final da década de 1960 para cerca de 62 milhões no final da década de 90, com o maior crescimento futuro projetado na Ásia (FAO, 2003). Na década de 1970, empresas com sede na Ásia, como Charoen Pokphand (CP), montaram produções intensivas na Tailândia e, logo depois, em outros países da região. De fato, a CP foi a primeira empresa estrangeira autorizada a montar a produção em Guangdong sob as reformas econômicas de Deng Xiaoping. Desde então, a China promoveu uma verdadeira explosão na produção de galinhas e patos todos os ano (Gilbert *et al.*, 2012) Aumentos na produção de aves também ocorreram em todo o sudeste asiático, embora não tão próximos da magnitude do crescimento na China.

Segundo o economista político David Burch, a mudança na geografia da produção avícola tem algumas consequências interessantes (Burch, 2005) Sim, o agronegócio transfere as operações das suas empresas para o Sul Global para tirar vantagem dos custos baixos com trabalho e terras, regulamentação fraca e agroexportação fortemente subsidiada em detrimento da produção doméstica (Manning & Baines, 2004; McMichael, 2006). Mas, as empresas também estão envolvidas em uma sofisticada estratégia corporativa. O agronegócio espalha sua produção por grande parte do mundo. Por exemplo, o Grupo CP, agora o quarto maior produtor de aves do mundo, possui instalações de aves na Turquia, China, Malásia, Indonésia e Estados Unidos. Possui indústrias avícolas na Índia, China, Indonésia e Vietnã. Possui uma variedade de cadeias de restaurantes de fast-food em todo o sudeste asiático.

Tais rearranjos falsificam a suposição amplamente difundida de que o próprio mercado pode corrigir suas ineficiências corporativas. Pelo contrário, o multinacionalismo vertical amortece as consequências de seus próprios erros para as empresas. Em primeiro lugar, as multinacionais que produzem em economias de escala podem decretar a falência de empresas locais desprotegidas – o efeito Walmart. Os consumidores passam a não ter onde comprar, caso quisessem punir futuros erros corporativos. Em segundo lugar, ao ameaçar mudar as operações para o exterior, as multinacionais podem controlar os mercados de trabalho locais: minar os sindicatos, bloquear impulsos da organização dos trabalhadores e estabelecer condições de trabalho e salário. Os sindicatos são uma forma importante de fazer frente às práticas de produção que afetam não apenas trabalhadores e consumidores, mas, diretamente e por procuração, os animais envolvidos na produção. Em terceiro lugar, o agronegócio intensivo atua como fornecedor e distribuidor de aves. O Grupo CP, por exemplo, possui uma variedade de cadeias de *fast-food* em diversos países que vendem, o que mais poderia ser, frango da CP. Em resumo, passam a existir menos distribuidores independentes que possam suprir os fornecedores em busca de melhorias nas condições de criação de animais.

Ao operar em diversos países, as multinacionais podem proteger suas apostas por meio de uma versão daquilo que David Harvey chamou de ajuste espacial (Harvey, 2013). O Grupo CP opera instalações de aves em *joint venture* em toda a China, produzindo 600 milhões dos 2,2 bilhões de frangos vendidos anualmente na China (Burch, 2005). Como mencionado pela primeira vez na descrição da gripe do NAFTA, quando ocorreu um surto de gripe aviária em uma fazenda operada pelo Grupo CP na província de Heilongjiang, o Japão proibiu a importação de aves da China. As fábricas da CP na Tailândia preencheram a lacuna do mercado aumentando as exportações para o Japão. Uma cadeia de suprimentos distribuída em vários países aumenta o risco de disseminação do influenza, ao mesmo tempo em que permite a algumas empresas os meios pelos quais pode compensar possíveis interrupções nos negócios (Manning, Baines, Chand, 2007; Sanders, 1999).

Para proteger os interesses do agronegócio, mesmo quando suas operações enfrentam dificuldades ou fracassam, as multinacionais também financiam políticos ou apresentam os seus próprios candidatos. O magnata das telecomunicações Thaksin Shinawatra, primeiro ministro da Tailândia, durante os primeiros surtos de gripe aviária no país, chegou ao poder prometendo administrar o país como um negócio, uma promessa que ele seguiu à risca (Phongaichit & Baker, 2004). As políticas de Shinawatra eram por vezes difíceis de distinguir dos planos de negócios das indústrias tailandesas que o apoiavam, com destaque para o agronegócio. Seu governo desempenhou um papel primordial para bloquear esforços tailandeses para controlar a gripe aviária. Como Mike Davis descreve, quando os surtos começaram na Tailândia, as plantas industriais de processamento de frango aceleraram a produção (Davis, M., 2006). Segundo as lideranças sindicais, o processamento aumentou em uma fábrica de 90.000 para 130.000 ave/dia, mesmo que fosse óbvio que muitos dos frangos estavam doentes. Depois que a imprensa tailandesa informou sobre a doença, o vice-ministro da Agricultura da Tailândia fez alusões vagas a uma "cólera aviária", e Shinawatra e seus ministros comeram frango, em demonstrações públicas de confiança.

Mais tarde, constatou-se que o Grupo CP e outros grandes produtores estavam colaborando com funcionários do governo para silenciar agricultores sobre seus bandos infectados. Por sua vez, os funcionários do departamento pecuário secretamente forneceram vacinas aos agricultores corporativos. Agricultores independentes foram prejudicados, ao serem mantidos no escuro sobre a epidemia, e seus bandos sofreram por isso (Delforge, 2007). Depois que o encobrimento foi exposto, o governo tailandês demandou uma modernização completa da indústria, exigindo inclusive que todos os bandos ao ar livre expostos a aves migratórias fossem abatidos, e que novos prédios, adequados às normas de biossegurança, fossem construídos, ainda que somente os agricultores mais ricos pudessem pagar por eles.

As tentativas de mudar, de maneira proativa, a produção pecuária, no interesse de interromper a gripe pandêmica, enfrentam severas resistências por parte dos governos devido aos seus financiadores corporativos. Na realidade, vírus influenza, como o H5N1, em virtude de sua associação com o agronegócio, têm alguns dos representantes mais poderosos ao seu dispor, defendendo seus interesses nos corredores de governos. Ao encobrir surtos para proteger os lucros trimestrais, essas instituições contribuem para a sorte evolutiva dos vírus. A própria biologia da gripe está enredada na economia política dos negócios de produtos alimentícios.

Se o agronegócio multinacional pode definir a geografia da produção para obter enormes lucros, independentemente dos surtos que possam ocorrer, quem paga os custos? Os custos das fazendas industriais são rotineiramente externalizados. Há muito que o estado é forçado a pagar a conta pelos problemas que essas fazendas causam, entre os quais, problemas de saúde para seus trabalhadores, poluição liberada nas propriedades vizinhas, intoxicação alimentar e danos à infraestrutura de saúde e transporte.[40] Uma fenda em uma represa de avicultura, que despeja fezes em um afluente do rio Cape Fear e causa uma matança massiva de peixes, é um problema para os governos locais limparem.

Com o espectro do influenza a rondar, o Estado novamente se prepara para pagar a conta, para que as fazendas

40 "Who pays for bird flu?" *Project Syndicate*. 10 de novembro de 2005. Disponível em: http://www.projectsyndicate.org/commentary/singer5.

industriais possam continuar a operar sem interrupção, desta vez diante das pandemias mundiais que o agronegócio ajuda a causar em primeiro lugar. A economia é surpreendente. Os governos do mundo estão preparados para subsidiar bilhões e mais bilhões para o agronegócio destinados para controle de danos sob a forma de vacinas animais e humanas, Tamiflu, operações sanitárias de abate e sacos para corpos. Juntamente com a vida de milhões de pessoas, o establishment parece disposto a apostar grande parte da produtividade econômica do mundo, que sofrerá catastroficamente se uma pandemia mortal surgir, por exemplo, no sul da China.

POR QUE GUANGDONG? POR QUE 1997?

Ao reorganizar a indústria pecuária sob o modelo estadunidense de produção intensiva, a agricultura chinesa ajudou a acelerar uma mudança de fase na ecologia do influenza, selecionando cepas de maior virulência, maior variedade de hospedeiros e maior diversidade. Durante décadas, uma variedade de subtipos de gripe foi descoberta emanando do sul da China, incluindo Guangdong (Chang, 1969; Cheung *et al.*, 2007; Shortridge & Stuart-Harris, 1982; Xu *et al.*, 2007). No início dos anos 80, com a intensificação da produção animal em andamento, o microbiologista da Universidade de Hong Kong Kennedy Shortridge identificou 46 das 108 diferentes combinações possíveis de subtipos de hemaglutinina e neuraminidase em circulação mundialmente em uma única indústria avícola de Hong Kong (Shortridge, 1982).

Shortridge detalhou as prováveis razões porque o sul da China serviu e servirá como ponto de partida para as pandemias de influenza:

- O sul da China hospeda a produção em massa de patos em inúmeras lagoas, facilitando a transmissão fecal-oral de vários subtipos de *influenza*. Os patos domésticos foram transferidos dos rios para os campos de arroz cultivados no início da dinastia Qing, em meados do século XVII (Shortridge, 2003b)

- A maior combinação de sorotipos de *influenza* no sul da China aumenta a possibilidade de combinação correta de segmentos gênicos surgir por rearranjo genético, selecionando uma cepa humana recém-emergente.

- A gripe circula o ano todo, sobrevivendo ao período inter-epidêmico, sendo transmitida pelo modo de infecção fecal-oral.

- A densidade populacional e a proliferação de mercados de aves vivas fornecem uma interface ideal através da qual uma cepa específica para humanos pode emergir.

As condições descritas por Shortridge, há vinte e cinco anos, só se intensificaram com a liberalização da economia da China. Milhões de pessoas se mudaram para Guangdong na última década, uma das maiores migrações em massa da história da humanidade, da China rural para as cidades das províncias costeiras (Fan, 2005). Shenzhen, uma das zonas econômicas especiais de Guangdong para comércio aberto, cresceu de uma pequena cidade de 337.000 habitantes em 1979 para uma metrópole de 8,5 milhões em 2006. Conforme discutimos anteriormente, mudanças concomitantes na tecnologia agrícola e na estrutura da propriedade colocaram centenas de milhões de animais a mais em produção (Luo, Ou & Zhoue, 2003; Sun *et al.*, 2007; Burch, 2005). A produção de aves aumentou na China de 1,6 milhão de toneladas em 1985 para quase 13 milhões de toneladas em 2000.

Como resume Mike Davis, durante o surgimento do H5N1 patogênico, o mais recente patógeno a surgir sob tais condições socioecológicas,

> vários subtipos de *influenza* estavam caminhando em direção ao potencial pandêmico. A industrialização do sul da China pode ter alterado parâmetros cruciais em seu sistema ecológico já muito complexo, expandindo exponencialmente a área de superfície de contato entre vírus de *influenza* aviárias e não aviárias. À medida que a taxa

> de transmissão interespécie de *influenza* se acelerava, o mesmo ocorria com a evolução das cepas proto-pandêmicas (Davis, M., 2006).

A proteína hemaglutinina do H5N1 patogênico foi identificada pela primeira vez por cientistas chineses a partir de um surto de 1996 em uma fazenda de gansos em Guangdong (Tang *et al.*, 1998). As notícias, durante o surto inicial de H5N1 em Hong Kong, oferecem detalhes sobre a decisão das autoridades locais de saúde de proibir as importações de aves domésticas de Guangdong, local de origem dos lotes de galinhas infectadas.[41] As análises filogeográficas do código genético do vírus apontaram para o papel de Guangdong no surgimento das primeiras e subsequentes cepas do H5N1 patogênico (Wallace, R. G *et al.*, 2007). Cientistas da Universidade Agrícola do Sul da China, em Guangdong, contribuíram com um artigo de 2005 que mostra que um novo genótipo H5N1 surgiu no oeste de Guangdong em 2003-2004 (Wang *et al.*, 2005).

Pesquisas seguintes tornaram o cenário mais complexo. Com amostras adicionais de H5N1 vindas do sul da China, Wang e colegas mostraram que o vírus dos primeiros surtos da Tailândia, Vietnã e Malásia pareciam mais relacionado a vírus isolados em Yunnan, outra província do sul da China (Wang *et al.*, 2008) Os surtos da Indonésia provavelmente foram semeados por cepas isoladas pela primeira vez na província de Hunan. Estes são resultados importantes, que mostram a complexidade da paisagem filogeográfica da gripe. Ao mesmo tempo, eles não nos permitem inocentar Guangdong. Mesmo que algumas cepas de H5N1 tenham surgido em outros lugares da região, a centralidade socioeconômica de Guangdong pode ter atuado como um atrativo epidemiológico, acolhendo novas cepas de aves provenientes do sul da China antes de as dispersar novamente pela China e além.

41 Kang-Chung N (1997). "Chicken imports slashed by third." South China Morning Post, 15 de dezembro.

Enquanto isso, Mukhtar e colegas registraram as origens dos segmentos genômicos do surto original de 1996 em Guangdon (Mukhtar, 2007). As proteínas internas (que codificam outras proteínas que não as de superfície, como a hemaglutinina e neuraminidase) pareciam filogeneticamente mais próximas às amostras H3N8 e H7N1 isoladas em Nanchang, na província vizinha de Jiangxi. A hemaglutinina e a neuraminidase de 1996 pareceram mais próximas às dos isolados H5N3 e H1N1 do Japão. Nos meses que antecederam o surto em Hong Kong, várias proteínas foram novamente substituídas por rearranjo, desta vez por cepas de H9N2 e H6N1 (Guan *et al.*, 1999; Hoffmann *et al.*, 2000). Nos anos seguintes, as cepas de H5N1 de Hong Kong surgiram por novos rearranjos (Li *et al.*, 2004). Os mecanismos sociogeográficos pelos quais os vários segmentos primeiro convergiram (e foram repetidamente embaralhados) em Guangdong continuam precisando ser melhor compreendidos. Os resultados até agora indicam que a extensão espacial sobre a qual os rearranjos são originados pode ser maior do que Kennedy Shortridge, ou qualquer outra pessoa imaginou antes. Mas as origens genéticas nos dizem pouco sobre como essa variação em particular levou a um vírus que evoluiu uma virulência localmente, além de mostrar a variação genética na qual o vírus se baseou.

Um olhar mais atento às circunstâncias socioeconômicas de Guangdong, em drástica transformação, parece ser necessário para melhor esclarecer as condições locais para a seleção desses patógenos mortais que se espalham com tanta facilidade, não apenas o H5N1, mas para um portfólio viral diversificado, incluindo influenza A (H9N2), H6N1 e SARS (Cheung *et al.*, 2007; Li *et al.*, 2003; Poon *et al.*, 2004). Quais são exatamente os "parâmetros cruciais" para o ecossistema de doenças da área? Quais são os mecanismos pelos quais as mudanças na composição humano-animal no sul da China levam a surtos virais regulares que emanam para o resto da China e para o mundo? Por que Guangdong? Por que a partir de 1997?

700 MILHÕES DE GALINHAS

Comecemos com a morte de Mao e a reabilitação de Deng Xiaoping. No final da década de 1970, a China se afastou de uma política fechada, da Revolução Cultural, na qual se esperava que cada província produzisse a maior parte dos alimentos e bens para seu próprio consumo. Em seu lugar, o governo central iniciou um experimento centrado na reabertura para o comércio internacional a partir das Zonas Econômicas Especiais (ZEEs) instaladas em partes de Guangdong (perto de Hong Kong), Fujian (em frente a Taiwan) e depois em toda a província de Hainan. Em 1984, catorze cidades costeiras – incluindo Guangzhou e Zhanjiang em Guangdong – também foram abertas, embora não na extensão das ZEEs (Tseng & Zebregs, 2003).

De acordo com os indicadores macroeconômicos fornecidos por economistas do establishment, a política foi um sucesso. Entre 1978 e 1993, a relação comércio / Produto Nacional Bruto da China saltou de 9,7% para 38,2% (Perkins, 1997). A maior parte desse crescimento decorreu no setor de bens manufaturados produzidos por *joint ventures* financiadas por capital externo em empresas de municípios e vilas (Township and Village Enterprise ou TVEs), que ganharam uma maior autonomia do controle central. A partir de 1979, o investimento estrangeiro direto (IED) aumentou de zero para 45 bilhões de dólares no final dos anos 90, a China assumiu a posição de segundo maior beneficiário de investimentos, logo depois dos Estados Unidos. Sessenta por cento do IDE foi direcionado à indústria que paga baixos salários aos seus trabalhadores. Dada a importância da agricultura de pequenos agricultores na China, no início pouco capital foi direcionado à agricultura (Rozelle, Pray & Huang, 1999)

Mas isso logo mudou. Nos anos 90, a produção avícola cresceu a notáveis 7% ao ano (Hertel *et al.*, 1999). As exportações de aves processadas saltaram de 6 milhões de dólares em 1992 para 774 milhões em 1996 (Carter & Li, 1999).

As disposições provisórias da China para orientar a direção do investimento estrangeiro, revisadas em 1997, visavam incentivar o IDE ao redor de uma maior extensão do país e em indústrias específicas, incluindo a agricultura (Tseng & Zebregs, 2003). O último plano quinquenal do governo visava a modernização da agricultura em todo o país (Tan & Khor, 2006). Desde que a China ingressou na Organização Mundial do Comércio em 2002, com maiores obrigações de liberalizar o comércio e o investimento, o investimento externo no setor dobrou (Whalley & Xin, 2006). Contudo, o investimento em agricultura permanecia amplamente disponível. No final dos anos 90, a participação de Hong Kong e Taiwan no IDE para a China havia caído pela metade, marcando um influxo nos novos investimentos europeus, japoneses e americanos.

Em agosto de 2008, dias antes das Olimpíadas de Pequim, a empresa de investimentos em participações privadas Goldman Sachs comprou dez fazendas de aves em Hunan e Fujian por trezentos milhões de dólares.[42] A aquisição definitiva da propriedade parece um passo além das *joint ventures* nas quais a empresa tinha participado até então. A Goldman Sachs já possuía uma participação minoritária na China Yurun Food Group, empresa de capital aberto sediada em Hong Kong, voltada para o processamento de produtos de carne para a China continental, e 60% da Shuanghui Investment and Development, empresa de capital aberto em Xangai, também uma processadora de carnes. A nova compra da Goldman Sachs, avançando sobre o setor agrícola, indica uma mudança no ambiente fiscal global. A empresa abandona habilmente suas hipotecas de alto risco nos EUA e, durante uma crise global de alimentos, salta para o admirável mundo novo da agricultura *offshore* na China.

---

42 "Goldman Sachs pays US$300m for poultry farms." *South China Morning Post*, 4 de agosto de 2008. Disponível em: https://www.scmp.com/article/647749/goldman-sachs-pays-us300m-poultry-farms

Em outubro de 2008, o líder chinês finaliza os planos para formalizar a privatização desse setor[43]. Sob a rubrica de que se trataria de reforma agrária e da duplicação da renda rural, os camponeses passam a ter permissão para se envolver em comércio irrestrito, bem como — isso é fundamental — para negociar contratos de posse de terra. Além disso, a validade desses contratos é estendida de trinta para setenta anos. O arrendamento permite ao governo manter a soberania da terra como um emblema político. Mas como as empresas nacionais e estrangeiras são em grande parte as únicas entidades com recursos disponíveis para celebrar os contratos, agora estendidos para quase a perpetuidade e quase de graça para as companhias, as pequenas fazendas da China em breve estarão abertas a uma grande corrida por terras. Temos, então, uma "acumulação por espoliação" administrada por um Partido Comunista (Harvey, 2004).

Guangdong, como sempre, permanece na vanguarda dessas mudanças econômicas. A província sediou os primeiros esforços do governo central para a internacionalização da economia rural (Johnson, 1993; Xueqiang *et al.*, 1995; Zweng, 1991). A partir de 1978, a produção agrícola doméstica de Guangdong foi redirecionada para o mercado de Hong Kong. As empresas de Hong Kong investem em equipamentos para produzir excedentes de vegetais, frutas, peixes, flores, aves e porcos. Como uma espécie de retaliação pelo papel histórico que teve que cumprir, Hong Kong (a parte administrativa da empresa) também passa a oferecer serviços de marketing para Guangdong (o setor produtivo da empresa) e acesso ao mercado internacional (Heartfield, 2005; Siti, 2004). Em poucos anos, a economia de Guangdong tornou-se novamente entrelaçada e dependente das fortunas econômicas de Hong Kong. E vice-versa. Desde o surto de Hong Kong, quatro quintos

43 "Hints of discord on China land reform." New York Times. 16 de outubro de 2008. Disponível em: https://www.nytimes.com/2008/10/16/world/asia/16china.html

do investimento direto na China era composto pelo fluxo vindo de Hong Kong (Heartfield, 2005). Grande parte da produção financiada por Hong Kong é agora conduzida em Guangdong, o que resultou na desindustrialização de Hong Kong.

Guangdon e as outras províncias costeiras canalizaram 85% do IED agrícola vindo da China (Rozelle, Pray & Huang, 1999). Guangdong foi autorizada a investir mais em sua infraestrutura de transporte, em parte como um convite para mais investimentos. Muitas das empresas da província foram autorizadas a reivindicar incentivos que cobriam até 100% dos impostos. Guangdong também desenvolveu acordos comerciais com muitos dos 51 milhões de cidadãos chineses no exterior (Heartfield, 2005; Gu *et al.*, 2001). Essa categoria, os expatriados, há quase duzentos anos vivendo no exterior, controla grandes porcentagens de capital do mercado regional, inclusive na Indonésia, Tailândia, Vietnã, Filipinas, Malásia e Cingapura. Na época dos primeiros surtos de H5N1, os chineses no exterior compunham coletivamente o grupo com o maior investimento na China continental (Haley, Tan & Haley, 1998).

Como resultado da liberalização específica da área, Guangdong representou 42% do total das exportações da China em 1997 e gerou o maior PIB provincial da China (Gu *et al.*, 2001; Lin, 2000). Dentre as províncias costeiras, Guangdong sedia a maior concentração de empresas orientadas para a exportação por meio de *joint-ventures*, e apresenta os menores custos domésticos para cada dólar líquido de receita exportado (Perkins, 1997) As três zonas econômicas livres de Guangdong (Shenzhen, Shantou e Zhuhai) ostentavam uma proporção de exportação para o PIB de 67%, em comparação com uma média nacional de 17%.

Em 1997, o ano do primeiro surto de H5N1 em Hong Kong, Guangdong era o lar de 700 milhões de galinhas e uma das três principais províncias de avicultura na China (OCDE, 1998) Quatorze por cento das fazendas da

China com 10.000 ou mais frangos estavam localizadas em Guangdong. Nesse momento, a avicultura doméstica de Guangdong passou por uma modernização tecnológica na criação (Simpson *et al.*, 1999), no abate e no processamento de aves, e teve a produção intensificada e conectada à fábricas de ração e plantas de processamento de alimentos. O IED voltado para o setor agrícola ajudou a importar bancos de material genético das aves avós, apoiar a criação doméstica e atualizar o processamento de alimentos para aves (Rozelle, Prey & Huang, 1999). A produção tem sido um pouco restringida pelo acesso a grãos oriundos de outras províncias e pela preferência do mercado interno por raças de aves nativas, que possuem conversão alimentar menos eficiente. Por mais óbvio que seja, vale ainda lembrar que essa produção também registrava práticas inadequadas para a saúde animal.

A magnitude da intensificação da avicultura parece ter se combinado com as pressões exercidas sobre as zonas úmidas de Guangdong pela indústria e pela urbanização crescente, possibilitando a infiltração de uma variedade diversificada de sorotipos de influenza que circulavam o ano todo com obstinada virulência. A colheita viral resultante — em 1997, por acaso molecular, o H5N1 — é exportada pelo livre acesso ao comércio internacional, facilitado em parte pelo capital expatriado.

A EXPANSÃO DO ESCOPO DOS PATÓGENOS

A ascensão de Guangdong, ao contrário dos que afirmam seus opositores, não ocorreu sem causar consequências epidemiológicas. Os produtores domésticos de Hong Kong competiram por permissões de exportação com as *joint ventures* de Hong Kong e Guangdong (Zweng, 1991). A liberalização que o governo central oferecia apenas às províncias costeiras irritou as províncias do interior. Com tamanha moeda doméstica disponível, as províncias costeiras ultrapassaram a produção agropecuária das províncias do interior, conduzidas em geral por empresas de municípios e vilas. As províncias costeiras conseguiram aproveitar sua vantagem competitiva transformando grãos baratos em aves mais lucrativas ou re-exportando as mercadorias do interior rapidamente, e acumulando ainda maiores reservas financeiras. A certa altura, as rivalidades se tornaram tão intensas que Hunan e Guangxi impuseram barreiras comerciais ao comércio interprovincial.

Os esforços do governo central para negociar rivalidades interprovinciais deram início à liberalização do interior (Tan & Khor, 2006). Províncias diferentes de Guangdong e Fujian começaram a se inserir na agricultura voltada para o mercado, embora em magnitude ainda fique atrás das suas contrapartes costeiras. A expansão da avicultura – através da re-exportação e do desenvolvimento do interior – aumentou o escopo geográfico do surgimento do H5N1 e pode explicar os papéis que Yunnan e Hunan parecem ter desempenhado na disseminação do H5N1 no exterior.

Uma fonte adicional de conflito, muitas vezes esquecida na cacofonia de indicadores macroeconômicos, requer um comentário adicional – a própria população chinesa. O capitalismo de estado da China induziu a uma polarização da riqueza que, além de ameaçar seu próprio crescimento econômico, pauperiza centenas de milhões de chineses. Ao se engajar na imposição de ajustes estruturais internos, a China afastou-se amplamente dos investimentos tanto reais quanto ideológicos em saúde e bem-estar da sua população (Hart-Landsberg & Burkett, 2005a). Dezenas de milhões de trabalhadores industriais estatais foram demitidos. A renda do trabalho caiu de cerca de 50% para 40% do PIB chinês, entre as décadas de 1980 e 2000 (Li, 2008). Os investimentos externos e as empresas privadas – sem obrigação de oferecer moradia, assistência médica ou benefícios de aposentadoria – se acostumaram a disciplinar trabalhadores chineses que até então viviam com um salário digno, benefícios básicos e proteção aos empregos (Hart-Landsberg & Burkett, 2005b). A disciplina, no entanto, nem sempre funciona. Os protestos que se alastram agora para dezenas de milhares, alguns se transformando em tumultos que exigem o destacamento do exército, se voltam contra governos provinciais acusados de corrupção, confisco de terras, expropriação de bens do Estado, roubo de salários e poluição. Em uma virada irônica, ao defender o capital estrangeiro contra seu próprio povo, a liderança comunista da China assumiu o papel da burguesia compradora que derrotou em 1949 (Heartfield, 2005).

Os agricultores foram particularmente afetados pela virada capitalista do governo. Embora a descoletivização de terras agrícolas para a gestão familiar, acompanhada de um controle dos preços pelo governo tenha levado a uma duplicação da renda rural desde 1984, a infraestrutura rural e o apoio social se deterioraram (Hart-Landsberg & Burkett, 2005a). No final dos anos 80, a renda agrícola estagnou, devorada pela inflação e pelo enfraquecimento no controle de preços. As famílias começaram a substituir o trabalho na agricultura por empregos informais nas indústrias das cidades. Lá, muitos migrantes rurais são tratados como uma casta indesejada, uma discriminação codificada por níveis de status migração oficialmente designados, que por fim definem até as faixas de renda (Fan, 2001). O crescimento macroeconômico da China não conseguiu absorver muitos dos 100 milhões de migrantes.

Enquanto isso, a urbanização se difundiu nas regiões rurais, engolindo terras camponesas. Um milhão de hectares de terras rurais foi convertido para uso urbano (Davis, M., 2006). O sensoriamento remoto mostra que, de 1990 a 1996, 13% das terras agrícolas em uma região de dez condados no delta do rio das Pérolas, em Guangdong, foi convertido em uso não agrícola, muito provavelmente a conversão mais rápida da China (Seto, Kaufmann & Woodcock, 2000).

As cidades rurais foram transformadas em cidades industriais em franco crescimento, algumas das quais abrigam populações na casa de 1 milhão de pessoas (Lin, 1997)

O fim do sistema comunal deixou centenas de milhões de camponeses sem acesso a assistência médica e seguro de saúde (Shi, 1993) A cobertura universal de saúde regrediu para uma cobertura de 21% da população.[44] O número de médicos acessíveis diminuiu vertiginosamente. A mortalidade infantil aumentou em muitas províncias. A saúde pública rural entrou em colapso em grande parte do país. A hepatite e a tuberculose estão agora disseminadas. A incidência do HIV aumentou em várias províncias do sudeste, incluindo Guangdong (Tucker, *et al.*, 2005) A incidência de DSTs por província está correlacionada com a imigração associada a homens excedentes de regiões rurais separados de suas famílias. Multidões de trabalhadores de fábricas e camponeses desnutridos e imunologicamente comprometidos, em migrações pendulares entre o que pode ser a origem geográfica de uma pandemia de influenza, derruba os planos da Organização Mundial de Saúde para intervir em qualquer nova fonte de infecção.

GRIPE FINANCEIRA DA ÁSIA

É difícil escrever sobre o ano de 1997 sem mencionar dois eventos de importância geopolítica. Em 1º de julho daquele ano, Hong Kong, por mais de um século uma colônia britânica, foi oficialmente transferida para a China como Região Administrativa Especial, a primeira de uma série de etapas para a total integração a ser realizada até 2047. No dia seguinte, o Banco da Tailândia adotou o câmbio flutuante para a sua moeda nacional, o baht, de acordo

44 "Wealth grows, but health care withers in China." *New York Times*. 14 de janeiro de 2006. Disponível em: https://www.nytimes.com/2006/01/14/world/asia/wealth-grows-but-health-care-withers-in-china.html

com o dólar americano. O valor do baht havia sido derrubado pela especulação cambial e por uma dívida externa incapacitante. Houve uma corrida pela venda do baht e, em seguida, com a força econômica dos vizinhos da Tailândia também sob suspeita, a corrida atingiu outras moedas regionais. Economias de países como Filipinas, Malásia, Indonésia, Taiwan e Coréia do Sul, muito dependentes de investimentos externos diretos, sofreram uma onda de desvalorização. O resto do mundo também sentiu os efeitos do contágio da "gripe asiática", como a crise passou a ser chamada, com as bolsas de valores em todo o mundo despencando em resposta. Embora a transferência de Hong Kong para a China e a crise financeira asiática tenham acontecido logo após os primeiros surtos de gripe aviária em março, tais eventos marcaram mudanças profundas na economia política regional, com impacto na evolução e disseminação viral.

O papel de Hong Kong no ajuste estrutural imposto internamente pela China, como exploramos acima, está amplamente documentado. A intensificação da avicultura em Guangdong acarretou mudanças permanentes na fronteira da província com Hong Kong (Breitung, 2002). O comércio de aves de criação, no entanto, não é de forma alguma unidirecional. Hong Kong exporta para a China continental grandes quantidades de aves, frutas, vegetais, nozes, oleaginosas e algodão (Carter & Li, 1999). Há também um grande comércio ilegal. No momento do surto, apenas o comércio de frango em pedaços de Hong Kong contrabandeado para a China atingiu mais de 300 milhões de dólares por ano (Carter & Li, 1999 USDA, 1998). Hong Kong não é uma vítima da ecologia da gripe aviária de Guangdong, como frequentemente é retratada, mas, um participante ativo dessa ecologia.

No meio tempo, a crise financeira desacelerou o crescimento da economia da China que, no entanto, evitou o pior da gripe financeira (Lin, 2000). Ao apostar bilhões em obras públicas e empréstimos, o governo central manteve o motor econômico do país aquecido diante da desaceleração das exportações. Profeticamente, quatro anos antes, o governo introduziu medidas de austeridade fiscal para esfriar a inflação e evitar o superaquecimento da economia. Em conjunto, um pacote de regulamentação foi implementado para controlar o tipo de especulação de curto prazo que logo afetaria os vizinhos regionais da China. O estado central mantém um controle rígido sobre a macroeconomia, os fluxos de capital e a estrutura corporativa, mesmo que ceda grande parte das operações diárias às autoridades provinciais. Ao mesmo tempo, a economia da China é mais do que impulsionada pelas exportações. Mesmo com a austeridade deixando milhões de chineses desamparados (Hart-Landsberg & Burkett, 2005a), até a contração global de 2008, a economia doméstica continuou a crescer, embora cada vez mais dependente de bens de consumo de luxo e especulações imobiliárias. Por fim, até a crise de 1997, as exportações da China foram em grande parte destinadas para o leste e sudeste da Ásia. Durante o desenrolar da crise, a China redirecionou o seu comércio para a Europa, América do Norte, África, América Latina e Oceania. A China, então, conseguiu manter um superávit comercial, reter investimentos estrangeiros e apoiar o yuan diante da pressão externa.

De qualquer maneira, a China era algo mais do que um espectador da crise. O tamanho crescente da sua economia e o seu alcance hemisférico podem ter exposto seus vizinhos aos piores excessos do modelo neoliberal (Tan & Khor, 2006; Hart-Landsberg & Burkett, 2005a). Ao atrair investimentos externos a taxas acima e além dos seus vizinhos, a China se tornou o principal exportador da região para têxteis, vestuário, utensílios domésticos, televisões, computadores, uma crescente variedade de eletrônicos de ponta, etc. As economias menores foram forçadas a reestruturar a produção de maneira a complementar a produção cada vez mais diversificada de mercadorias da China, em um tipo de divisão regional do trabalho. O impacto transnacional da China nas linhas de fornecimento obriga cada um dos outros países a depender da produção de uma variedade menor de peças a serem montadas na China para exportação final.

As economias resultantes se tornaram mais dependentes das poucas multinacionais estrangeiras que conseguiram atrair. A cidade sede da empresa se torna o país da empresa. Essas economias são mais "frágeis" – menos robustas para reagir e reorientar as crises em um único setor, um problema particularmente pernicioso quando os Estados Unidos começam a vacilar em seu papel de principal importador. A fuga de capitais expõe os países às tentações da especulação cambial. Para atrair investimentos adicionais, os economistas do *establishment* declaram que tais países, uma vez queimados por essa especulação, deveriam agora remover as barreiras remanescentes ao movimento de dinheiro, bens e capital, deixando a produção doméstica desprotegida, as mesmas condições que inicialmente provocaram a crise de 1997 na região.

Parece que a gripe aviária e a gripe financeira estão intimamente conectadas, seu relacionamento se estende para além da analogia acidental. Embora a agricultura tenha sido, até recentemente, menos dependente das exportações do que a manufatura, em parte devido à sua perecibilidade e agora devido às proteções comerciais ameaçadas (Hertel *et al.*, 2000) já podem ser notadas várias ramificações epidemiológicas. Isso se deve a uma expansão e intensificação geográfica da produção avícola, maior exposição a aves transnacionais, maior comércio ilegal de aves e um truncamento na infra-estrutura de saúde animal por medidas de austeridade impostas domesticamente em troca de empréstimos internacionais ou por imperativos ideológicos (Rweyemamu *et al.*, 2000). E, o mais grave, as consequências da gripe financeira também podem ter fornecido à China uma janela de oportunidade para expandir as exportações regionais de aves de criação. Uma hipótese que vale a pena testar é se algumas dessas remessas semearam surtos de gripe aviária no exterior.

Mas como conduzir uma análise a partir desse modelo? Como determinamos se as empresas transnacionais produzem e espalham influenza? Identificar lotes de aves de criação que transportam H5N1 de localidade para localidade continua sendo uma tarefa difícil, mas importante (Kilpatrick *et al.*, 2006). O rastreamento de patógenos nas cadeias de mercadorias é cada vez mais visto como um tópico crítico tanto para os estudos quanto para os modos de intervenção (Duffy, Lyncha & Cagneya, 2008). Uma dificuldade central é a disposição dos órgãos reguladores dos governos para inspecionar as instalações pecuárias, incluindo as condições sob as quais a virulência de patógenos pode evoluir. Ao mesmo tempo, existe o perigo de que esses esforços, uma vez bem-sucedidos, possam prejudicar a ecologia política mais ampla que molda a evolução do influenza. Com bilhões em jogo anualmente, alguns azarados agricultores ou caminhoneiros podem ser sacrificados para proteger um sistema que se estende pelos mercados interligados no mundo todo. Abordamos aqui a possibilidade de uma gripe aviária mortal ser um acessório não intencional, mas que se pode esperar dos esforços multinacionais para exportar um portfólio crescente de commodities agrícolas chinesas. O problema da gripe é mais do que um caso de polícia. É sistêmico, enterrado profundamente no tecido político. Além disso, o vírus se complica por razões cujo alcance vai além dos portões das indústrias.

CAMADAS DE COMPLICAÇÃO

O fim das grandes operações pecuárias tal como as conhecemos pode fazer uma grande diferença para Guangdong e muitos outros lugares. Tais operações politicamente protegidas parecem promover a virulência e transmissão de patógenos. Graham e colegas registraram diversos meios pelos quais os patógenos podem se espalhar através das grandes operações de confinamento de animais, como o manuseio de resíduos de animais e seu uso na aquicultura, a exposição ocupacional dos trabalhadores, o transporte aberto de animais entre fazendas e plantas de processamento, a contaminação no transporte por contêineres, por meio de animais que não são de criação, como ratos e moscas, e sistemas de ventilação em túneis que introduzem materiais animais no meio ambiente (Graham *et al.*, 2008). Parece que as operações de "biossegurança" não são tão biosseguras.

Mas existem camadas adicionais de complicações. Não existe uma relação direta entre a densidade de aves e o surto de H5N1 se consideradas diferentes escalas espaciais. Em toda a Ásia, algumas áreas onde ocorreram surtos abrigam relativamente poucas aves, enquanto outras áreas com milhões de galinhas até agora foram deixadas intocadas. Há um componente estocástico na propagação da doença. As epidemias começam em algum lugar, neste caso no sul da China, e levam tempo para seguir para outro lugar, começando pelas regiões próximas e, em parte de por razões determinadas, em parte por acaso, e atingem enfim o exterior. Existem, no entanto, causas demonstráveis que vão além das razões da própria indústria avícola.

A Tailândia oferece um exemplo. Conforme mapeado pelo ecologista Marius Gilbert e seus colegas, nesse país a distribuição de frangos de corte e aves de quintal parece pouco associada aos surtos de H5N1 (Gilbert *et al.*, 2006; Gilbert *et al.*, 2008). Os surtos locais parecem melhor adaptados às densidades dos patos que podem se alimentar livremente no exterior. Após as colheitas, esses patos são trazidos para se alimentar do arroz que sobra no chão. As imagens de satélite mostram as colheitas de arroz correspondentes às densidades dos patos. Quanto mais colheitas anuais de arroz, mais patos e maior a associação com surtos de H_5N_1. Parece que esses patos, livres para se alimentar ao ar livre, expostos a aves migratórias e tolerantes a uma variedade maior de influenzas, servem como condutos epidemiológicos para infectar aves próximas. Embora seja uma prática agrícola bastante engenhosa, a criação de bandos de patos com sobras de arroz pode gerar uma sobrecarga epidemiológica séria. Culturas duplas e até triplas são praticadas em outras zonas de gripe aviária, incluindo o sudeste da China, os trechos finais do rio Xun Xi, a planície de inundação do Rio Ganges e a ilha de Java (Leff, Ramankutty & Foley, 2004).

Temos, então, uma ecologia viral integrada com dependências altamente complexas. A variedade de práticas agrícolas, por um lado, divide-se em várias aparentes dicotomias. Há uma panóplia de tipos de fazenda, além das classificações aproximativas de "pequena" e "grande". Somente na Tailândia, há fazendas fechadas, estruturas abertas com redes para bloquear aves passeriformes, os mencionados patos de pastoreio livre e aves domésticas de quintal (Songserm *et al.*, 2006). Mesmo assim, essa taxonomia implica uma compartimentalização frequentemente ausente no campo. Em uma recente viagem ao lago Poyang, na província de Jiangxi, na China, uma equipe internacional de especialistas descobriu uma ecologia agrícola surpreendente em que patos domesticados se alimentavam em campos, banhavam-se em estuários locais, nadavam no lago e misturavam-se e, provavelmente, cruzavam com aves aquáticas selvagens. Alguns bandos frequentavam diferentes diques diariamente, desde os galpões até o mar aberto e de lá, de volta aos galpões. As implicações epidemiológicas são óbvias. De fato, as instalações nas quais os patógenos se espalham e evoluem na área são de uma ordem que, de acordo com os agricultores locais, as galinhas não podem ser criadas ao redor do lago. Para algumas espécies de aves de criação, a região é epidemiologicamente radioativa.

Também estão ausentes da taxonomia as profundas mudanças estruturais impostas pelas pressões econômicas sobre a agricultura mundial (Weis, 2007). Nas últimas três décadas, o Fundo Monetário Internacional e o Banco Mundial concederam empréstimos a países mais pobres condicionados à remoção de apoios para os mercados domésticos de alimentos. Pequenos agricultores não podem competir com importações das corporações, mais baratas e subsidiadas pelo Norte Global. Muitos agricultores desistem da vida nas margens peri-urbanas ou são forçados a oferecer seus serviços – suas terras, seu trabalho – para as multinacionais de pecuária, agora livres para avançar (Manning & Baines, 2004; Lewontin & Levins, 2007). O acordo sobre as Medidas de Investimento Relacionadas ao Comércio da Organização Mundial do Comércio permite que empresas estrangeiras, visando reduzir os custos de produção, comprem e incorporem pequenos produtores nos países mais pobres (McMichael, 2006). Por contrato informal, os pequenos agricultores devem comprar suprimentos transnacionais aprovados e nem sempre tem a garantia de que suas aves serão compradas de volta pelo parceiro transnacional a um preço justo de mercado ou sequer tem a garantia de que conseguiram vendê-las, no fim da produção (Delforge, 2007). Os novos acordos invalidam a distinção superficial entre operações industriais que exercem "biossegurança", por um lado, e pequenos agricultores cujos rebanhos estão expostos a elementos epidemiológicos. As fazendas industriais enviam pintos de um dia de vida para serem criados por agricultores contratados. Depois de cultivados (e expostos a aves migratórias), as aves são enviadas de volta às fábricas para processamento. A violação da biossegurança parece estar embutida diretamente neste modelo industrial.

Uma terceira complicação é a mudança histórica na relação entre natureza e agricultura. Mapas de Pasuk Phongpaichit e Chris Baker mostram que, desde 1840, a Tailândia foi transformada de vegetação primária em paisagem agrícola, um verdadeiro celeiro regional (Phongpaichit & Baker, 1995). O novo cinturão agrícola surge às custas da supressão de zonas úmidas em todo o mundo, que são secas ou destruídas, poluídas ou drenadas. A drenagem serve como outra base para os conflitos entre o agronegócio e os pequenos agricultores. Conflitos no controle, socialmente estratificado, sobre a bacia do Chao Phraya assolam a Tailândia há centenas de anos (Mollie, 2007).

As zonas úmidas têm tradicionalmente servido como pontos de migração das aves da família *Anatidae* (Lemly, Kingsford & Thompson, 2000). Uma bibliografia crescente mostra que muitas aves migratórias não são passivas, já que reagem à destruição de seu habitat natural. Os gansos, por exemplo, exibem uma plasticidade comportamental enorme, adotando padrões migratórios inteiramente novos e assentando-se em novos tipos de áreas no inverno, passando de áreas úmidas deterioradas para fazendas cheias de alimentos. Essa mudança foi registrada significativamente entre algumas populações de aves aquáticas (Jefferies, Rockwell & Abraham, 2004; Van Erden *et al.*, 2005). As explosões populacionais deram início a uma resposta destrutiva, na qual as revoadas de aves migratórias alimentadas em fazendas superestimam seus criadouros no Ártico, a ponto da tundra ser transformada em uma paisagem pantanosa. No processo de colonização dos habitats naturais do nosso planeta – cerca de 40% da terra utilizável do mundo agora é voltada para uso agrícola –, podemos ter expandido sem querer a interface entre aves migratórias e aves domésticas. Claramente o agronegócio, o ajuste estrutural, as finanças globais, a destruição ambiental, as mudanças climáticas e o surgimento de cepas patogênicas de influenza estão mais fortemente integrados do que se pensava anteriormente. O entrelaçamento de dependências requer uma investigação mais detida. Mas, a essa altura, as conexões que apresentamos já convidam para o estabelecimento de ações imediatas.

A VONTADE POLÍTICA POR UMA EPIDEMIOLOGIA

Guangdong pode representar apenas uma parcela da transformação socioecológica que se estendeu por grande parte do sul da China e agora por grande parte do mundo. As origens do H5N1 altamente patogênico são multifatoriais, com problemas em muitos países e indústrias e fontes ambientais. Podemos então culpar o país — digamos, Indonésia, Vietnã ou Nigéria —, onde uma infecção por H5N1 de entre humanos possa surgir primeiro? Deveríamos responsabilizar a China pelos repetidos surtos, de escala regional e internacional? Devemos problematizar a agricultura *offshore* de Hong Kong? Ou deveríamos punir os Estados Unidos, onde o modelo de indústria avícola intensiva se originou pela primeira vez, com milhares de animais empacotados como alimento de sobra para a gripe? Em geral, a resposta é sim para todas essas respostas perguntas afirmativas. A responsabilidade, assim como o próprio problema, deve ser distribuída sobre seus múltiplos níveis de organização social e ecológica.

Para combater a gripe industrial, ou pelo menos promover algum tipo de mitigação epidemiológica sustentável, são necessárias várias mudanças radicalmente invasivas, mudanças que desafiam as premissas centrais da economia política atual, tanto neoliberais quanto capitalistas de Estado. Se existe vontade política de mudar, essa é uma questão que permanece em aberto. Atualmente, negação, manipulação e ofuscação são galopantes. As autoridades chinesas investiram muito na negação da responsabilidade pela gripe aviária ou, no equivalente epidemiológico da prática estadunidense, que é o pagamento das famílias por danos colaterais sem admitir culpa, oferecendo pequenas quantias aos países afetados.[45] Em 2007, a China doou

45 Cf. o artigo "O grande jogo de empurra da gripe aviária" publicado neste livro.

500.000 dólares para o esforço da Nigéria no combate à gripe aviária. Não importa que a Nigéria nunca teria precisado da ajuda caso a China não a houvesse infectado – ainda que indiretamente – com gripe aviária. A cepa do tipo Qinghai, agora presente na Nigéria, se originou no sul da China. Enquanto isso, os Estados Unidos e a União Européia, criticando uma teimosa Indonésia que não deseja compartilhar amostras de H5N1, bloquearam os esforços indonésios para reformar um sistema mundial de produção vacinas que atende as empresas farmacêuticas e as populações mais ricas à custa dos mais pobres.[46]

O que deveria ser feito para impedir o influenza panzoótico, caso possamos forçar a vontade política dos governos em todo o mundo? No curto prazo, os pequenos agricultores devem ser largamente compensados pelos abates sanitários dos esforços para controlar os surtos. O comércio de animais deve ser melhor regulamentado nas fronteiras internacionais. (Kilpatrick *et al.*, 2006; Capua & Alexander, 2006; Wallace, R. G. & Fitch, 2008). A vigilância de doenças animais, em grande parte voluntária neste momento, deve ser obrigatória e conduzida por agências governamentais bem financiadas. Os trabalhadores agrícolas da linha de frente e os pobres do mundo em geral devem receber assistência epidemiológica, incluindo vacinas e antivirais, sem nenhum custo (Cristalli & Capua, 2007; Graham *et al.*, 2008; Ferguson, 2006). Os programas de ajuste estrutural que degradam as infra-estruturas de saúde animal nos países mais pobres devem acabar.

A longo prazo, devemos acabar com a indústria pecuária tal como a conhecemos. Hoje em dia, cepas de influenza surgem por meio de uma rede globalizada de produção e comércio corporativo de animais confinados,

46 "Flu virus sharing summit: Wrap-up." Blog Effect Measure. http://scienceblogs.com/effectmeasure/2007/11/flu_virus_sharing_summit_wrap_1.php; Hammond E (2008). "Material transfer agreement hypocrisy." Immunocompetent blog. http://immunocompetent.com/index.php?op=ViewArticle&articleId=4&blogId=1.

onde quer que surjam cepas específicas. Com rebanhos e manadas levados de região para região – transformando a distância espacial em conveniência *just-in-time* (Harvey, 2013) – várias cepas de influenza são continuamente introduzidas em localidades cheias de populações de animais suscetíveis. Essa exposição ao dominó pode servir como combustível para a evolução da virulência viral. Ao se sobreporem ao longo dos elos das cadeias de suprimentos transnacionais do agronegócio, as cepas de influenza também aumentam a probabilidade de que possam trocar segmentos genômicos para produzir um rearranjo de potencial pandêmico. Além do desperdício de petróleo e da perda da soberania alimentar local, existem custos epidemiológicos para o aumento geométrico das distâncias das cadeias de produção de alimentos. Em vez disso, poderíamos considerar devolver grande parte da produção às redes de fazendas de propriedade local.

Embora tenha sido argumentado que os alimentos do agronegócio fornecem a proteína barata que muitos dos mais pobres precisam, os milhões de pequenos agricultores que se alimentavam (e muitos outros) nunca teriam precisado desse suprimento se não tivessem sido expulsos de suas terras em primeiro lugar. Uma reversão não precisa envolver o fim do comércio global ou uma mudança anacrônica para a pequena fazenda familiar, mas pode incluir nos países a agricultura protegida em várias escalas (Brown & Getz, 2008; Levins, 1993; Lewontin & Levins, 2007). A propriedade agrícola, a infraestrutura, as condições de trabalho e a saúde animal estão indissociavelmente ligadas. Uma vez que os trabalhadores tenham participação nos insumos e produtos – estes últimos por propriedade, participação nos lucros ou pelos próprios alimentos – a produção pode ser estruturada de maneira a respeitar o bem-estar humano e, consequentemente, a saúde animal. Com a agricultura voltada para o consumo local, as monoculturas genéticas de animais domesticados que promovem a evolução da virulência podem ser diversificadas novamente em variedades da herança que podem servir como barreiras imunológicas. As perdas econômicas que o influenza impõe à pecuária global podem ser controladas: menos interrupções, campanhas de erradicação, solavancos nos preços, vacinas de emergência e repovoamentos no atacado. (Van Asseldonk *et al.*, 2005). Em vez de ser improvisada a cada surto, a capacidade de restringir a movimentação dos animais de pecuária pode ser incorporada naturalmente ao modelo agrícola regional.

Em uma transformação dessa magnitude, o diabo está nos detalhes. Richard Levins, com décadas de experiência colaborando com pesquisadores e profissionais locais em abordagens ecológicas da agricultura e saúde pública em Cuba, resume alguns dos muitos ajustes que uma nova agricultura em qualquer lugar exigirá:

> Em vez de ter que decidir *a priori* entre a produção industrial em larga escala e uma abordagem "pequena e bonita", entendemos a escala da agricultura como dependente das condições naturais e sociais, com as unidades de planejamento abrangendo muitas unidades de produção. Diferentes escalas de agricultura seriam ajustadas à bacia hidrográfica, zonas climáticas e topografia, densidade populacional, distribuição de recursos disponíveis e mobilidade de pragas e seus inimigos.
> A colcha de retalhos aleatória da agricultura camponesa, restringida pela posse da terra, e confinada pelas duras paisagens destrutivas do agronegócio seriam substituídas por um mosaico planejado de usos da terra, no qual cada área contribui com seus próprios produtos, mas também auxilia na produção de outras áreas: as florestas dão madeira, combustível, frutas, nozes e mel, mas também regulam o fluxo da água, modulam o clima a uma distância de cerca de 10 vezes a altura das árvores, criam um microclima especial a favor do vento nas bordas, oferecendo sombra para o animais e trabalhadores, e abrigam os inimigos naturais das pragas e os polinizadores das culturas. Não haveria mais fazendas especializadas produzindo apenas uma coisa. As empresas mistas poderiam trabalhar com reciclagem, ter uma dieta mais diversificada para os agricultores e uma proteção contra surpresas climáticas. Teria uma demanda mais uniforme por força de trabalho longo do ano (Levins, 2006).

Em vez de atender às expectativas de um modelo neoclássico abstrato de produção, a escala e a prática da agricultura podem ser adaptadas de maneira flexível às paisagens físicas, sociais e epidemiológicas de cada região. Ao mesmo tempo, é preciso reconhecer que, de acordo com esse arranjo, nem todas as parcelas serão rotineiramente lucrativas. Como aponta Levins, quaisquer reduções de renda nas fazendas advindas da proteção do resto da região devem ser compensadas por mecanismos redistributivos regulares. Transformar o negócio da agricultura de maneira tão ampla, como descrito aqui ou de outra forma, é provavelmente apenas um dos muitos grandes passos necessários para interromper o influenza e outros patógenos. Por um lado, as aves migratórias, que servem como fonte de influenza, devem ser, ao mesmo tempo, desabituadas das terras agrícolas que infectam as aves de criação. Para isso, as áreas úmidas em todo o mundo, o habitat natural das aves aquáticas, devem ser restauradas. A capacidade global de saúde pública também deve ser reconstruída (Garrett, 2001). Essa capacidade é apenas o curativo mais imediato para a pobreza, desnutrição e outras manifestações de violência estrutural que promovem o surgimento de doenças infecciosas como o influenza, assim como incrementam a sua mortalidade (Farmer, 2004; Kim *et al.*, 2000). A gripe pandêmica e inter-pandêmica tem maior impacto sobre os mais pobres (Davis, M., 2006). Contudo, para muitos patógenos, particularmente para um vírus tão contagioso, uma ameaça para um é uma ameaça para todos.

Ao implementar intervenções para um poluente industrial que evolui, também seremos forçados a reimaginar uma virologia que se estende por baixo do microscópio. As intervenções para doenças, tanto no nível individual quanto na população, estão, com algumas exceções brilhantes, vacilando em relação à vários patógenos. Vacinas, produtos farmacêuticos e soluções de baixa tecnologia, como mosquiteiros e filtros de água, apesar de bem-sucedidos no tratamento de diversas doenças, não podem conter patógenos que usam interações em um nível da organização biocultural para evoluir a partir das intervenções direcionadas. Tais doenças holísticas, operando em faixas flutuantes de espaço e tempo, infectam e matam milhões anualmente. O HIV, a tuberculose, a malária em conjunto com o influenza, confundem até os esforços mais concentrados.

Novas formas de pensar sobre biologia básica, evolução e a prática científica estão na ordem do dia. Em um mundo em que vírus e bactérias evoluem em resposta à infraestrutura multifacetada da humanidade — agrícola, logística, farmacêutica, sanitária, científica, política — nossas deficiências epistemológicas e epidemiológicas podem, afinal, serem as mesmas. Alguns patógenos evoluem a partir de estados populacionais sobre os quais não podemos ou, pior, nos recusamos pensar (Wallace, R. & Wallace R. G., 2004). Nenhum dos fatores mais amplos que moldam a evolução do influenza ou os medicamentos em resposta a ele podem ser encontrados sob o microscópio, não importa quantas microplacas mais automatizadas possam ser carregadas agora ou quanto poder de computação industrial se tornar disponível. Uma geografia que conecte relações entre organismos vivos e produção humana em domínio e escala pode nos ajudar a fazer as transições mentais necessárias para descobrir os estados populacionais nos quais o influenza é capaz de se proteger. Só então poderemos melhor controlar um patógeno aparentemente capaz — por uma série de epifenômenos — de uma premeditação arrepiante.

- *Revista Antipode*, novembro de 2009.

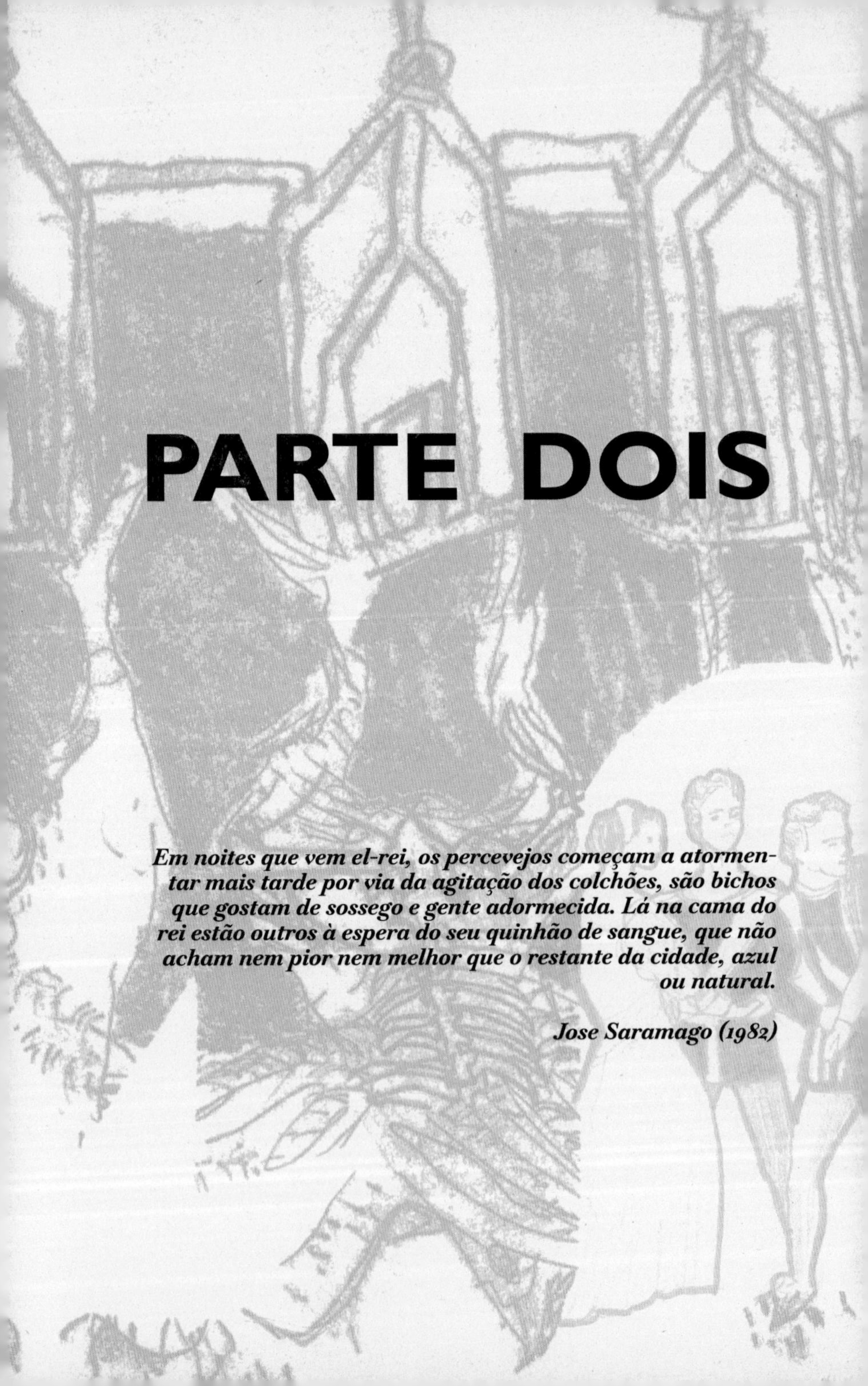

PARTE DOIS

Em noites que vem el-rei, os percevejos começam a atormentar mais tarde por via da agitação dos colchões, são bichos que gostam de sossego e gente adormecida. Lá na cama do rei estão outros à espera do seu quinhão de sangue, que não acham nem pior nem melhor que o restante da cidade, azul ou natural.

Jose Saramago (1982)

O PRESENTE HISTÓRICO DO INFLUENZA[47]

Esta é a primeira de duas palestras que darei. Acredito que ambas são tentativas de abordar uma das principais preocupações da nossa oficina: como podemos trabalhar juntos?

O trabalho em conjunto é necessário. As cepas da influenza operam em múltiplos níveis de organização biocultural: molecular, patogênico e clínico; em várias biologias, epizoologias e epidemiologias da vida selvagem; em diferentes níveis evolutivos, geográficos, de ecologia agrícola, culturais e financeiros.

Não se trata simplesmente de querer complicar a história. A extensão das causas e efeitos do influenza é vantajosa para o próprio vírus. Como discuti na oficina do ano passado, o influenza parece usar as oportunidades encontradas em um domínio ou escala para ajudá-lo a resolver problemas que enfrenta em outros domínios e em outras escalas.

A colaboração, portanto, é uma missão crítica, mesmo que sua operacionalização seja difícil. Como conseguimos que diferentes disciplinas de pesquisa conversem entre si de maneira a abordar todas as dimensões do influenza?

No meio tempo, devemos nos lembrar que esse sucesso não depende apenas da concatenação de conjuntos de dados que há muito foram separados por fronteiras

---

47 Este texto, escrito em parceria com o geógrafo econômico Luke Bergmann, foi apresentado em uma oficina patrocinada pelo Instituto Nacional de Saúde dos EUA e a FAO sobre a *influenza* aviária na Ásia, realizada em Pequim em junho de 2010. A palestra é baseada em um capítulo do livro Influenza and Public Health: Learning from Past Pandemics (*Influenza* e saúde pública: aprendendo com pandemias passadas, Londres, EarthScan, 2010). O texto foi levemente editado.

disciplinares. Apesar de alguns pontos em comum, cada disciplina pensa à sua maneira. Cada disciplina imagina os problemas de maneira diferente.

Por isso, a meu ver, ouvirmos uns aos outros, por mais importante que seja, não é suficiente. Precisaríamos, antes, assimilar a imaginação da profissão do outro – quaisquer que sejam os riscos que possamos correr pessoalmente – para começarmos a desatar o nó górdio do influenza. E discutir o influenza é, afinal, o motivo para nos encontramos hoje na mesma sala.

Embora tenha formação em biologia evolutiva, vou abordar nesta palestra uma tentativa, ainda que grosseira, de assimilar outra imaginação, nesse caso, a da geografia humana e, mais especificamente, a econômica.

[illegible]

Vamos começar com um resultado de pesquisa interessante que requer explicações adicionais. Lenny Hogerwerf e colegas (2010b) classificaram os países do mundo pelos nichos agroecológicos que hospedam. Nesta versão do mapa-mundi, são representados cinco nichos diferentes com base em quatro variáveis de ecologia agrícola: densidade populacional agrícola, densidade de patos, produção avícola e poder de compra per capita. Um nicho suporta mais patos do que outros, e assim por diante.

Não abordaremos aqui as razões pelas quais um nicho pode suportar o H5N1 em detrimento de outro nicho. Desde já, contudo, observamos que, apesar de algumas exceções, os próprios nichos são claramente estruturados pela geografia, com os nichos mais vulneráveis ao H5N1 dispostos no sul e leste da Ásia, especialmente ao longo das planícies chinesas e através das bacias hidrográficas da Indochina e, mais ao sul, na Indonésia.

Por que os países de cada nicho agroecológico são geograficamente contíguos? Darei uma resposta curta antes de adicionar alguns detalhes.

Em primeiro lugar, sim, é claro que as condições ambientais e climáticas compartilhadas podem contribuir para a correlação espacial na geografia dos nichos. Existe, no entanto, outra possibilidade. Através da história, inovações agrícolas surgiram localmente e sofreram etapas de difusão regional. E os modos predominantes de agricultura regional influenciaram desenvolvimentos subsequentes.

Na China, o cultivo de arroz marcou a transição das forrageiras no período mesolítico para as economias excedentes de produção de alimentos do período neolítico. Os patos foram domesticados nos arrozais para controle de pragas há quinhentos anos. E, finalmente, na última camada de nossa sedimentação cultural, a intensificação da produção de aves no estilo ocidental foi introduzida em escala durante a liberalização econômica dos últimos trinta anos.

Nossa hipótese considera que a agropecuária intensiva de patos-arroz na Ásia, resultado de uma série de mudanças na prática agrícola, – antiga (arroz), imperial tardia (patos) e atual (intensificação de aves) – apoiaria de forma única a evolução e a persistência de múltiplas cepas de influenza.

Agora aos detalhes. Não apresentarei uma história completa da agricultura chinesa, mas abordarei alguns eventos e circunstâncias importantes que, acredito, podem informar nosso pensamento sobre como avançar as nossas análises sobre o influenza na Ásia.

[illegible]

Em primeiro lugar, os animais domésticos na China há muito tempo são integrados a outros elementos dos sistemas de ecologia agrícola locais, não são apenas justapostos.

A domesticação de patos foi iniciada há pelo menos 3.000 anos – é possível observar na arte funerária da

Dinastia Han Oriental cenas agrícolas que retratam campos de arroz, patos e peixes em lagoas.

O sistema de produção patos-arroz – nos quais bandos de patos, sejam eles de quintal ou mais nômades, pastam nos campos após a colheita – já existe há muito tempo. Há cerca de quinhentos anos atrás, em meio à dinastia Ming, a criação de patos já era muito popular como prática de controle de pragas nos arrozais do delta do Rio das Pérolas. Em vários momentos ao longo das dinastias Ming e Qing a criação de patos foi disseminada para o controle de gafanhotos em Fujian e no norte da China, um modo de controle ainda hoje em prática.[48]

Fredrick Simoons (1991) sistematizou alguns dos registros mais antigos de criação pecuária com altos níveis de intensificação para a avicultura. Um relato do século XVI, de acordo com Simoons:

> descreve um sofisticado sistema chinês de criação de patos, com milhares de patos mantidos em gaiolas em barcos à noite. De manhã, os patos são liberados, entrando na água por meio de pontes de bambu, alimentando-se nos arrozais durante o dia e voltando para as gaiolas à noite, quando seus proprietários sinalizavam para que retornassem.

As práticas contemporâneas têm semelhanças. Uma equipe internacional, incluindo vários presentes aqui hoje, testemunhou há vários anos uma permeabilidade semelhante, na qual patos domésticos se misturavam com pássaros selvagens em seu trajeto diário para o lago Poyang, na província de Jiangxi.

Simoons também resume um relato do final do século XIX de uma proto-cadeia de mercadorias que, tendo iniciado as suas atividades como um incubatório:

> Passou a vender os patinhos jovens a comerciantes que os criavam em recintos fechados. Quando crescidos, esses patos eram vendidos a vendedores ambulantes que os transportavam por água por barcos em bandos de até

48 "Duck patrol advances on China's locusts." 12 de julho de 2010. Disponível em: http://news.bbc.co.uk/2/hi/asia-pacific/830435.stm.

> dois mil. Enquanto mantinham os patos, os ambulantes permitiam que se alimentassem duas vezes ao dia ao longo do rio em campos próximos, economizando assim o custo da alimentação [...] Embora o ambulante vendesse os patos em comunidades ao longo do caminho no varejo, a maior parte acabava nas mãos de revendedores especializados em salgá-los e secá-los.

Levantamentos agrícolas conduzidos no início do século XX, mostram a ocorrência de patos e galinhas em densidades muito maiores nas regiões produtoras de arroz, especialmente em áreas de cultivo duplo. Densidades como essas não foram encontradas em nenhum outro lugar do mundo naquela época.

Uma segunda observação que deve informar nosso pensamento: as práticas agrícolas integradas na China, que estratificam e entrelaçam vários tipos de agricultura, apresentam características muito diversas. Não se reduzem ao sistema de patos-arroz.

Por exemplo, as origens do cultivo do arroz ligado ao cultivo de peixes remontam há pelo menos 1.700 anos, enquanto outros sistemas de cultivos de plantas aquáticas ligados à piscicultura remontam há 2.000 anos. Enquanto vários sistemas de produção agrícola-pecuária são generalizados e relativamente conhecidos, os sistemas de cultivo de carpas, além de serem uma contribuição um pouco mais singular, hoje em dia poucos são utilizados de forma ampla, mas ocorreram na China pelo menos desde a Dinastia Ming.

Sistemas integrados de árvores frutíferas-peixes e amoreiras-bichos-da-seda-peixes em represas são documentados ao menos desde quatrocentos anos atrás. Os patos domésticos foram integrados a tais sistemas por volta de 1860. O sistema amoreira-seda-peixe é de interesse por si só porque contribui com duas questões:

Primeiro, a dinâmica da agricultura integrada é específica do local. Um caso em questão é o da província de Guangdong, no sul da China, um epicentro contemporâneo de múltiplas cepas de influenza.

Vamos nos concentrar nos processos que reuniram seres humanos, animais de criação e aves selvagens no delta do Rio das Pérolas, no centro da província, em torno do qual foram construídos centros industriais e habitacionais, tais como Guangzhou, Shenzhen e Hong Kong. A dinâmica em outros lugares da região também é crítica, como sabemos, mas nossa análise deve começar por algum lugar.

Grande parte do próprio delta emergiu nos últimos dois mil anos, em parte devido a causas antrópicas, a partir de ações conscientes de possessão de áreas em função do crescente assoreamento produzido pelo desmatamento à montante. Começando talvez na dinastia Song, há cerca de mil anos, as terras úmidas do delta foram cada vez mais convertidas em lagoas divididas por diques de solo amontoado, formando as primeiras interações do que seria conhecido como sistema de diques-represas. Os peixes eram criados nas lagoas, depois as árvores frutíferas e várias outras culturas eram plantadas nas margens, com galinhas e patos potencialmente integrados.

Ao redor da segunda metade do século XVI, no meio da dinastia Ming, em vez de árvores frutíferas, as amoras cada vez mais passaram a ser plantadas na margens, a fim de alimentar os bichos-da-seda, ajudando a fechar um ciclo de nutrientes bastante eficiente estabelecido entre os bancos de terra e as lagoas. Em 1581, o sistema dique-lagoas das amoreiras ocupava cerca de 30% da área de certas províncias-chave do delta. No início do século XX, quase toda a terra em várias partes da região havia sido convertida no sistema de produção de seda.

As transformações no delta do Rio das Pérolas estavam ligadas não apenas às localidades, mas também ao contexto global. Em outras palavras — uma quarta observação — as mudanças nos tipos de agricultura integrada estão há muito relacionadas ao estado das economias globais e regionais. Guangdong, por exemplo, foi um ponto-chave do comércio exterior, e o mercado internacional de longa distância para a seda impulsionou explicitamente o desenvolvimento do uso local da terra e a ascensão do sistema de diques nesta província.

Os efeitos da globalização quase sempre ocorrem em várias direções. Quaisquer que sejam as virtudes socioecológicas dos ecossistemas de diques, em nenhum sentido eles eram simplesmente sistemas "sustentáveis", localmente fechados. O sistema de diques-amoreira era funcionalmente aberto e estava no centro de muitos fluxos, sustentado por produtos exportados internacionalmente, por alimentos e, potencialmente, por outros insumos importados inter-regionalmente.

Em meados do século XVIII, o delta, e com ele um vasto interior que se estendia às províncias vizinhas, havia sido funcionalmente integrado em um único agroecossistema diferenciado. Todo o cenário da região também passou a ser diretamente associado à dinâmica de uma economia política global emergente, influenciado pela expansão dos mercados mundiais da seda ou pelas emergentes crises do capitalismo em terras distantes.

Dentro dessa região interconectada por um quadro mais abrangente, outros agroecossistemas foram predominantes, mais distantes dos principais centros populacionais e de seus recursos do que as regiões dos lagos dos diques. Por exemplo, o sistema *zheng gao* é uma variante para a entressafra do arroz em casca que requer menos trabalho e recursos para se expandir na periferia do delta.

Patos foram produzidos de forma extensiva, para combater pragas que atacam caranguejos nos arrozais e para reciclar resíduos de grãos nos campos após a colheita. O sistema cresceu ao lado dos sistemas de diques, da dinastia Ming à Qing, até que a iniciativa do Estado em projetos de gestão de recursos que buscavam aumentar a captação de água eliminou o *zheng gao*, ainda nos primeiros anos do período socialista na década de 1950.

A revolução chinesa ilustra outro ponto importante. Determinada ecologia agrícola pode ser redefinida por amplas transformações na sociedade em geral.

O período maoísta trouxe uma série de reformas agrárias, incluindo mudanças nos sistemas de cultivo, na posse da terra, nas condições de trabalho, nas relações sociais e nos vínculos econômicos extra-regionais. O desenvolvimento visava, em teoria, diminuir a polarização e a dependência em relação aos mercados de exportação dos centros globais, e caminhar em direção a uma paridade espacial e social, com foco no espaço econômico nacional. As relações comerciais internacionais no delta do Rio das Pérolas e os fluxos associados de mercadorias e dinheiro dos períodos anteriores foram assim reformulados radicalmente.

A duplicação da população exigiu um foco na modernização da produção de grãos, a fim de atender às necessidades calóricas básicas das pessoas, uma tarefa que enfrentou vários contratempos e só foi garantida na década de 1980 após a consolidação das indústrias de fertilizantes, nas quais foram feitos pesados investimentos ao longo da década de 1970.

Durante esse período, a agricultura integrada se enfraqueceu ao longo do delta do rio das Pérolas. A economia da seda e da amoreira já havia entrado em colapso durante a Grande Depressão e o sistema *zheng gao* de cultivo foi substituído, como mencionamos anteriormente. A criação de peixes atrelada ao arroz foi promovida no início do período socialista, com 700.000 hectares em todo o país no final da década de 1950, mas as interrupções, sejam de ordem política ou pelo uso de agrotóxicos, resultaram em um acentuado declínio ao longo das décadas de 1960 e 1970. Em Guangdong, a área cultivada com arroz e peixe caiu de cerca de 40.000 hectares para apenas 320 no início da Revolução Cultural em 1966.

Em meados e no final da década de 1970, o interesse pela agricultura ecologicamente integrada voltou a surgir, com as comunidades estabelecendo fazendas e realizando pesquisas sobre a otimização de combinações de arroz, bichos da seda, galinhas, patos, peixes e porcos. Ao mesmo tempo, outras comunidades lideraram o caminho em um projeto que se orientava em outra direção, pesquisando e implementando versões locais da intensificação da pecuária industrial.

[illegible]

O que nos traz para os tempos mais recentes. A liberalização econômica transformou o cenário da ecologia agrícola da China, de novo.[49]

Como descrevemos no artigo anterior, "Virologia política da agricultura *offshore*", no final dos anos 70, a China começou a se afastar de uma política de autosuficiência da Revolução Cultural, na qual se esperava que as regiões produzissem a maior parte dos alimentos e bens para seu próprio consumo. Em seu lugar, o governo central iniciou um experimento focado na religação com o comércio internacional através das Zonas Econômicas Especiais (ZEEs), instaladas nas regiões de Guangdong, Fujian e, posteriormente, em todo o território do que se tornaria a província de Hainan. Em 1984, catorze cidades costeiras também foram abertas para comércio internacional, embora não na extensão das zonas econômicas.

A partir de 1979, o investimento direto estrangeiro (IED) anual aumentou de zero para 45 bilhões de dólares, já no final dos anos 90, com a China como o segundo maior centro de investimentos depois dos Estados Unidos.

---

49 Cf. o artigo "A virologia política da agricultura *offshore*" publicado neste livro.

Sessenta por cento desse IED foi direcionado ao setor industrial. Dada a profusão da agricultura de pequenos agricultores da China, pouco investimento foi inicialmente direcionado à agricultura.

Isso logo mudou. Nos anos 90, a produção de aves cresceu a uma taxa de 7% ao ano. Os investimentos na produção para consumo doméstico não se restringiram às galinhas, dado o interesse de longa data no consumo de patos e gansos. As exportações de aves processadas cresceram de 6 milhões de dólares em 1992 para 774 milhões em 1996.

Tais mudanças foram mais do que meramente emergentes. Foram estruturadas por uma nova legislação e por esforços diplomáticos. As disposições provisórias da China para orientar a direção do investimento estrangeiro visavam incentivar o IED ao longo de grandes extensões do país e em setores específicos, incluindo a agricultura. O plano quinquenal do governo de 2005 visava modernizar a agricultura em todo o país. Desde que a China ingressou na Organização Mundial do Comércio em 2002, com maiores obrigações de liberalizar o comércio e o investimento, o IDE agrícola dobrou.

No final dos anos 90, a contribuição de Hong Kong e Taiwan para o IED da China havia caído para 50% do total, marcando um influxo nos novos investimentos europeus, japoneses e estadunidenses.

A liberalização econômica, particularmente as mudanças na estrutura da propriedade da terra e sua integração geográfica dentro e fora do sul da China, tiveram um efeito fundamental na agricultura regional. Em 1997, ano do primeiro surto de H5N1 em Hong Kong, Guangdong abrigava a produção de 700 milhões de frangos, tornando-se uma das três principais províncias avícolas da China. A avicultura doméstica de Guangdong passou por uma modernização tecnológica na criação, no abate e no processamento de aves, e teve a produção intensificada e conectada às fábricas de ração e plantas de processamento de alimentos.

O investimento direto estrangeiro ajudou a importar o estoque genético dos avós, apoiar o melhoramento de espécies e atualizar a moagem de alimentos para animais. A maioria das raças usadas na produção industrial era agora importada, criada para fins lucrativos e adequada para altas taxas de rotatividade do capital. Em alguns casos, a produção foi um pouco restringida pelo acesso a grãos oriundos de outras províncias e pela preferência do mercado interno por raças de aves nativas, que possuem conversão alimentar menos eficiente. Ainda que seja óbvio, vale lembrar que a produção sofria com práticas de saúde animal pouco adequadas.

Hoje, a expansão é robusta e os chamados frangos de alta qualidade, raças domésticas de longa data ou híbridos, estão sendo cada vez mais produzidos, apesar de seus custos mais altos e tempos de rotatividade mais longos. Guangdong está produzindo aproximadamente um bilhão desses frangos por ano.

[illegible]

A ascensão de Guangdong, ao contrário do que possam afirmar seus opositores, carrega uma dinâmica que traz possíveis consequências para o influenza.

A liberalização que o governo central oferecia apenas às províncias costeiras irritou as províncias do interior. Com tamanha moeda doméstica disponível, as províncias costeiras ultrapassaram a produção agropecuária das províncias do interior, em geral conduzidas por empresas de municípios e vilas.

As províncias costeiras conseguiram aproveitar sua vantagem competitiva transformando grãos baratos em aves mais lucrativas ou re-exportando as mercadorias do interior rapidamente, e acumulando ainda maiores reservas financeiras. A certa altura, as rivalidades se tornaram tão intensas que Hunan e Guangxi impuseram barreiras comerciais ao comércio interprovincial.

Os esforços do governo central para negociar rivalidades interprovinciais deram início à liberalização do interior. Outras províncias, além de Guangdong e Fujian, começaram a se inserir na agricultura voltada para o mercado por meio de uma espécie de reprise da dinâmica pré-Revolução, embora em magnitude ainda estejam atrás das suas contrapartes costeiras.

A extensão desta expansão da avicultura industrial – seja por meio da re-exportação, seja por meio do desenvolvimento territorial – aumenta o escopo geográfico para o surgimento de cepas de influenza orientadas pelo mercado e podem explicar em parte, como mostra a evidência filogenética, os papéis que Yunnan e Hunan parecem ter cumprido em levar o H5N1 para o exterior (Wang *et al.*, 2008).

Apesar desses desdobramentos, a diversidade permanece na ordem do dia. Inúmeras formas de propriedade da terra, organização e produção coexistem. O investimento estrangeiro e a intensificação da produção não eliminaram todos os pequenos produtores. Do mesmo modo, nem todos os produtores de baixa pequena escala operam de forma independente.

Ao contrário, espessas redes de obrigações contratuais entrelaçam uma ecologia povoada por uma diversidade de atores econômicos.

Por exemplo, a Guangdong Wen Foodstuff Group, o maior produtor de frangos da província no início desta década, obteve receitas de 1,6 bilhão de renminbi em 2000, empregou cerca de 4.400 trabalhadores na planta central, 12.000 agricultores contratados, e manteve um relacionamento próximo com a Universidade Agrícola do Sul da China. Desde a década de 1990, as fábricas provinciais de alimentos para animais eram operadas publicamente, por cooperativas de vilarejos, por *joint-ventures* e por capitais privados, tudo ao mesmo tempo.

Tais desenvolvimentos na indústria avícola, muitos deles ocorridos na grande região ao redor do delta do Rio das Pérolas, não estão ocorrendo isoladamente, mas em meio a um período de urbanização extremamente rápido, suburbanização, migração interna, expansão industrial, integração inter-regional, diferenciação econômica e crescimento impulsionado pelas exportações.

O mosaico da ecologia agrícola da paisagem mais ampla do delta foi e está sendo construído de acordo com os padrões históricos dinâmicos que descrevemos anteriormente. Ao mesmo tempo, o desenvolvimento representa uma densidade e justaposição de atividades sem precedentes, com consequências potencialmente fundamentais para a evolução do influenza.

Em outras palavras, a epizoologia regional do influenza surge de uma complexa interação de ecologias agrícolas do passado e do presente, naquilo que o filósofo Louis Althusser chamou de "presente histórico".

Essa mistura de passado e presente está espalhada pela geografia da região. Mapas de estudos sobre o uso da terra no delta do Rio das Pérolas, aproximadamente dez a vinte anos após o início da liberalização econômica, mostram que grandes extensões de terra em 1989 ainda eram agrícolas, abrigavam cidades relativamente compactas (Guangzhou é espacialmente a mais proeminente) e as terras dos sistemas de diques-represas relativamente isoladas das concentrações populacionais (Weng, 2002). Já em 1997 a urbanização é muito maior, espalhando-se não apenas por múltiplos núcleos das cidades, mas também por filamentos suburbanos que se estendem pelo campo.

Estudos indicam que diversas mudanças, que fragmentam o uso da terra ao redor do delta do Rio das Pérolas, estão diretamente relacionadas ao investimento estrangeiro direto (Seto & Frackias, 2005). No entanto, permanece a questão sobre que relações exatamente os investimentos na indústria pecuária podem ter com tais padrões. As métricas ecológicas da paisagem também sugerem aumentos significativos na "densidade da borda" das terras desenvolvidas ao longo desse período, situadas às margens das principais cidades do delta do Rio das Pérolas. As terras cultiváveis no período anterior agora são quase ausentes, tendo sido substituídas por horticultura, obras de infraestrutura e lagoas.

A história do crescimento da aquicultura também pode ser vista nos mapas. Como os retornos econômicos da aquicultura são em média de duas a três vezes maiores do que o das terras cultivadas, no período entre esses dois mapas, não é de se estranhar que muita terra tenha sido convertida, em geral pelas cooperativas dos vilarejos

Muito do que é caracterizado como terra de "dique--lago" nesses mapas pode de fato se referir mais a lagos do que anteriormente, pois a terra é convertida em aquicultura. No entanto, alguns observadores sugerem ainda que as lagoas de aquicultura provavelmente também serão usadas para a produção de aves aquáticas. Como as lagoas se espalharam a partir do núcleo tradicional da região do dique-lago na seção oeste da área, a quantidade de terra acumulada espalhada pelas regiões da lagoa parece ter aumentado muito, aumentando potencialmente a densidade populacional humana e o habitat aquático nas proximidades.

Assim, novas camadas de paisagens orientadas para a exportação estão sendo sobrepostas às de épocas anteriores. No entanto, à medida que a economia orientada para a exportação se desenvolve e se diversifica industrialmente no delta, avança em direção às tecnologias mais caras, urbaniza mais áreas, e oferece pressão para afastar a pecuária industrial das áreas urbanas mais valiosas. Outros grandes produtores estão localizados há muito tempo nas áreas urbanizadas menores, na periferia desses grandes sistemas interurbanos.

Parece haver certas semelhanças entre as paisagens resultantes e as regiões peri-urbanas de outros estados recém-industrializados em todo o sudeste asiático, tal como as *desakotas* (vilas da cidade) ou *Zwishenstadt* (cidades intermediárias). Muitas podem muito bem compartilhar as mesmas combinações de ecologias agrícolas descritas na modelagem de nicho de Hogerwerf e colegas com os quais começamos essa discussão.

O efeito da soma para o delta do Rio das Pérolas, e mais além no sul da China, pode incluir a possibilidade de que a intensificação da avicultura e as pressões exercidas sobre as ecologias agrícolas das terras úmidas causaram a infiltração de uma variedade diversificada de sorotipos de influenza que circulavam o ano todo com obstinada virulência.

A colheita viral resultante – em 1997, por acaso molecular, o H5N1 – é exportada através do livre acesso ao comércio internacional facilitado em parte pelo capital expatriado.

São necessárias pesquisas adicionais para confirmar tais afirmações. Mas podemos ter encontrado um marco sobre o qual colocar esse trabalho. Ou seja, a história e o contexto são importantes, tanto para os patógenos quanto para os seres humanos que eles infectam.[50]

De fato, sob o risco de reificar blocos de tempo de maneira arbitrária, podemos pensar nos patógenos como se tivessem suas próprias origens, migrações diaspóricas, eras clássicas, Idades das Trevas e revoluções industriais. À medida que os patógenos humanos evoluem e se espalham em um mundo criado por nós, tais eras análogas frequentemente acompanham as nossas.

50 "Bird flu's Industrial Revolution." *Farming Pathogens*, 5 de abril 2009. Disponível em: https://farmingpathogens.wordpress.com/2009/04/05/bird-flus-industrial-revolution/.

As condições para o influenza que encontramos hoje no sul da China não são obra do acaso, independentemente da história, tampouco um fato definido por um passado estático. A região não está desconectada do resto do mundo e não teve suas especificidades completamente apagadas por uma onda de globalização genérica recente. O ambiente socioecológico em que os vírus influenza evolui é um produto complexo em camadas do passado e do presente, do global e do local. As causas de cepas de influenza emergentes no sul da China hoje são fios que podem unir muitos lugares, povos e épocas, embora nunca de maneira uniforme, e de maneira específica a um único local.

Em outras palavras, o papel do sul da China como epicentro primário do influenza está longe de ser inerente, ao invés disso, surge de uma confluência contingente de fatores locais e globais no que o geógrafo David Harvey chamaria de "momento ativo" na configuração espacial (Harvey, 2013). A mecânica dessa configuração dinâmica, no que se refere ao influenza, permanece em grande parte um mistério.

Mesmo em relação à paisagem: Quais são os locais e práticas exatas das operações pecuárias intensivas em toda a região? Qual é a proximidade deles com os pequenos agricultores praticando a aquicultura de patos? O efeito da localização industrial atual é significativo? Existem sinergias na paisagem hoje que não estavam presentes nos sistemas rurais espacialmente menos heterogêneos ainda prevalecentes trinta anos atrás?

Os esforços para quantificar as relações entre os ambientes históricos e a evolução de vírus da influenza são, em todo caso, mais desafiadores – pois carregam outra ordem de complexidade.

São essas paisagens mistas que produzem as médias agregadas dos nichos de ecologia agrícola mais epidemiologicamente vulneráveis, tal como que apresentam o grupo de Hogerwerf? Alguns fenótipos moleculares são repetidamente selecionados em micronichos específicos?

A repetida evolução molecular paralela do influenza é um marcador da capacidade do vírus de evoluir em resposta às características da paisagem definidas pelo passado e pelo presente juntos?

Em outras palavras, voltando ao modo como podemos trabalhar juntos, quando analisamos a geografia econômica do sul da China em relação com a história da sua ecologia agrícola, podemos fazer novas perguntas sobre a evolução do influenza. E fazer perguntas que ninguém ainda fez é somente metade da batalha.

- *Farming Pathogens*, 11 de Junho de 2010

PARTE TRÊS

O capitalismo é apenas escravidão paga. É a mesma condição da escravidão, a únca diferença é que os escravos não eram pagos. Mas é a mesma situação. Eu possuo esta fazenda. Você está no fundo do poço. Eu tenho alguns gerentes bem aqui que supervisionam o campo. Eles ganham um pouquinho mais do que você, mas eles não estão muito melhores que você. Eles se sentem melhores porque estão por cima de você. O gerente do McDonald's está um pouco melhor do que o cara que frita batatas. Mas você não é cara. O cara ordenha a todos.

- J. Cole (2014)

O WIKILEAKS DOS ALIMENTOS E FÁRMACOS

A população pacífica de todas as classes se acostumou a tremer diante daqueles autocratas provinciais. A reserva do engenheiro de aparência inglesa causava um mal estar que oscilava entre a adulação e a truculência. Gradualmente, todos eles descobriram que, qualquer que fosse o partido no poder, aquele homem mantinha um contato bastante efetivo com as autoridades superiores em Santa Marta.

– Joseph Conrad (1904)

Cada uma das inebriantes e sangrentas revoltas ao redor do Oriente Médio, cada vez mais cooptadas, reverberando até o Wisconsin ou até a China, é uma reação, lentamente cozida, contra as ditaduras. Ao elogiar o Facebook e o Twitter, os preguiçosos comentaristas estadunidenses confundiram meios superficiais com causas fundamentais, uma versão moderninha da mentira que declara que os pobres e oprimidos não têm história e nunca serão agentes de sua própria transformação. Ou seja, a própria violência arrogante, derrubando um regime após o outro.

Não devemos, no entanto, subestimar o papel da internet, essa rede de velho oeste tão neutra tanto quanto Tortuga, o Tâmisa, a Praça Tahrir ou a Praça da Paz Celestial – mais um lugar onde o neoliberalismo global pode ser subvertido, mesmo que para isso outros meios sejam necessários. A rebelião da Tunísia, que detonou o dominó, parece, ao menos em parte, causada pelo vazamento das mensagens diplomáticas dos EUA na internet, que revelaram a extensão da corrupção do regime de Ben Ali, aliado de Washington. De alguma maneira, em algum local, o império deve se haver consigo, mesmo que para isso tenha que manter o seu próprio aparato no escuro.

Para os segredos, contudo, o excesso de luz e oxigênio acaba por ser venenoso. A segurança dos EUA, com suas iniciativas imperiais temporariamente fora do radar, trabalha para extraditar Julian Assange, mesmo diante da incerteza dos danos propriamente causados pelo WikiLeaks.[51]

Os interesses em conflito surgem em parte porque as revelações são, em primeiro lugar, tão destrutivas para outros países quanto para são para os Estados Unidos e, em segundo lugar, porque são logo silenciadas. Os editores do *The Guardian* e do *The New York Times*, irritados com a vergonhosa atitude bipartidária – um toque amargo demais para os seus coquetéis – os mesmos que publicaram as matérias explosivas com base nos vazamentos, arrumaram suas bagunças, tocaram adiante suas matérias e deram início à perversos ataques *ad hominem* à Assange, sua fonte.[52] De fato, o jornal *The Guardian* agora publica mais matérias sobre Assange e seus problemas legais do que os conteúdos das mensagens diplomáticas vazadas.

Muitos analistas de fato descobriram mais sobre o significado das mensagens do WikiLeaks a partir da exposição do imenso aparato de sigilo e menos a partir dos seus conteúdos (Žižek, 2011). Os detalhes vão ganhando

51 "WikiLeaks has caused little lasting damage, says US State Department." *The Guardian*. 19 de janeiro de 2011. Disponível em: http://www.guardian.co.uk/media/2011/jan/19/wikileaks-white-house-state-department; Elliot J (2010). "How the U.S. can now extradite Assange." Salon. 7 de dezembro. Disponível em: http://www.salon.com/2010/12/07/julian_assange_extradition/.

52 "Dealing with Assange and the WikiLeaks secrets." *New York Times Magazine*. 26 de janeiro de 2011. Disponível em: http://www.nytimes.com/2011/01/30/magazine/30Wikileaks-t.html?pagewanted=all.

importância, à medida que revelam a extensão da indignidade com que o governo dos EUA conduz os seus interesses comerciais no exterior, assim como a vacuidade e a escassez de lógica deste trabalho.

As mensagens diplomáticas revelam embaixadas dos EUA se envolvendo com todos os tipos de eventos e situações. Ao mesmo tempo, muitas embaixadas individuais parecem se concentrar em tópicos específicos. Energia no Azerbaijão. Terrorismo apoiado pela Síria. Guerra, terror e tráfico intenso na comunicação diplomática de alto escalão no Paquistão. Empresas privadas também merecem atenção específica: a BP no Azerbaijão, a Blackwater no Djibuti e Visa e Mastercard na Rússia.

Alguns temas obsessivos, como Cuba e Venezuela, estão espalhados ao redor das embaixadas, incluindo, tal como verifiquei, na Espanha, no Chile e, dentre todos os lugares possíveis, na Islândia. Algumas embaixadas são veementemente mais ideológicas do que outras, e reagem ao que entendem como regimes hostis não cooperativos. Se as mensagens podem servir de algum indicativo, os regimes esquerdistas da Bolívia e da Venezuela, por exemplo, abrigam corpos diplomáticos particularmente truculentos.

Algumas mensagens fazem referência a uma lista de inimigos domésticos. Durante a era George W. Bush, um ministro da Nova Zelândia quase financiou a exibição de um filme de Michael Moore.[53] A crise foi evitada, no meio tempo Jack Bauer quebrou os dedos daquele neozelandês sujo, um para cada filme lançado por Moore.

À primeira vista, as mensagens dão a impressão de que, embora o Departamento de Estado se preocupe com questões diplomáticas e de segurança, as embaixadas são encarregadas de interesses comerciais mais imediatos.

53 Embaixada em Wellington (s.d.). "New Zealand Minister Hosts Mike Moore's 'Fahrenheit' 9/11" Fundraiser (almost)." Disponível em: http://www.cablegatesearch.net/cable.php?id=04WELLINGTON647&q=michael-moore%20new-zealand

Fica claro que o departamento se organiza em torno das especificidades do comércio, das tarifas e até mesmo dos resultados contratuais, contudo, é fascinante a maneira como ambas as agendas caminham juntas, convergindo e divergindo em tom e conteúdo, dentro de uma mesma mensagem diplomática. A retórica de alto nível é rotineiramente interrompida pela conveniência, um tipo de enrolação típico dos estadunidenses que, até onde eu sei, o resto do mundo despreza.

Em uma das mensagens vazadas, funcionários da embaixada dos EUA em Abuja revelaram uma manobra suja que a Pfizer aplicou nas autoridades nigerianas, tal como Enrico Liggeri, gerente da Pfizer no país, revelou.[54] Enquanto pressionava o Procurador-Geral federal, Michael Aondoakaa, a desistir de dois processos multimilionários em torno de ensaios com antibióticos orais em crianças, conduzidos de forma imprópria pela Pfizer durante um surto de meningite, com falhas que incluíram a ausência de consentimento dos pais, a companhia revelava a corrupção da procuradoria geral em outras áreas para os jornais locais.

Como justificativa, Liggeri caracterizou os processos nigerianos como um abalo que desencorajaria a ajuda de empresas farmacêuticas, caso outro surto desse tipo voltasse a ocorrer. Isso significou que, em primeiro lugar, a Nigéria pôs as suas crianças em risco na tentativa de se proteger dos danos causados pelos testes impróprios da Pfizer. Em segundo lugar, buscar evidências de corrupção nos governos locais que você tenta corromper é uma boa prática comercial.

54 Embaixada em Abuja (2009). "Nigeria: Pfizer Reaches Preliminary Agreement For A $75 Million Settlement." 20 de abril 2009. Disponível em: http://cablegatesearch.net/cable.php?id=09ABUJA671&q=pfizer; Boseley S (2010). "WikiLeaks cables: Pfizer 'used dirty tricks to avoid clinical trial payout.' " The Guardian. 9 de dezembro. Disponível em: http://www.guardian.co.uk/business/2010/dec/09/wikileaks-cables-pfizer-nigeria.

A nota final da Embaixada dos EUA não comenta os processos nem a manobra suja, e, sem manifestar qualquer sinal de autoconsciência, cita a Nigéria como um mercado em crescimento para a Pfizer e decide apoiar os esforços da empresa para garantir "transparência", oferecendo um acordo de 75 milhões de dólares. É de tirar o fôlego.

Em escala global, a pressão por alimentos geneticamente modificados segue um roteiro parecido.

Na página da wikileaks podem ser encontradas 472 mensagens diplomáticas em 96 países diferentes com o termo "geneticamente modificado". Embora algumas dessas mensagens descrevam os esforços de outros países, uma após a outra, acabam por demonstrar que as premissas de um modelo de negócios agressivo que favorece o agronegócio dos EUA são assimiladas na política diplomática, disfarçadas de uma questão de direito internacional ou mesmo como pauta do direito humano inalienável.

Uma pequena nota da Embaixada dos EUA em Varsóvia relata uma reunião com um funcionário do Ministério do Meio Ambiente da Polônia, que havia declarado ser muito improvável que a Polônia votasse a favor do licenciamento de híbridos de Organismos Geneticamente Modificados (OGM) de milho da Pioneer e da Syngenta no parlamento europeu.[55] A mensagem termina com esta *cabeça de cavalo deixada ao pé da cama*:

> O posto fará um acompanhamento para obter informações sobre a decisão da Polônia e mais detalhes sobre a lei em elaboração sobre o cultivo agrícola geneticamente modificado. Contudo, a política estabelecida pela Polônia de votar contra a aprovação de todas as variedades de OGMs permanece em vigor, e esperamos que ela siga essa

55 Embaixada em Varsóvia (2009). "Biotechnology Corn Event Dede marçoe." 23 de fevereiro. Disponível em: http://cablegatesearch.net/cable.php?id=09WARSAW199&q=gmo.

> política e vote contra as aprovações também durante essa votação. No entanto, o comentário do diretor Dalbiak de que a Polônia poderia se abster, mostra que a Polônia pelo menos está tendo um debate interno sobre biotecnologia. Os políticos entendem que as suas ações podem ter consequências depois de terem sofrido uma grande sanção de retaliação na OMC no caso do hormônio da carne bovina.

São essas ofertas que não se podem recusar, o trabalho que a embaixada deve realizar, retribuindo um financiador de campanha por vez? Ou como faz a China na África, são parte de um plano maior para a consolidação de uma infraestrutura imperialista?

Muita atenção foi dada aos custos dos OGMs para a saúde, tanto para a ecologia quanto para a sociedade. O agronegócio externaliza estes custos para governos, trabalhadores, animais selvagens e consumidores. Alguém paga a conta. Mas pode haver um jogo escondido aqui. Os OGMs parecem ser o foco de um programa de maiores dimensões: privatizar a própria biologia, transformando solos soberanos e o próprio ato do cultivo, assim como a produção, em mercadorias. "A Cargill está envolvida na comercialização da fotossíntese", disse o CEO Gregory Page em um discurso em 2008: "Essa é a raiz do que fazemos".[56]

Considere o poder que um país exerceria caso setores agrícolas inteiros ao redor do mundo — cada produto, cada insumo — fossem atrelado à formas produtivas controladas por suas corporações monopolistas. Se esse projeto fosse totalmente levado a cabo, poderia controlar populações do mundo uma a uma, por uma questão de sobrevivência. Dominação suave do mundo. Ocupação por homens de ternos, não por coturnos em marcha.

---

56 Speech: Trusting Photosynthesis. *Chautauqua Institute*. 12 de agosto de 2008. Disponível em: http://www.cargill.com/news/speeches-presentations/trusting-photosynthesis/index.jsp.

Em meio à essas apostas, a operação de transgênicos dos Estado Unidos parece desajeitada, tanto em sua forma quanto em sua extensão: da Armênia ao Zimbábue, da prisão de ativistas locais à validação de fabulações internacionais, do comércio marginal aos mercados mais ricos.

A França oferece um exemplo ilustrativo. Em 2006, a Embaixada dos EUA em Paris se manifestou para aprovar duas decisões judiciais francesas.[57] A primeira confirmou as condenações dos "*Faucheurs Volontaires*" (Ceifadores Voluntários), um grupo de ativistas anti-OGMs que destruíram os lotes de teste da Monsanto para a única semente de milho OGM aprovada na França, a MON810, nas proximidades de Orleães. A segunda decisão ordenou ao Greenpeace a remoção de mapas on-line de milho transgênico e listagens de produtores de transgênicos em toda a França.

A mensagem em questão descreve protestos anti-OGM e paralisações no campo, que até esse momento, tem desencorajado agricultores e pesquisadores de OGM:

> Em 13 de abril, cinquenta membros dos *Faucheurs Volontaires* e do Greenpeace invadiram uma instalação da Monsanto no sudoeste da França (na região de Aude), se manifestaram contra os OGMs e penduraram uma faixa dizendo "do campo ao prato, sem OGM". Alguns manifestantes foram presos no local. Em junho, outro grupo de *Faucheurs Volontaires*, associado ao sindicato de agricultores ativistas, a Confederação *Paysanne*, enviou aproximadamente quarenta ativistas anti-biotec para semear sementes orgânicas de milho em um campo de testes de OGM no sul de Paris (no departamento de Loiret). O grupo assumiu a responsabilidade declarando estar "semeando a vida", em contraste com as empresas de biotecnologia, que "semeiam a morte".

57 Embaixada de Paris (2006). "Judicial Decisions Favorable to Biotech Cultivation." 31 de julho. Disponível em: http://cablegatesearch.net/cable.php?id=06PARIS5154&q=france%20gmo%20greenpeace%20spain.

> Em julho, a Monsanto anunciou que três de seus lotes de teste haviam sido danificados e a Limagrain, principal empresa francesa de sementes e sua subsidiária de genética, a Biogemma, também anunciou que teve lotes de testes destruídos por um grupo de *Faucheurs Volontaires*. Também em julho, os *Faucheurs Volontaires* anunciaram que expandiriam a destruição de lotes experimentais para campos de produção comercial pela primeira vez neste verão.

Por outro lado, a mensagem transmitia a aprovação dos esforços empreendidos pelos funcionários de relações públicas do setor ligado aos OGMs, manifestando apoio aos seus cultivos de milho, a maior parte do qual exportado para a Espanha como alimento:

> [Na] reunião anual de produtores franceses de milho em junho, um agricultor apresentou suas justificativas para o plantio de milho *bt*. Ele listou como vantagens o uso reduzido de agrotóxicos, a maior produção de milho de alta qualidade, pouco vulnerável aos ataques de broca do milho, e os benefícios de uma colheita de milho impressionante [...] Além disso, a revista *Cultivar*, uma publicação técnica francesa, publicou uma entrevista em sua edição de julho com um agricultor que cultivava milho biotecnológico para venda comercial, na qual descreve as diferentes etapas de manejo que adotou, do plantio à coexistência com milho não biotecnológico e à colheita.

A mensagem não faz menção à crescente resistência das pragas aos agrotóxicos, o aumento concomitante no uso de agrotóxicos e a contaminação de culturas não-OGM, como resultados rotineiros. A mensagem também manifesta um instinto maniqueísta na caracterização dos esforços legislativos franceses. Os projetos de lei para a aprovação do cultivo de OGM são "razoáveis", enquanto os destinados a impedi-los são "políticos".

Em uma atualização divulgada em 2007, a Embaixada de Paris manifestava estar preocupada que a campanha pudesse estar se enfraquecendo.[58] Ainda que a área de OGM

58 Embaixada de Paris (2007). "French Biotech Farmers Face Multiple Problems and Challenges." 13 de agosto. Disponível em: http://cable-

de 2007 representasse uma área quatro vezes maior do que em 2006, as culturas de OGM de modo geral ainda representavam apenas 0,75% do milho francês:

> as decisões de plantio dos agricultores na primavera foram influenciadas negativamente pelas posições anti-biotec de vários candidatos à presidência e pela nova regra [saída diretamente do manual do Greenpeace] que define que os registros para locais de campos biotecnológicos devam registrados no Ministério da Agricultura e tornados públicos.

A frustração da embaixada aqui é palpável e é difícil não concluir com isso que os Estados Unidos estejam preparando uma invasão da França por meios diplomáticos e econômicos. São descritas diversas frentes de prejuízo:

> Na França, a falta de aceitação da biotecnologia agrícola em produtos para consumo humano por parte dos consumidores continua muito forte. Os produtos alimentares rotulados como contendo e/ou derivados de biotecnologia geralmente não estão disponíveis no mercado francês [...]
> Os ativistas anti-biotec (principalmente Greenpeace, Faucheurs Volontaires, ATTAC, Amigos da Terra, CRI-GEN e o sindicato dos agricultores Confederação Paysanne) são bem organizados, altamente visíveis e trabalham de maneira consistente para desencorajar o progresso da aceitação das biotecnologias. Durante o verão de 2006, os ativistas destruíram dois terços das parcelas de teste em campo aberto. Agricultores ficaram furiosos com a imunidade oferecida aos grupos anti-biotec em tais atos de destruição [...]
> A FNSEA, o maior sindicato de agricultores da França, geralmente discreta em relação à questão da biotecnologia, criticou publicamente o fato de que os agricultores estejam cultivando suas culturas em circunstâncias quase clandestinas para evitar se tornarem alvos [...]
> Os agricultores biotec também estão enfrentando ataques de agricultores tradicionais. Um apicultor está alegando que o pólen de um campo de milho biotecnológico

-gatesearch.net/cable.php?id=07PARIS3399&q=france%20gmo%20greenpeace%20spain.

> arruinou sua colheita de mel e está processando o agricultor biotec pelos prejuízos causados [...]
> Menos visível ao público, contudo bastante eficaz, é a pressão imposta pelos grupos anti-biotec sobre as indústrias de ração animal. Por exemplo, o site do Greenpeace possui uma "lista negra" que apresenta o nome de todos os produtos biotec comercializados na França. A experiência demonstrou que a publicidade negativa gerada pela oferta de um produto biotec em um supermercado francês é geralmente tão prejudicial que o distribuidor ou comerciantes acaba por remover o produto da prateleira [...]
> Os agricultores biotec franceses encontraram pouco apoio governamental em suas empreitadas. Nathalie Kosciusco-Morizet, a nova Ministra de Estado da Ecologia, defende uma abordagem fortemente preventiva e apoia apenas a pesquisa biotecnológica [...]
> Os agricultores também estão frustrados com o fato de a polícia, em geral, observar e tolerar a destruição das colheitas e o sistema judicial aplicar punição moderada aos ativistas processados. Em um determinado caso, os ativistas foram considerados inocentes por *estado de necessidade*, conferindo-lhe basicamente o argumento de autodefesa segundo o qual o desenvolvimento da biotecnologia poderia ser prejudicial à saúde pública. A legislação francesa também não aprovou nenhuma medida substantiva em nome dos agricultores de biotecnologia.

A França – o governo, trabalhadores, fazendeiros, ambientalistas, consumidores, comerciantes, polícia e judiciário – aparecem aqui como um *Exército das Sombras* de múltiplas frentes, tal como no filme de Jean-Pierre Melville, contra a ocupação de OGMs.

No ano seguinte, a França passou a pegar pesado com os OGMs e suspendeu o cultivo do MON810.[59] A Monsanto afirma que Greenpeace / Amigos da Terra e o governo chegaram a um acordo tácito. Em troca da oposição do governo aos OGMs, agora unido à posição de governos como a Áustria, Hungria, Grécia, Luxemburgo e por fim a Alemanha, os ambientalistas, segundo a Monsanto,

59 Embaixada de Madri (2009). "Spain's Biotech Crop under Threat." Dated 19 de maio. Disponível em: http://cablegatesearch.net/cable.php?id=09MADRID482&q=france%20gmo%20greenpeace%20spain.

fecharão os olhos às iniciativas de energia nuclear do presidente Sarkozy.

A França passou a causar problemas também em outros lugares, instando os estados membros a rever a renovação do MON810 pela União Europeia. Em razão dessa pressão externa e também pela resistência oferecida pelas populações locais, um retrocesso parecia iminente também na vizinha Espanha, até então um reduto do MON810. A Catalunha, o País Basco e as Ilhas Canárias decidiram se livrar dos OGM ou estabeleceram rigorosas cláusulas para a coexistência biotecnológica, a Catalunha figurando ainda como um problema específico, já que é um centro de produção de milho OGM. Como no caso na França, o governo central está sob crescente pressão para proibir a produção e as importações de MON810:

> As facções contra a agricultura biotec incluem o lado ambiental do MARM [Ministério do Meio Ambiente e Assuntos Rurais e Marinhos] e os agricultores orgânicos. Cada vez mais, os consumidores também expressam atitudes negativas em relação aos produtos geneticamente modificados. Em 18 de abril, o jornal *El País* conduziu uma pesquisa sobre se os alimentos GM deveriam ou não ser proibidos. Os seguintes resultados foram obtidos após um período de um mês: 85% votaram "Sim, eles podem ser perigosos" e 15% votaram "Não, eles são absolutamente seguros".

Dadas essas complicações, a Embaixada dos EUA em Madri, agindo em nome dos defensores dos OGMs, solicitou a Washington que tomasse medidas e procurou aconselhamento em outros postos, consolidando a extensão continental da campanha de OGMs dos Estados Unidos e sua reivindicação por validação científica:

> Em resposta às recentes solicitações urgentes do secretário de estado do MARM, Josep Puxeu e da Monsanto, solicitações posteriores renovaram o apoio do governo dos EUA a posição da Espanha referente agricultura biotec baseada na ciência por meio de uma intervenção de alto nível do governo dos EUA em apoio às descobertas da

> [Autoridade Europeia de Segurança Alimentar]. O posto também solicita o apoio dos EUA para que um pesquisador de ciências, que não seja do governo dos EUA, se encontre com influentes interlocutores espanhóis para discutir o assunto e ajudar a desenvolver um plano de ação de agricultura biotecnológica na Espanha. O posto também gostaria de receber comentários de outros postos sobre campanhas anti-OGMs.

Como se não fosse possível existirem objeções científicas aos impactos dos OGM na saúde, na ecologia e na economia (Breckling & Verhoeven, 2010).

De fato, até o papado, o Senhor saberá, culpado por um crime global ou dois, se permitiu uma pitada de condescendência:

> Ainda que líderes individuais da Igreja, por razões ideológicas ou por ignorância, se manifestem contra os OGM, o Vaticano não – pelo menos não neste momento – sente que é seu dever confrontá-los. O posto continuará pressionando o Vaticano a falar em favor dos OGMs, na esperança de que uma voz do alto escalão de Roma incentive os líderes individuais da Igreja em outros lugares a reconsiderar suas opiniões críticas.[60]

A UE, no entanto, não é de forma alguma o único mercado sobre o qual marcham os OGMs americanos. A WikiLeaks detalha em que medida as embaixadas dos EUA atuam como subsidiárias para o agronegócio no sul global.

Em uma mensagem de 2009, se simplesmente escolhermos uma da pilha, a embaixada em Nairóbi dá a impressão de que introdução de OGMs seria muito mais suave

60 Embaixada no Vaticano (2009). "Pope Turns Up the Heat on Environmental Protection." 19 de novembro. Disponível em: http://cablegatesearch.net/cable.php?id=09VATICAN119&q=gmos%20ideological%20vatican

no Quênia.[61] O Quênia foi o primeiro país africano a assinar o Protocolo de Cartagena sobre Biossegurança, mas levou até fevereiro de 2009 para estabelecer uma regulamentação jurídica para o uso e o comércio de organismos geneticamente modificados, juntando-se à África do Sul, Tanzânia, Uganda, Malawi, Mali, Zimbábue, Nigéria e Gana:

> Após o desmanche da indústria de algodão no Quênia e com a renovação dos temores diante da fome generalizada, os defensores da biotecnologia, acenando para o sucesso da agricultura de OGMs na África do Sul, passaram a defender o tema perante o Parlamento no último outono, declarando que a tecnologia poderia ajudar a reviver a indústria do algodão queniana assim como combater a crônica insegurança alimentar no país [...] Anteriormente, alguns estavam indevidamente preocupados com os riscos potenciais da tecnologia. Seus receios impediram as importações potenciais de milho, exigindo que o milho produzido por meio de biotecnologia não excedesse uma presença acidental de 2% no produto importado. Essa medida levou a restrições desnecessárias à oferta de milho, resultando em déficits alimentares e preços artificialmente altos para o milho.

A mensagem pressupõe uma causalidade conveniente sem fundamentação. A fome generalizada no Quênia surge, em parte, da corrida por terras, o *land grabbing*, legitimado pela biotecnologia.[62] Quaisquer que sejam seus méritos práticos, a tecnologia é frequentemente usada como um cavalo de Tróia para contrabandear novas relações sociais, neste caso, para enriquecer a elite do Quênia e seus beneficiários multinacionais às custas dos pequenos agricultores. O milho, por outro lado, é uma *commodity* global, cujo preço é controlado em parte pelos mercados de commodities, assim como o *dumping* no setor de grãos – o rebaixamento dos preços de comercialização abaixo

61 Embaixada em Nairobi (2009). "Cautious Kenya Finally Enacts Long Awaited Biosafety Act Of 2009." 11 de março. Disponível em: http://cablegatesearch.net/cable.php?id=09NAIROBI496&q=genetically%20kenya%20modified.

62 Cf. o artigo "A pegada alimentar de quem?", publicado neste livro.

dos custos de produção – é conduzido por multinacionais fortemente subsidiadas.[63]

O governo dos EUA ofereceu aos candidatos a produtores de OGMs no Quênia mais do que um mero apoio, por meio da ligação com a embaixada local:[64]

> O Programa para Sistemas de Biossegurança, financiado pela USAID, criou vínculos entre as principais instituições nacionais do [Quênia], fortalecendo o apoio ao projeto de lei entre os legisladores e agências reguladoras de biossegurança. O programa também ofereceu suporte técnico regulatório para facilitar testes confinados de campo para algodão e milho geneticamente modificados.

Os resultados mostraram-se transformadores e ajudaram a comercializar culturas biotecnológicas:

> Os produtos geneticamente modificados que foram aprovados para testes confinados de campo incluem milho e algodão resistentes a insetos, cultura de tecidos de bananas, batata doce GM, mandioca resistente a vírus e vacinas contra peste bovina. Testes confinados de campo de algodão e milho geneticamente modificados e resistentes a insetos já estão em andamento no Quênia. O Instituto de Pesquisa Agrícola do Quênia pretende iniciar testes de campo abertos com algodão transgênico Bt em outubro de 2009.

Contrariamente à mensagem, que caracteriza a oposição como educada e leal, os quenianos estão profundamente divididos em relação à introdução dos OGMs no campo, no caso do cultivo do milho, previsto para 2017. De acordo com Paige Aarhus:

> Os agricultores aqui estão céticos em arriscar tudo por algumas temporadas de rendimentos mais altos. Em Kangundo, o [pequeno proprietário Fred] Kiambaa disse

63 "Dumping viral", artigo publicado em Wallace, R. *Pandemia e Agronegócio: doenças infecciosas, capitalismo e ciência*. São Paulo, Igrá Kniga, 2020, p.163.

64 Embaixada em Nairobi (2009). "Cautious Kenya Finally Enacts Long Awaited Biosafety Act Of 2009."

> que tentaria a tecnologia GM se fosse uma questão de vida ou morte – mas ele é cauteloso.
> Kiambaa usa a espécie de de milho Katumani, uma variedade amplamente disseminada, razoavelmente tolerante à seca e bastante acessível. Os rendimentos mais altos são tentadores, é claro, mas Kiambaa disse que não quer apostar seu sustento em uma empresa estrangeira. Ainda que sua família esteja na terra há décadas, Kiambaa disse que não a cultivaram até que os colonos britânicos a devolveram aos agricultores locais. Ele apontou as árvores que se alinham na encosta íngreme, plantada pelos britânicos. "É por causa de Mzungus que temos carvão", disse ele, sorrindo ironicamente.[65]

Nenhum estudo sobre o Quênia aborda os custos socioeconômicos potenciais dos OGMs, tanto no país quanto no exterior, com destaque para a relação com a Índia: falhas nas safras, resistência à agrotóxicos, superpragas, dívida e suicídio de agricultores, espirais de produção que obrigam os habitantes locais a comprar uma série crescente de insumos das empresas. De fato, esse fracasso seria a própria recompensa do agronegócio, já que ele aproveitaria o colapso generalizado para comprar terras que os pequenos agricultores seriam forçados a abandonar.

A lacuna de pesquisa não é acidental, pois vários institutos do Quênia estão hoje nas mãos da Monsanto. Aarhus escreve:

> Na Fundação Africana de Tecnologia Agrícola (AATF), uma ONG enorme que trabalha com pesquisa e desenvolvimento de OGMs em parceria com o [Instituto de Pesquisa Agrícola do Quênia], o gerente de Assuntos Regulatórios Dr. Francis Nang'ayo diz que as culturas de OGMs são "substancialmente equivalentes" a alimentos não-modificados geneticamente e devem ser adotados como uma solução para a seca persistente e para a fome. Em 2008, o AATF recebeu uma doação de 47 milhões de dólares da Fundação Bill e Melinda Gates. Essa parceria envolve ainda a Fundação Howard G. Buffett e a gigante

65 "Africa's Frankenfoods." *The Indypendent*. 2 de maio de 2012. Disponível em: http://indypendent.org/africas-frankenfoods.

> estadunidense de sementes Monsanto [na qual a Fundação Gates detém 23,1 milhões de dólares em ações].

A lacuna também pode ser encontrada nas universidades americanas de concessão de terras, também conhecidas como *land-grant universities*, que abandonaram as investigações públicas voltadas para agricultores em favor de uma agenda de pesquisa financiada pelo agronegócio. Muitos quenianos se opõem à substituição, incluindo Anne Maina, coordenadora de incidência política na Rede Africana da Biodiversidade, uma coalizão de 65 organizações agrícolas quenianas:

> "Nossas instituições públicas de pesquisa devem se focar nas necessidades dos agricultores", disse ela ao *The Independent*, "em vez de apoiar a agenda do agronegócio, que almeja colonizar nossa cadeia alimentar e de sementes. Acreditamos que o patenteamento de sementes é profundamente anti-ético e perigoso. "

No entanto, o único cético reconhecido pela mensagem da embaixada é o Dr. Willy Tonui, pesquisador do Instituto de Pesquisa Médica do Quênia e da Associação Africana de Segurança Biológica, que pediu que a Lei de Biossegurança fosse alterada para "atender às preocupações com biossegurança": Mas para a maior parte maioria dos profissionais da área, a biotecnologia mantém a promessa de melhorar a segurança alimentar no Quênia.[66]

Mesmo Tonui, agora CEO da Autoridade Nacional de Biossegurança, não é, contudo, de fato um oponente. Três anos depois, descobrimos que

> Tonui afirma que a histeria da mídia e os relatórios imprecisos são os culpados pela resistência à tecnologia de OGMs, argumentando que a ANB mantém diretrizes rigorosas sobre as sementes OGMs no Quênia.[67]

---

66 Embaixada em Nairobi (2009). "Cautious Kenya Finally Enacts Long Awaited Biosafety Act Of 2009."

67 "Africa's Frankenfoods."

A oficial Chelsea Manning, que supostamente divulgou as mensagens dos EUA para a WikiLeaks e para o mundo, sofreu humilhação sexual e confinamento solitário durante oito meses em uma brigada da Marinha em Quantico, Virgínia.[68] Ela encarna justamente aquilo que o resto do mundo deve esperar dos Estados Unidos, com mais precisão do que qualquer conteúdo dos documentos.

Podemos honrar o ato de consciência de Manning investigando e divulgando (assim como financiando) as descobertas da WikiLeaks. O que eu cubro aqui representa apenas uma fração minúscula a respeito da produção de alimentos e fármacos nas mensagens. Parte disso foi relatado nos primeiros dias após a divulgação das mensagens, incluindo a manobra suja da Pfizer e a rejeição ao milho MON810 na França, mas descobri que somente ao ler as mensagens na íntegra eu conseguia entender todos os pontos e sutilezas da trama em tom e contexto que muitos dos artigos deixam escapar.

Contudo, não relatei muito do que encontrei. Deparei-me com lotes inteiros dedicados ao Movimento dos Trabalhadores Rurais Sem-Terra (MST), ao desmatamento na Rússia, genéricos anti-HIV, caça às baleias no Japão e na Islândia entre outras 3.000 mensagens com o termo influenza. Agora tudo isso e muito mais está aberto a estudiosos, jornalistas, ativistas e qualquer pessoa interessada em procurar e compartilhar informações sobre a logística do império, tipicamente conduzida sob o véu do sigilo e, de maneira surpreendente, dada a forte influência política:

> O comissário de Relações Exteriores Chris Patten falou brevemente sobre os peixes borrachudos no casa da Adenauer Stiftung em 27 de abril, sobre a razão pela qual

68 "UN top torture official denounces Bradley Manning's detention." *Salon*. 7 de março de 2012. Disponível em: http://www.salon.com/2012/03/07/un_top_torture_official_denounces_bradley_mannings_detention.

a UE nunca será uma "potência real", os antecedentes duvidosos de alguns dos líderes de novos países membros da UE, próximos passos em relação ao Chipre e à Turquia, as diferenças entre uma união e uma aliança e os "olhos assassinos" do presidente russo Putin [...]
Advertindo que "não estou dizendo que os genes são determinantes", Patten então analisou a história da família Putin: avô parte da equipe de proteção especial de Lenin, pai funcionário da burocracia do Partido Comunista, e o próprio Putin, ainda em tenra idade, decidiu seguir uma carreira na KGB. "Ele parece um homem completamente razoável quando está discutindo o Oriente Médio ou a política energética, mas quando a conversa muda para a Chechênia ou o extremismo islâmico, os olhos de Putin se tornam os de um assassino.[69]

- *Jacobin*, 5 de setembro de 2012

69 Embaixada em Bruxelas (2004). "Dining With Chris: Random Thoughts from Relex Commissioner Patten." 28 de abril. Disponível em: http://cable-gatesearch.net/cable.php?id=04BRUSSELS1868&q=dinner.

PARTE QUATRO

Como sabemos, a revolução será neste ano. Então a Lanchonete Chipotle lançou esta sacola [...] Tem um porquinho nela. Que diz: ¡Viva la Revolución!... Que merda é essa que o tio Porco está dizendo aos outros porcos: "Queremos igualdade!" Sim, droga, vamos nos livrar do fazendeiro! "Não, não, eu estava pensando em algo um pouco diferente." Vamos marchar pelos nossos direitos? "Não, celas maiores. Vamos criar celas maiores. Porque se esse avião está afundando, nós vamos afundar na primeira classe." Espere - o que! - Wilbur, isso é ridículo! Isso é tudo que você planejou? Nós todos vamos morrer! "Bem, quero dizer, uh, não todos." Wilbur, não o vemos já faz algum tempo, por onde você andou? "Bem, eu estou dormindo na casa com o fazendeiro..."

- Hari Kondabolu, (2011)

A PEGADA ALIMENTAR DE QUEM?[70]

Cientistas de várias disciplinas estão de acordo que a humanidade está à beira do precipício ambiental. As mudanças climáticas, a acidificação dos oceanos, a poluição das águas e do ar, a carga de nitratos e fosfatos e as alterações na circulação termoalina dos oceanos alcançaram pontos de inflexão ecológica ou estão se aproximando rapidamente deles (Solomon *et al.*, 2007; Field *et al.*, 2011; Hansen, 2009; Foster, Clark & York, 2010).

Essa crise foi provocada em grande parte por aumentos exponenciais na extração de recursos e no consumo per capita. Mergulhamos de cabeça em muitos dos recursos da Terra, causando profundas implicações para a existência da humanidade tal como a conhecemos. Em um piscar de olhos geológico, fomos atingidos pela destruição do habitat, perda de biodiversidade, disfunção do ecossistema, emergência de doenças, esgotamento de recursos, eutrofização, degradação dos solos, colapso oceânico, toxicidade ambiental, picos na demanda de energia e mudanças climáticas, ameaçando muitas das plantas e populações de animais das quais a sobrevivência da nossa espécie depende.

O dano ambiental resultante, acumulado nos biomas em escala global, está afetando nossa capacidade de alimentar uma população mundial que cresce tanto em tamanho quanto em taxa de consumo. A FAO estima um recorde de 1,2 bilhão de pessoas em todo o mundo sofrendo de fome ou desnutrição crônica em 2009, com as maiores taxas de morbidade e mortalidade no Sul Global (FAO, 2011). Das 925 milhões de pessoas subnutridas estimadas pela FAO em 2010, 906 milhões vivem em países em desenvolvimento.

70 Esse artigo foi escrito em co-autoria com Richard Kock para a revista *Human Geography*.

Até agora, a humanidade "resolveu" uma fome após a outra, deslocando excedentes alimentares, com milhões de mortos na sequência desses sucessos. Como ilustram as situações de fome recentes e iminentes no Chifre da África e no Sahel, as crises continuam a se multiplicar e as opções para resolvê-las estão diminuindo em número e escopo. A resiliência dos ecossistemas continua a declinar e a disponibilidade de alimentos é ameaçada pelos modelos de produção atualmente usados para alimentar o mundo. À medida que os preços dos alimentos disparam, em parte estimulados pela especulação no mercado de ações,[71] os mais pobres são excluídos dos mercados de *commodities* através dos quais os alimentos são cada vez mais distribuídos.

Um verdadeiro exército de pesquisadores, formuladores de políticas públicas e defensores de diversas áreas vem elaborando o problema. Um claro curso de ação, contudo, está longe de ser definido ou posto em prática. Há, no entanto, vários esforços em curso.

Em um recente artigo publicado na revista *Nature*, Jason Clay, vice-presidente sênior de transformação do mercado da *World Wildlife Foundation (WWF)*, uma das principais ONGs ambientais do mundo, descreve um desses programas

> Nos últimos 18 meses, membros de organizações não-governamentais (ONGs), universidades e setor privado se uniram para desenvolver maneiras de reformar o sistema alimentar global, aumentando a produção de alimentos sem danificar a biodiversidade. Grupos como a Global Harvest Initiative [...] e a Iniciativa para a Agricultura Sustentável [...] trabalham para congelar a pegada dos alimentos (Clay, 2011).

---

71 "How Goldman Sachs created the food crisis." *Foreign Policy*. 27 de abril de 2011. Disponível em: http://www.foreignpolicy.com/articles/2011/04/27/how_goldman_sachs_created_the_food_crisis; Excessive Speculation in Agriculture Commodities. *Institute for Agriculture and Trade Policy report*. Disponível em: http://www.iatp.org/documents/excessive-speculation-in-agriculture-commodities

Clay oferece uma variedade de estratégias em torno das quais os esforços destinados a reduzir o impacto da agricultura no meio ambiente devem ser organizados, com atenção especial à África Subsaariana. Segundo Clay, devemos reduzir o consumo, eliminar o desperdício de alimentos, recuperar terras degradadas, dobrar a eficiência dos insumos agrícolas, garantir os direitos de propriedade de agricultores, aumentar a produtividade das culturas negligenciadas por meio da genética e das tecnologias de ponta e aumentar o estoque de carbono no solo, plantando árvores e gramíneas e introduzindo um mercado de carbono para a agricultura.

O programa de Clay parece uma mistura de bons conselhos e metas já apresentadas antes por outros grupos (Foley *et al.*, 2011; Holmes, 2011). Qualquer esforço destinado a aliviar as crises alimentares em escala local deve levar à sério muitas de suas sugestões técnicas. No entanto, no quadro mais amplo, a partir do qual formula seus conselhos, Clay essencialmente postula que as soluções para as crises alimentar e ambiental devem insistir no atual modelo. Em outras palavras, Clay, em termos raramente encontrados de maneira tão explícita, propõe que qualquer esforço bem-sucedido para alimentar a humanidade de maneira sustentável se concentre em entregar um maior controle sobre do regime alimentar mundial ao agronegócio corporativo, os progenitores da monocultura de uso intensivo de energia.[72]

Aqui analisamos a posição de Clay, desdobrando a linha de argumento que sugere que a responsabilidade pela segurança alimentar deve passar para um pequeno cartel de conglomerados do agronegócio. Dirigimos seu apelo à conveniência política, sua visão estreita da eficiência da produção e das economias de escala e sua propaganda da magnanimidade do agronegócio, apesar das evidências

72 "How big brands can help save biodiversity." *TED Talks*. 16 de agosto de 2010. Disponível em: http://www.youtube.com/watch?v=jcp5vvxtEaU

históricas em contrário. Em seguida, ampliamos as principais omissões do argumento, notadamente seu tratamento do capitalismo como força da natureza, a narrativa declinista que justifica a expropriação de pequenas propriedades e as consequências socioeconômicas, de saúde e ambientais já decorrentes desse programa alimentar.

Por fim, oferecemos exemplos de paradigmas alternativos para alimentar o planeta, à medida que atingimos os seus limites ambientais. Os esforços comunitários dirigidos à agricultura de conservação, que minimiza os custos de insumos e os subsídios ecológicos, são refutações vivas ao modelo do agronegócio. Suas especificidades oferecem evidências concretas de que tais projetos, alguns dos quais já alimentando milhões, oferecem meios suficientes para alimentar e empregar populações locais de maneira sustentável, apoiando a soberania alimentar sensível e protegendo a vida selvagem, a saúde e o meio ambiente para as próximas gerações. Uma revolução alimentar está em andamento e cresce, mesmo nos países em desenvolvimento, ou especialmente nos países em desenvolvimento onde o agronegócio julga encontrar menor resistência para transformar terras e recursos existentes em commodities.

CONSTITUINTE FORÇADA

Para suportar uma população global projetada para atingir a marca de onze bilhões em 2050, a FAO estima que o mundo deve aumentar a área global de cultivo em seis milhões de hectares todos os anos durante os próximos trinta anos (FAO, 2011; Baird, 2011). Estes números parecem apostar no tipo de expansão rápida da produção em larga escala, algo que só o agronegócio multinacional parece ser capaz de pôr em prática. Uma suposição que Jason Clay e muitos de seus colegas parecem aceitar e promover. Seu projeto, então, pode ser interpretado tanto como um programa político quanto como um conselho técnico, destinado acima de tudo, a justificar e consolidar o apoio ao modelo corporativo de agricultura.

Em um programa TED Talk em 2010, Clay descreve como qualquer esforço bem-sucedido deveria ser orientado, caso esteja simultaneamente interessado em salvar e alimentar o planeta:

> Temos trinta e cinco [*hotspots* de biodiversidade]. Temos quinze *commodities* prioritárias [com maior impacto na biodiversidade] Com quem trabalhamos para mudar a maneira como essas mercadorias são produzidas? [...] Entre trezentas e quinhentas empresas controlam 70% ou mais do comércio de cada uma das quinze mercadorias que identificamos como as mais importantes. Se trabalharmos com elas, se mudarmos essas empresas e a maneira como elas fazem negócios, o resto acontecerá automaticamente.[73]

Mesmo esse grupo parece grande demais para que uma colaboração seja possível:

> Cem [dessas empresas] controlam 25% do comércio de todas as quinze das mercadorias [ecologicamente] mais significativas do planeta. Podemos influenciar 100 empresas [...] Por que 25% é importante? Porque se essas empresas demandam produtos sustentáveis, elas puxam de 40% a 50% da produção. As empresas podem pressionar os produtores mais rapidamente do que os consumidores. Através das empresas que alteram a sua demanda, podemos alavancar a produção muito mais rapidamente do que se esperarmos que os consumidores façam isso. Após quarenta anos, o movimento global por alimentos orgânicos atingiu entre 0,7 e 1% do consumo global. Não podemos esperar tanto tempo. Não podemos operar nessa escala de tempo.

Trabalhar com empresas individuais não é suficiente, no entanto:

> Precisamos começar a trabalhar com as indústrias. Então, promovemos a *Mesa Redonda por Óleo de Palma*

73 Clay J (2010). "How big brands can help save biodiversity."

> *Sustentável* (RSPO) onde reunimos toda a cadeia de valor, desde produtores até comerciantes e marcas [...] para descobrir quais são os principais impactos desses produtos, o que é uma referência global, o que é um impacto aceitável e quais são os padrões de referência para fazer isso acontecer.

Por que essas empresas estão participando? Duas razões:

> Para as grandes empresas, é um risco de reputação, mas o mais importante é que elas não se importam com o preço das *commodities*. Se elas controlam as mercadorias, não há negócios. Elas se preocupam com a disponibilidade. Portanto, o grande risco para elas é não ter o produto. Para os produtores, se um comprador quiser comprar algo produzido de uma certa maneira, isso faz com que cooperem. É a demanda que os faz cooperar.

Não se pode negar que Clay faz uma apresentação instruída. Mas sua linha TED de raciocínio está enraizada em várias suposições duvidosas e inferências deslocadas. Por um lado, por que as 100 maiores empresas deveriam ter – e expandir – o controle da produção de quinze produtos ecologicamente significativos que Clay identifica quando justamente as suas práticas é que ajudaram a produzir as crises ambientais?

Ao ignorar a questão, de fato o argumento de Clay minimiza os movimentos ambientais e alimentares para atender às necessidades dessas empresas. Apresenta essa conveniência descarada como razão suficiente. É muito difícil para "nós" organizar consumidores e pequenos produtores, que, afinal, possuem uma participação de mercado muito pequena para fazer a diferença. Como se essas empresas não estivessem envolvidas em amplas campanhas contra modelos alternativos de produção de alimentos.

O apelo a esse tipo de economia de escala constitui forçosamente uma miríade de círculos de apoiadores, em um alinhamento premissas falsas. Ao longo de sua palestra, Clay faz referência de forma repetida a um "nós" nebuloso que, se estiver realmente interessado em salvar o mundo, deve cooperar com o agronegócio. Ele acredita que milhões de pequenos agricultores e suas comunidades podem dar grandes contribuições à produção local e regional de alimentos, por omissão e caindo fora do jogo.

A ARMADILHA DE JEVONS

Durante seu TED Talk, Clay oferece verdadeiros prospectos para duas empresas com as quais trabalha, confundindo colaboração e promoção entusiasmada. Primeiro, a Cargill, o conglomerado de alimentos, que

> financiou pesquisas que mostram que podemos dobrar a produção global de óleo de palma sem cortar uma única árvore nos próximos vinte anos, concentrando-se apenas em Bornéu e plantando em terras já degradadas [...] Eles também estão realizando um estudo para analisar todos os seus fornecedores de óleo de palma, para ver se conseguem certificá-los, o que seria necessário mudar para certificar seus parceiros por meio de um programa idôneo. Por que a Cargill é importante? Porque a Cargill controla de 20 a 25% do óleo de palma global. Se a Cargill tomar uma decisão, então toda a indústria de óleo de palma vai se mover.

Clay ignora aqui o que a Cargill fez para conquistar uma dimensão dessa proporção no mercado de óleo de palma. A World Rainforest Network acusa a Mesa Redonda pelo Óleo de Palma Sustentável (RSPO), a qual Clay se refere, de tomar parte na mesma omissão.[74] A RSPO absolveu seus membros, incluindo a Cargill, de seu passado sórdido, envolvido no desmatamento de terras e na expropriação de seus habitantes. O relógio da sustentabilidade seria agora alterado para iniciar em 2005, o que, segundo a WRN,

---

74 "The 'greening' of a shady business–Roundtable for Sustainable Palm Oil." *GRAIN*. 13 de outubro de 2010. Disponível em: http://www.grain.org/article/entries/4046-the-greening-of-a-shady-business-roundtable-for-sustainable-palm-oil#_ref

> significaria que todo o desmatamento anterior a essa data não será levado em consideração e que as plantações que tomaram o lugar dos desmatamentos ainda receberão o selo de aprovação da RSPO. Dado que as palmeiras podem ser colhidas por até 30 anos, isso implica que grande parte do óleo de palma comercializado com o selo da RSPO de sustentabilidade nos próximos 10 a 20 anos será colhido em plantações que "substituíram a floresta primária".

O processo de certificação é voluntário, o que permite que a indústria sancione as suas próprias práticas ruins. Para a WRN

> fingir que um produto obtido por meio de monoculturas exóticas de palmeiras em larga escala, seja certificado como "sustentável" é – para dizer o mínimo – uma declaração enganosa, especialmente para produtores de óleo de palma, com sua história de desmatamento e abusos generalizados dos direitos humanos nos trópicos [...] A certificação RSPO é uma fraude.

Em seguida, Clay endossa a M&M Mars, a empresa de doces:

> A Mars se comprometeu com a sustentabilidade ao passar a comprar apenas produtos certificados para toda a sua linha de frutos do mar. A Mars compra mais frutos do mar do que o Walmart, por causa dos alimentos para pets. Mas eles estão fazendo coisas realmente interessantes em relação ao chocolate. E tudo vem do fato de que a Mars quer estar no negócio no futuro. E o que eles estão percebendo é que precisam melhorar a produção de chocolate [...] [a Mars está] sequenciando o genoma do cacaueiro. Eles estão fazendo isso em parceria com a IBM e o Departamento de Agricultura dos EUA. E eles estão colocando isso em domínio público, porque querem que todos tenham acesso a esses dados. Porque eles querem que todos os ajudem a tornar o cacau mais produtivo e mais sustentável. O que eles perceberam é que, se conseguirem identificar as características de produtividade e tolerância à seca, poderão aumentar a produção de cacau em 320% em uma área igual a 40% do que era necessário. O resto da terra pode ser usado para outra coisa. É mais com menos, e com cada vez menos. É assim que o futuro deve ser.[75]

75 Clay J (2010). "How big brands can help save biodiversity."

Esse "todo mundo" não inclui as dezenas de milhares de crianças que os fornecedores da Mars escravizam para cultivar cacau em monocultura em Gana e na Costa do Marfim, ou os milhares de agricultores contratados que vivem lá em extrema pobreza, aos quais a empresa se recusa a oferecer preços de comércio justo.[76]

Clay sai em defesa da Cargill e da Mars afirmando que o agronegócio está na melhor posição para aumentar a produtividade necessária para reduzir o esgotamento de recursos, a principal profissão de fé do capitalismo verde. Na melhor das hipóteses, a disputa é histórica, omitindo a destruição por atacado que produziu essas monoculturas. A eficiência encontrada na produção de *commodities* geralmente é acompanhada por deficiências em outros setores, incluindo "custos indiretos" como direitos humanos, saúde, salários e, para usar um termo reducionista, os serviços do ecossistema.

Mesmo diante dessa premissa lógica, a eficiência da produção empregada pelo capitalismo "sustentável" se contradiz há muito tempo pelo paradoxo de Jevons (Foster, Clark, & York, 2010; Jevons, 1865). Ao conduzir pesquisas sobre o carvão, William Stanley Jevons observou que o aumento da eficiência na extração de um recurso, levou a longo prazo a um aumento no uso do recurso. O consumo descontrolado de combustível fóssil prova com clareza o caso de Jevons, mas a idéia também se confirma de maneira espetacular no setor dos alimentos. A Revolução Verde dobrou a produção de alimentos por hectare, mas também causou desnutrição generalizada (Giampietro, 1994).

Um sistema econômico dedicado a um crescimento composto de 3%, a extração melhor – e mais barata –, que

76 Oversight of Public and Private Initiatives to Eliminate the Worst Forms of Child Labor in the Cocoa Sector in Côte d'Ivoire and Ghana. Tulane University. Disponível em: http://www.childlabor-payson.org/Tulane%20Final%20Report.pdf; "Ivory Coast's child labor behind chocolate." Global Post. Disponível em: http://www.globalpost.com/dispatch/news/regions/africa/120116/ivory-coast-child-labor-chocolate-cocoa-industry.

aumenta a eficiência por unidade de moeda investida, na verdade seleciona uma maior exploração, geralmente até que um recurso se esgote. Sob o atual modelo econômico, o paradoxo é "resolvido" apenas pela exploração de um recurso alternativo, uma vez esgotado o original, eliminando as base naturais espécie por espécie, mineral por mineral e região por região, uma prática da qual a Cargill e a Mars, entre outras outras empresas, até agora lucraram em grau superlativo.

Se a história serve como guia, o agronegócio raramente permitiu que a preocupação com a perda de recursos para as suas commodities alterasse algo além das suas *táticas* operacionais, de um relatório anual para o seguinte. O marketing verde, por exemplo, atualmente vende melhor nos mercados de luxo nos Estados Unidos, na União Européia e na Ásia, apesar de estes países terem um maior consumo per capita de produtos do que o resto do mundo (Haas *et al.*, 2010; *Smith et al.*, 2010). As principais estratégias das empresas, no entanto, estruturadas por vantagens competitivas das quais dificilmente irão abdicar voluntariamente, permanecem, na prática, intactas.

Transformar os recursos de outras pessoas em um enorme lucro privado (e culpar outra pessoa pelo dano resultante) continua na ordem do dia. Como mostram os cálculos de Luke Bergmann, grande parte das emissões de carbono, terras cultivadas no mercado e engenharia florestal se originam no Sul Global, ou dependendo da perspectiva, resultam principalmente da acumulação e consumo de capital nos Estados Unidos, Europa e Japão (Bergmann, 2012). Enquanto isso, Becky Mansfield e seus colegas refutam a influente Teoria das Transições Florestais que liga o crescimento econômico ao crescimento das florestas (Mansfield, Munroe, McSweeny *et al.*, 2010). A equipe mostra que o relacionamento direto não é universal e intrínseco, mas depende da capacidade do Norte Global de importar produtos florestais e agrícolas – e exportar o impacto ambiental resultante – quando suas economias estão niveladas. Nesse contexto, o marketing verde nas regiões mais ricas parece um meio de transubstanciar a responsabilidade pelos danos sofridos ao longo dos circuitos do capital em um moralismo da escolha individual do consumidor.

Existe, no entanto, uma mosca na sopa do setor. Como descreve Jason Moore, as crises globalizadas de destruição de terras e danos ambientais podem sinalizar um ponto de inflexão na capacidade do neoliberalismo em operar através de declínios contínuos nos custos de produção em todo o sistema, ou, talvez de forma mais abrangente, pode ser a marca do fim do regime capitalista de "longa duração" da 'ecologia barata': custos baixos em energia, trabalho, matérias-primas e alimentos (Moore, 2012). Qualquer um dos cenários, para prenunciar nosso argumento, poderia explicar a urgência com que o agronegócio promove uma narrativa de resgate distópico.

UMA OMISSÃO CONVENIENTE

É nesse contexto que o caráter das recomendações fortemente benignas de Clay muda de figura, não obstante a maneira desimpedida com que seu artigo na *Nature* faz referência à marcas específicas (Clay, 2010). Se promulgadas, suas recomendações trariam mudanças aos contextos agroalimentares da África que poderiam definir uma vantagem estratégica para as multinacionais.

Está claro, como Clay sugere, que as populações locais devem considerar uma variedade de tecnologias ecológicas e de economia de trabalho ao desenvolver novas formas de agricultura. Nesse ponto, não temos objeções, mas o agronegócio, uma fonte para tais medidas, não entrou no ramo para sair distribuindo soluções de graça. As tecnologias costumam servir como cavalos de Tróia para contrabandear novas relações sociais, neste caso permitindo que o capital estrangeiro compre ou arrende por preços baixos o que até agora eram terras soberanas trabalhadas por agricultores de subsistência, ou aprisione os pequenos agricultores em espirais de produção biotecnológica ferozmente protegidas por direitos de propriedade.

Melhorar o desempenho dos "piores" produtores – que Clay classifica apenas de acordo com a produtividade absoluta, e não a nutrição, a sustentabilidade ou o comunitarismo – exigiria de fato oferecer a esses pequenos proprietários apoio e conhecimento. "Em geral, esses sistemas extensivos foram administrados por governos, mas não está claro se eles estão preparados para a tarefa na África", escreve Clay. É uma observação que de uma só vez elimina o apoio que muitos países africanos – bem como seus colegas europeus – fornecem a seus agricultores, assim como remove tal assistência através dos programas de ajuste estrutural em favor do agronegócio em outras partes do continente (Bryceson, 2010). Se o apoio privado se basear na transferência de terras e trabalho para o agronegócio, é improvável que essa assistência seja oferecida em condições minimamente equitativas.

A recomendação de Clay de que os direitos de propriedade dos agricultores sejam concedidos individualmente exige melhor elaboração. Embora possa haver méritos na transferência desses direitos dos governos para comunidades específicas de pequenos produtores, o agronegócio parece apoiar essa mudança apenas a favor dos seus próprios interesses. As empresas preferem a criação de uma estrutura legal sob a qual possam comprar terras dos menores agricultores, muitos dos quais as venderiam por preços baixos, uma vez empobrecidos pelas economias de exportação e desprovidas de apoio na política de preços. Campanhas semelhantes ocorreram na Rússia pós-soviética e parecem estar em andamento na China hoje (Allina-Pisanm 2008; Wallace, R. G. *et al.*, *apud* Cradock *et al*, 2010). A degradação agroecológica e social resultante de tais precipitações de corridas por terras já está minando as eficiências econômicas e ecológicas demonstráveis que as comunidades pastoris e nômades africanas praticam há séculos (Mortimore *et al.*, 2009; Glew, Hudson & Osbourne, 2010).

Podemos entender de outra forma o estabelecimento de regimes alimentares sob os quais prospera o agronegócio e não a população local. Por exemplo, os mercados de sumidouro de carbono que Clay promove, expandindo a neoliberalização da natureza, provavelmente permitiriam que as empresas capazes de pagar pelos tipos de compensações que operações menores não poderiam pagar continuem produzindo e poluindo livremente (Kinzig *et al.*, 2011; Tanuro, 2010). As compensações tornam-se outra barreira verde para os pequenos agricultores, que, por si só, quando não são forçados em direção às florestas pela expropriação, contribuem com o problema de forma pouco significativa.

Contudo, esses tipos de economias de escala, verdes ou não, não estão, de forma alguma, garantidos. As grandes operações são mais produtivas que as unidades menores, se e somente se, suas economias de escala persistirem com o crescimento, e as deseconomias – custos de trabalho, exaustão de recursos etc. – forem passadas adiante (Reinhardt & Barlett, 1989). Modelos de produção menores, muitos dos quais evoluíram ao longo de milênios e assimilam a natureza inerentemente biológica (e social) da agricultura, podem e muitas vezes conseguem ter sucesso em face da concorrência multinacional, particularmente as cooperativas que negociam os custos de produtivos ao redor de diversas pequenas propriedades.

Mas a principal falácia do argumento de Clay gira em torno de uma omissão comum a muitos programas de modernização ecológica (Foster, Clark & York, 2010). Clay trata o capitalismo neoliberal atual como mais uma força da natureza, tal como as linhas de rotação do planeta e a gravidade. Dessa maneira, as premissas políticas e econômicas do capitalismo, o que quer que qualquer um de nós pense a respeito delas, são deixadas de fora da análise e da ação (Mészáros, 2009). Devemos trabalhar com o agronegócio não apenas porque ele produz e distribui grande parte do suprimento de alimentos do mundo, mas porque eles é e continuará sendo, por declaração, o mundo dos alimentos tal como o conhecemos.

Contudo, se a história pode fornecer alguma indicação, o capitalismo como a conhecemos é tanto uma forma condicional – e provavelmente passageira – de organização social quanto os faraós e o feudalismo; dominante em um dia, sujeito ao colapso, modificação ou rejeição no dia seguinte. As recompensas políticas e financeiras para quem pensa o contrário impulsionam esforços no campo da demagogia verde (*greenwashing*). Pois, uma vez que assumimos que o capitalismo é parte de uma ordem natural, e produzimos uma acomodação em meio à demagogia verde através do "ecopragmatismo", nos deparamos com uma série de pressupostos fundamentais, que juntos bloqueiam toda discussão subsequente a favor do agronegócio.

Clay, por exemplo, confunde a eficiência capitalista para transformar recursos naturais em mercadorias com a eficiência necessária para conservar recursos e alimentar o mundo. As multinacionais podem ser capazes de transformar vastas paisagens em bilhões de produtos embalados, muitas vezes de valor nutricional duvidoso, mas isso não garante que eles possam ou estejam francamente dispostos a alimentar a população do mundo, mesmo considerando se considerado seu voraz expediente. Os bilhões de famintos em todo o mundo não possuem os ativos necessários para participar dos mercados capitalistas dentro do qual prospera o agronegócio e, portanto, em virtude de sua pobreza, são tratados como se não existissem como demanda.

No lado da oferta, os maiores empreendimentos do agronegócio e os trabalhadores pobres rurais e urbanos são colocados em conflito. O crescimento da indústria depende da desapropriação de milhões de agricultores de subsistência das terras necessárias para o cultivo de exportação e pecuária para os mercados mais lucrativos (Borras Jr. & Franco, 2012). Como o próprio Clay disse, o agronegócio se preocupa com a disponibilidade. O dano colateral resultante — as massas famintas, cada vez mais inquietas, não absorvidas pelos novos mercados de trabalho que surgem no lugar dos sistemas alimentares indígenas expropriados — são há muito tempo relegados como problema a ser resolvido e controlado por ONGs e governos locais (Holmes, 2011).

LIVRE ACESSO AO PLANETA

Para que o agronegócio salve o mundo, ele deve ser livre para fazer o que bem entender — pelo menos é o que afirma. Clay concorda com isso e, basicamente, argumenta que a auto-regulação, por meio da qual empresas operam fora da regulação governamental, forneceria os meios pelos quais as empresas poderiam se salvar da destruição ambiental que provocaram. De passagem, se tivermos sorte e se as margens de lucro permitirem, as empresas salvarão também o planeta.

Essa é uma proposta tão duvidosa quanto egoísta. O agronegócio multinacional se tornou gigantesco ao mesmo tempo em que adquiriu a capacidade de traduzir a acumulação de capital em poder político. Esse poder, por sua vez, assegura o ambiente econômico *laissez-faire* que permite que o agronegócio continue a dizimar o meio ambiente impunemente. De fato, o poder político permite ao agronegócio uma posição que lhe permite externalizar seus custos para povos indígenas, governos, trabalhadores rurais, contribuintes, consumidores, gado e animais selvagens próximos.[77] Se algo der errado — um vazamento, desemprego, um surto de doença, flutuações nos preços

77 "Who pays for bird flu?" *Project Syndicate*. 12 de novembro de 2005. Disponível em: http://www.project-1151syndicate.org/commentary/sin-

— alguém paga a conta, fato que introduz uma situação perigosa em proporções apocalípticas.

O agronegócio só pode sobreviver como entidade através da socialização de tais custos, retirando-os da sua planilha de contabilidade. Apesar de dependerem do poder público para sua própria sobrevivência, as multinacionais, com a ajuda de muitas das fundações que as financiam, agora tentam aparecer como o único recurso a que o mundo pode recorrer.

Considere qualquer outra proposta controversa por excelência, mas o objetivo principal do esforço é algo completamente diferente. A noção de que apenas o agronegócio pode salvar o mundo cumpre o mesmo papel das embalagens dentro das quais as empresas oferecem a sua assustadora demanda. Em troca, para ter acesso à comida suficiente no futuro — uma possibilidade bastante complicada — a humanidade deve entregar o controle do que resta de terras e recursos intocados a uma pequena minoria altamente remunerada. A expropriação corporativa está em andamento há séculos, mas sua justificativa por meio de narrativa ambientalista, como forma de consolidar ainda mais o controle material sobre os recursos do mundo, é algo totalmente novo. Encontramos apelos semelhantes em outros setores. Em um cenário de crescimento mais lento, os mega-bancos adotaram instrumentos financeiros de alto risco, apostando setores inteiros da economia real do mundo sob o pretexto de que os novos pacotes valeriam o custo-benefício para os consumidores (Brenner, 2009). Sabemos muito bem o que isso resultou.

A exigência das chaves de livre acesso ao planeta é produto de outro enigma capitalista. O paradoxo de *Lauderdale* está nos livros há mais de duzentos anos (Foster, Clark & York, 2010). Nasce da relação inversa entre, por um lado, a riqueza pública, incluindo o que era, na maior parte da

ger5; Wallace R. (2009). "A virologia política da agricultura *offshore*", artigo publicado neste livro.

história da humanidade, nossos bens comuns ambientais e, por outro lado, as riquezas privadas. O meio-ambiente, por muito tempo, esteve à disposição da humanidade em geral e, portanto, incorporou pouco valor de troca. Não podemos engarrafar e vender ar (até recentemente também a água) se estiver disponível gratuitamente. Por outro lado, o valor da riqueza privada emerge da extração de recursos escassos – ou, mais precisamente, da rolagem de capital suficiente para pagar alguém para fazer o trabalho.

O paradoxo surgiu após a Revolução Industrial com uma mudança na relação entre riqueza pública e riqueza privada. Ao destruir o ambiente natural, os capitalistas agregaram valor de troca ao que despojaram, transformando nossos bens comuns em objetos escassos o suficiente para serem transformados em mercadorias.

Uma base decrescente de recursos, portanto, não é causa devida para o agronegócio tomar a forma do bom cidadão global, como argumenta Clay. Pelo contrário, o agronegócio busca garantir acesso exclusivo às nossas paisagens, uma vez que encara um declínio ecológico. Novamente, tudo como questão de disponibilidade. Em consequência, o setor está manobrando para eliminar alternativas que operam no que eram até agora periferias econômicas. Os agricultores de subsistência, como uma economia agrícola alternativa, que em alguns locais compreendem até 80% da população, devem ser efetivamente removidos, marginalizados ou transformados em contratados, para que o capital do agronegócio possa se espalhar geograficamente de acordo com a sua vontade (Li, 2009; Harvey, 2011).

MAIS UM NOME PARA O *LAND GRABBING*

No ritmo de Clay, a corrida pelas terras na África se intensifica, lá onde justamente estão 60% das terras agrícolas não cultivadas no planeta.[78]

O Oakland Institute, um think-tank independente voltado para a área de políticas com sede na Califórnia, informou recentemente que o agronegócio, em colaboração com várias universidades dos EUA, incluindo Harvard, Vanderbilt e Spelman, trabalha em projetos na África.[79] As universidades estão investindo suas doações por meio de fundos de cobertura (hedge) europeus e especulações na compra ou arrendamento de vastas áreas de terras africanas, nas quais os parceiros privados das instituições de ensino realizarão projetos posteriormente. O Instituto estima que, considerando todas as fontes, cerca de 500 milhões de dólares foram investidos em terras agrícolas africanas, com expectativa de retorno de 25% a partir da produção e da valorização do preço da terra, com arrendamentos isentos de impostos por noventa e nove anos.[80] Os consultores da McKinsey estimam que a produção agrícola da África possa triplicar, para 880 bilhões de dólares por ano até 2030.

Uma dessas aquisições de terras se localiza na Tanzânia e é liderada pela AgriSol Energy, grupo do agronegócio com sede em Iowa, e pela Global Agriculture Fund da Pharos Financial Group, em parceria com a Faculdade de

---

78 "Private sector interest grows in African farming." *Wall Street Journal*. 28 de outubro de 2010. Disponível em: http://www.wsj.com/articles/SB10001424052702303467004575574152965709226.

79 Special Investigation Phase One: Understanding Land Investment Deals in Africa. *The Oakland Institute*. 15 de julho de 2011. Disponível em: https://www.oaklandinstitute.org/public-statement/special investigation-phase-one-understanding-land-investment-deals-africa

80 "US universities in Africa 'land grab.'" *The Guardian*. 8 de junho de 2011. Disponível em: http://www.guardian.co.uk/world/2011/jun/08/us-universities-africa-land-grab.

Agricultura e Ciências da Universidade Estadual de Iowa.[81] O lugar, de acordo com o Oakland Institute,

> abrange três "campos de refugiados abandonados" – Lugufu, na província de Kigoma (25.000 ha), Katumba (80.317 ha) e Mishamo (219.800 ha), ambos na província de Rukwa [...] [com] negociações [...] em andamento com o governo da Tanzânia envolvendo [...] concessão de status estratégico de investidor para garantir a disponibilidade de incentivos (isenção de impostos, repatriamento de dólares fora do país, renúncia a impostos sobre diesel, equipamentos e suprimentos agrícolas e industriais, etc.); e compromisso e planejamento da construção de uma ligação ferroviária para Mishamo.

Juntas, as três áreas receberão investimentos agrícolas em larga escala, culturas geneticamente modificadas, pecuária bovina e avícola, biocombustíveis, que, de forma contingente, expulsará milhares de pequenos agricultores residentes em favor de equipes de trabalho lideradas por gerentes expatriados.

Um porta-voz da Emergent Asset Management, administrador de um dos maiores fundos de aquisição de terras, defendeu os esforços associados às universidades da seguinte maneira:

> Sim, os fundos de doação das universidades e os fundos de pensão são investidores de longo prazo [...] Estamos investindo na agricultura africana, estabelecendo negócios e empregando pessoas. Estamos fazendo isso de forma responsável [..]. Os montantes são grandes. Eles podem custar centenas de milhões de dólares. Isso não é apropriação de terras. Queremos tornar a terra mais valiosa. Ser grande causa impacto, economias de escala podem ser mais produtivas.[82]

Os fatos refutam as garantias, que, por si só, são bastante condenatórias. Grande parte da nova agricultura

81 Land Deal Brief: AgriSol Energy and Pharos Global Agriculture Fund's Land Deal in Tanzania. *Oakland Institute*. Disponível em: http://media.oaklandinstitute.org/land-deal-brief-agrisol-energy-and-pharos-global-agriculture-fund%E2%80%99s-land-deal-tanzania

82 "US universities in Africa 'land grab.'" *op. cit.*

parece focada na exportação e muitos milhares de agricultores indígenas estão sendo forçados a abandonar suas terras. O memorando de entendimento para o projeto da AgriSol na Tanzânia

> estipula que os dois locais principais – Katumba e Mishamo – do projeto são assentamentos de refugiados que abrigam até 162.000 pessoas que terão que ser fechados antes que o projeto de 700 milhões de dólares possa começar. Os refugiados cultivam essa terra há 40 anos.[83]

A Tanzânia não é exceção. A acumulação por espoliação, de norte a sul, está em andamento em toda a África:

Um estudo de 2010 mostrou que a produção pastoril do Vale de Awash, na Etiópia, produzia retornos por hectare iguais ou superiores aos da lavoura subsidiada de algodão e açúcar irrigado (Behnke & Kerven, 2011). No entanto, o governo etíope está atualmente forçando dezenas de milhares de agricultores e pastores a sair das terras tradicionais e ir para novas aldeias, sua obrigação diante de uma série de acordos internacionais sobre terras.

Um arrendamento de quarenta e nove anos de 600.000 hectares na província de Equatória Central, no Sudão do Sul, sob o preço irrisório de 25.000 dólares, com uma opção para acesso a 400.000 hectares a mais, garante à Nile Trading e Development, com sede em Dallas, direitos totais sobre petróleo e madeira na área.[84]

Setenta por cento dos quenianos que obtiveram terras da Aliança pela Revolução Verde na África (AGRA), o "rosto africano" da Fundação Gates, trabalham diretamente para a Monsanto.[85] A Fundação Gates detém 500.000 ações da

---

83 *Ibid.*

84 Land Deal Brief: Nile Trading and Development, Inc. in South Sudan. *Oakland Institute*. Disponível em: http://www.oaklandinstitute.org/land-deal-brief-nile-trading-and-development-inc-south-sudan.

85 "Why is the Gates foundation investing in GM giant Monsanto?" *The Guardian*. Poverty Matters blog. 29 de setembro de 2010. Disponível em: http://www.guardian.co.uk/global-development/poverty-matters/2010/sep/29/gates-foundation-gm-monsanto.

Monsanto no valor estimado de 23 milhões de dólares. Por sua vez, os funcionários da Fundação são ex-executivos da Monsanto.

Em Ruanda, os pequenos lotes de terra cultivada por refugiados que retornaram da Tanzânia após o genocídio ficam em áreas degradadas de parques nacionais e estão sendo expropriados pelos pecuaristas, que detém conexões políticas mais fortes, ou tem sido comprados por produtores de cerveja e biocombustíveis voltados para exportação (Anson, 2011).

Para completar nossos exemplos, Madagascar arrendou uma área do tamanho do estado de Connecticut, nos EUA, para o conglomerado coreano Daewoo; Moçambique colocou à venda sete milhões de hectares; e empresas sul-africanas estão colaborando com fundos de cobertura europeus para atrair o investimento necessário para comprar florestas e terras agrícolas.[86]

A acumulação primitiva, ainda que se vista com as roupas neoliberais ou das ONGs, sempre dispõe de seus privilégios. Contudo, mesmo considerados os seus próprios termos, o *land grabbing* acarreta novas contradições. Como Giovanni Arrighi já alertara em seu estudo de 1998 sobre a Rodésia (Arrighi, 1966), a proletarização de camponeses, expulsos de suas terras e jogados no mercado de trabalho, pode, tal como no exemplo das deseconomias de escala, produzir mais problemas para o agronegócio do que vantagens:

> O processo de expropriação total é contraditório. Inicialmente, cria as condições para que o campesinato subsidie a agricultura capitalista, a mineração, a manufatura e assim por diante. Mas, cada vez mais, cria dificuldades para a exploração, a mobilização, e o controle do proletariado que estava sendo produzido [...] O trabalho totalmente proletarizado só pode ser explorado se pagar um salário digno (Arrighi, 2009).

86 Special Investigation: Understanding Land Investment Deals in Africa. *Oakland Institute*. Disponível em: http://media.oaklandinstitute.org/special-investigation-understanding-land-investment-deals-africa.

Arrighi e colegas inferem que o controle político pode ser melhor exercido por meio da proletarização parcial, forçando os camponeses a se alimentarem da subsistência na entressafra nas aldeias natais, como é hoje a rotina na África e em outros lugares (Amisi *et al.*, 2009; Baird, 2011). Ironicamente, a estratégia esbarra no apetite do agronegócio por terras agrícolas e trabalho disponíveis, pois os camponeses transformaram a pluralidade imposta a eles em um meio ainda precário para sobreviver em meio às condições econômicas cada vez mais informais e desiguais (Bryceson, 2010).

O *land grabbing*, ao romper os complexos agro-alimentares indígenas em suas mediações históricas, não tem muito a oferecer às reivindicações de eficiência "verde" que seus defensores reivindicam.

A DIETA DECLINISTA

A crescente divisão entre ricos e pobres que resulta de tal desapropriação é agora tratada como uma justificativa para a consolidação do agronegócio no planeta Terra, mesmo sabendo que uma maior desigualdade tende a elevar os danos ambientais (Boyce, 2007). O Egito oferece um exemplo revelador (Wallace, 2011).

Durante o regime de Mubarak, a produção da horticultura e da pecuária egípcia se consolidou de forma maciça, relegando milhões de pequenos agricultores às margens peri-urbanas. Nos últimos cinco anos do regime, muitas das comunidades pobres foram ainda mais empobrecidas pelas intervenções de saúde pública realizadas com a intenção de protegê-las. Em um esforço para impedir surtos de influenza A (H5N1) (gripe aviária) e H1N1 2009 (gripe suína), as autoridades sacrificaram quarenta milhões de aves e toda a população de suínos. O maior impacto incidiu sobre os quintais e sobre os pequenos produtores, apesar das frágeis evidências de que aves de quintal ou aves selvagens tivessem originado o surto de influenza.

Evidências robustas favorecem a afirmação de que a pecuária e a avicultura intensivas servem como o cadinho no qual muitos dos patógenos animais recém-virulentos evoluem.[87] Tais patógenos, incluindo a influenza, são rotineiramente disseminados por outros países por meio do alcance geográfico das cadeias comércio de commodities do setor, que se estendem por continentes de forma que nenhum pequeno produtor alcança.

Em nenhum momento, no entanto, os sistemas avícolas industriais foram seriamente investigados como uma possível causa dos surtos de H5N1 no Egito ou em qualquer outro lugar. O agronegócio não teve que praticar o abate sanitário de aves e porcos ao qual os pequenos produtores tiveram que se submeter. A biossegurança do setor, sua capacidade de responder tecnicamente a uma doença de sua própria autoria, às custas dos pequenos produtores, atua por meio de uma lógica própria.

No caso do Egito, as consequências de tal abordagem se estenderam além de sua epidemiologia e das consequências para a agricultura, atingindo o núcleo político do país. As intervenções tecnológicas sobre o H5N1 endêmico pareciam exasperar a crescente pobreza do Egito, para além das evidências informais sobre nanismo em crianças menores de cinco anos. A perda das aves, por si só, pode não ter sido a principal causa da revolução que se seguiu, mas seus impactos nos preços e na disponibilidade de alimentos, assim como no desejo do povo egípcio de decidir sobre o seu próprio destino — incluindo se eles poderiam manter suas produções de galinhas — teve o seu papel.

Apesar dessas conexões, a literatura sobre os surtos de gripe no Egito, bem como em outros lugares, incorpora as premissas ao mesmo tempo em que oferece argumentos

---

87 Cf. o artigo "A virologia política da agricultura *offshore*", publicado neste livro.

tautológicos para a transição para a agricultura altamente capitalizada. Ou seja, as falhas do sistema servem como justificativa para a sua implementação. Sob o modelo predominante de agricultura *offshore*, o agronegócio efetivamente desautoriza os agricultores indígenas, produzindo fome e doenças e destruindo sistemas ambientais diretamente e por procuração. As crises resultantes são tratadas como justificativas para a expansão da desapropriação.

Diana Davis descreve essa estrutura "humanitária" como parte integrante de

> uma narrativa ambiental colonial declinista, apropriada para justificar e implementar os objetivos neoliberais de privatização da terra e a intensificação da produção agrícola em nome da proteção ambiental (Davis, D. 2006)

A narrativa parece ser a tragédia malthusiana dos bens comuns desta temporada, quando um grupo que compete por um recurso compartilhado o destrói, um espantalho cerca os bens comuns, restringindo-o justamente para aqueles que os arruinaram (Hardin, 1968). Na realidade, mesmo quando e onde a natureza proporcionou o suficiente para quase todos, os bens comuns foram rotineiramente regulamentados por uma variedade de conselhos locais de diferentes organizações sociais (Ostrom, 1990; McCarthy, 2009). É interessante notar que a objeção é adotada tanto por alguns da direita que defendem o bloqueio da intervenção federal e internacional, quanto por alguns da esquerda, que defendem o controle pela comunitário (Bakker, 2007). Esses conselhos nunca são uma garantia contra a história – as populações entram em colapso –, mas a noção de disfunção intrínseca dos bens comuns é antes uma ideologia do que um fato.

DOENÇAS DA MERCADORIA

A que servem essas narrativas "humanitárias"? Como são compostas as eficiências da produção corporativa? As sociedades mais ricas demonstram o melhor do que o capital nômade tem a oferecer às regiões mais pobres.

Os alimentos baratos são produzidos e homogeneizados em massa, permitindo o controle centralizado, da fonte ao garfo, e lucros maciços para alguns. Alimentos embalados de forma sagaz e comercializados, altamente processados, calóricos, viciantes e com deficiência nutricional, criaram um novo conjunto de doenças crônicas epidêmicas, da diabete à obesidade mórbida (Monsivais, Aggarwal & Drewnowsky, 2011; Guthman, 2011)

Enquanto isso, as doenças agrícolas evoluem a uma velocidade cada vez maior nas comunidades de animais e culturas de animais domésticos industrializados e geneticamente limitados (Leibler *et al.*, 2009). Com frequência, esses males são geridos em condições relativamente estéreis, embora em densidades favoráveis ao patógeno, exigindo aplicações contínuas de vacinas e produtos farmacêuticos no gado para reduzir as diarréias endêmicas e as doenças respiratórias. Os agrotóxicos são aplicados em culturas amplamente projetadas para suportar ainda maior aplicação petroquímica, selecionando pragas e super-ervas daninhas.[88]

O escoamento de resíduos resultante carrega cassetes de genes que evoluíram uma alta resistência às drogas, unidos por concentrações crescentes de imitações de hormônios e outras eco-toxinas, que penetram nos solos locais, águas subterrâneas e sistemas fluviais e são até reciclados como fertilizantes (Chee-Sanford et al., 2009; Gadd, Tremblay & Northcott, 2010). Até os produtos farmacêuticos estão se tornando detectáveis em concentrações biologicamente ativas

88 "Monsanto (still) denies super insect problem despite evidence." *Mother Jones*. 8 de dezembro de 2011. Disponível em: http://mother-jones.com/tom-philpott/2011/12/superinsects-monsanto-corn-epa.

no ambiente, com evidências crescentes dos impactos ecológicos, fisiológicos e patológicos (Xu, Wu & Chang, 2009). Apesar das contribuições passadas para a saúde pública e animal, as vacinas vivas atenuadas selecionaram novas cepas que evoluíram sob a cobertura imune e podem elas mesmas se transformar em um tipo de poluente, recombinando-se com cepas circulantes e retornando à virulência do ambiente (Monath *et al.*, 2011).

Poluição e patógenos tornaram-se parte integrante da estrutura de risco do sistema alimentar corporativo (Kuchemmüller, *et al.*, 2009). Demanda-se diariamente que a ciência intervenha na segurança alimentar e elimine derrames de doenças em todo o sistema global de remessas de material genético ou neonatal e produtos alimentícios potencialmente contaminados. As onze toneladas de brotos de feno egípcio que adoeceram 4.100 alemães com *E. coli* O104 em 2011, por exemplo, foram re-embaladas por um distribuidor alemão e revendidas para setenta empresas de doze países europeus.[89] As economias de escala do agronegócio se estendem à evolução e à disseminação dos patógenos que o próprio setor seleciona, no sentido biológico do termo. Uma vida selvagem infiltrada por populações de gado despeja sua própria comunidade de patógenos de volta nos mercados de produtos frescos, açougues de carne de animais silvestres, terras agrícolas e ambientes urbanos, produzindo experimentos naturais de risco para a transmissão de doenças e para a evolução de patógenos em várias ordens de animais (Siembieda, 2011).

Os ganhos de curto prazo para a eficiência produtiva e distributiva do agronegócio foram desenvolvidos apenas por meio de uma série de subsídios perversos e custos para as populações locais e o meio ambiente – custos mantidos fora dos balanços das empresas. Riscos ocupacionais,

89 "Egyptian fenugreek seeds blamed for deadly E. coli outbreak; European authorities issue recall." *Science Insider*. 5 de julho de 2011. Disponível em: http://news.sciencemag.org/scienceinsider/2011/07/egyptian-fenugreek-seeds-blamed.html.

poluição, intoxicação alimentar, resistência a antibióticos, picos de preços, mudanças climáticas, consolidação de monopólios, conteúdo nutricional em declínio, inundações, economias de exportação, bolhas financeiras de terras agrícolas, *dumping* no setor de grãos, expropriação rural, migrações forçadas, brechas nas pesquisa e danos ao transporte, à saúde e à infraestrutura, são o tempo todo externalizados para governos, populações indígenas, trabalhadores, consumidores, contribuintes, animais da pecuária e vida selvagem.[90]

Uma vez removido desta criativa proteção contábil, o modelo do agronegócio se torna sobremaneira caro (e dada sua capacidade de catástrofe, quase sociopata). O que fazer então? Todas as partes envolvidas nesse debate, inclusive o agronegócio, a todo tempo referem-se à engenhosidade humana através da qual podemos resolver as crises ecológicas. Mas, assim que algo diferente do agronegócio é sugerido, consultores que deduzem os impostos de suas folhas de pagamento, tal como Clay, contestam "Isso é impossível!" (Bello & Baviera, 2010) A cobertura ideológica que o agronegócio goza é, em si, um custo marginal que nos é demandado subsidiar.

AGRICULTURA DE CONSERVAÇÃO

Outra agricultura, no entanto, é possível e, de fato, já está em andamento e em vários estágios de desenvolvimento (Weiss, 2007; Holt-Giménez, Patel & Shattuck, 2009) Abordagens alternativas propõem menores custos em insumos – minimizando os subsídios ecológicos que governos, consumidores e animais silvestres devem dispor – usando

90 "Who pays for bird flu?", op.cit.; Wallace R. (2009). "A virologia política da agricultura *offshore*", artigo publicado neste livro; Wallace R. (2010). "O dumping viral" in *Pandemia e agronegócio* (Wallace, 2020).

métodos de produção orgânicos, naturalmente renováveis e cultivo de conservação de ponta.

Neste momento, inúmeras práticas já cultivam através de agroecossistemas sustentáveis, como a "intensificação sustentável", que onde melhor desenvolvida, produz tanto alimento por hectare quanto o agronegócio petroquímico (Badgley *et al.*, 2007; Pretty, Toulmin & Williams, 2011). Já estão em jogo sistemas integrados de manejo de pragas, manejo integrado de nutrientes, lavoura de conservação, culturas de cobertura, culturas de armadilha para pragas, culturas de contorno, agrossilvicultura, aquicultura, sistemas de captação de água e sistemas mistos de agricultura e pecuária (Pretty, 2009).

Subjacente a esses esforços está o entendimento de que a humanidade ainda faz parte da ecologia da qual emergimos. Por mais que a civilização humana tenha sido organizada para segregar nosso bem-estar da natureza, com garras e dentes, não podemos escapar das ecologias em que estamos inseridos, por mais que as modifiquemos. No entanto, também não devemos cair em fantasias antediluvianas sobre a agricultura tal como ela nunca foi. Os agricultores estão diariamente desenvolvendo e aplicando inovações na agricultura orgânica para resolver os problemas de hoje, no cultivo de plantas e na criação de animais, em contextos climáticos e econômicos de um momento histórico específico.

Não se pode subestimar o trabalho ainda necessário para o desenvolvimento de tais aplicações teóricas e práticas. Muitos desses esforços são incipientes tanto em termos financeiros quanto infraestruturais. No entanto, existem muitos exemplos de ordens de integração industrial e organização comunitária.

Com o apoio do governo mexicano, os índios Zapotec desenvolveram uma silvicultura certificada, sustentável e controlada pela comunidade.[91] O pinheiro comum é vendido ao governo do estado e os produtos acabados, incluindo móveis, são produzidos em uma fábrica local. A cooperativa de Oaxaca, ainda em desenvolvimento, aplica um terço de seus lucros nos negócios, um terço na preservação da floresta e o restante remete aos trabalhadores e à comunidade local, financiando pensões, uma cooperativa de crédito e moradia para seus filhos que vão estudar na universidade.

A Federação dos Sindicatos de Agricultores do Níger (FUGPN-Mooriben) – com mais de 62.000 membros, entre os quais, mais de 60% de mulheres – oferece aos seus membros treinamento, bancos de grãos, lojas de insumos, linhas de crédito, serviços de poupança, apoio para comunicação, consultoria jurídica e rádio comunitária (Bennegouch & Hassane, 2010). Anteriormente, com o desmantelamento de cooperativas estatais, os agricultores só podiam consumir suas colheitas ou vendê-las a comerciantes com os quais possuíam dívidas enormes. Os mais pobres cortavam árvores para vender ou para fabricar casas, causando inundações no rio Níger e piorando as suas condições. Os bancos de grãos cortaram atravessadores usurários e melhoraram o fornecimento de alimentos durante as épocas de escassez. Enquanto isso, as lojas Mooriben permitem que os agricultores tenham acesso consciente a insumos agrícolas de qualidade e máquinas de aluguel. As cooperativas de crédito da federação permitem que agricultores transformem o excesso de grãos em um produto barato e de alta liquidez para atividades econômicas não agrícolas.

Apesar da política nacional destinada a subsidiar a agricultura convencional irrigada e a criação de gado, os fundos comunitários no norte do Quênia estabeleceram um manejo integrado da terra, diversificando os meios de subsistência e beneficiando igualmente os recursos naturais

91 "Growing a Forest, and Harvesting Jobs" New York Times. 22 de novembro de 2010. Disponível em: https://www.nytimes.com/2010/11/23/world/americas/23mexico.html

e a produção animal (Mortimore *et al.*, 2009; Kock, 2010). Usando a conservação de recursos-chave selecionados, que inclui bancos de mudas, o meio ambiente e a vida selvagem estão se recuperando de um estado anteriormente degradado, enquanto a economia e a renda das pessoas triplicaram.

Tarun Bharat Sangh, uma organização voluntária local em Jaipur, na Índia, iniciou um programa de restauração de bacias hidrográficas que já atinge mil aldeias (Scherr & McNeely, 2008). A organização reconstruiu as *johads*, barreiras tradicionais de barro para coletar água que recarrega os lençóis subterrâneos, melhoram o crescimento da floresta e conservam água para irrigação, para vida selvagem, para criação de gado e uso doméstico. O esforço, coordenado pelos conselhos das aldeias, permitiu a restauração do rio Avari – seco desde a década de 1940 –, bem como das populações de aves nativas.

Algumas inovações agrícolas são informais ao extremo, mas não são menos importantes por isso. Uma rede social de mulheres agricultoras ao redor de vilas moçambicanas copiou as práticas das agricultoras que participavam de projetos agrícolas mais formais na área (Osbahr, *et al.*, 2010). Para atenuar o risco em um clima cada vez mais instável, as mulheres adotaram variedades de mandioca e batata-doce de maturação precoce, que poderiam ser cultivadas em solos arenosos marginais durante as secas, cada vez mais frequentes. Seu esforço nos remete ao poder que as mulheres organizadas podem exercer, assim como à marginalização que tem que superar o tempo todo.

Como os exemplos ilustram, muitos desses esforços funcionam apenas porque as populações locais tomam a iniciativa de práticas que vão além dos caminhos orientados para o mercado "liderado pela comunidade", tal como promovido pelo gerenciamento neoliberal dos recursos naturais (Dillon, 2011) A sustentabilidade surge em parte da apropriação comunitária do problema da integração da produção de alimentos e a ecologia, o que inclui a reciclagem de recursos físicos e sociais para a próxima estação, ano ou geração. Tais comunidades são quase por definição muito improváveis – até mesmo incapazes – de se engajar nos tipos de "ajustes espaciais" que o agronegócio comanda o tempo todo, pouco inclinado a agir de outra maneira, capaz de retirar suas operações de uma região que eventualmente tenha sido arruinada, ou ainda de *surfar* geograficamente na sua própria onda de destruição (Morton *et al.*, 2006; Müller *et al.*, 2011). Na realidade, já na década de 1850, o químico alemão Justus von Liebig definiu a intensificação quimicamente dirigida, capaz de destruir solos por gerações, como um ato de roubo (Foster, Clark & York, 2010).

O sucesso das alternativas comunitárias nunca está garantido e depende contingencialmente de 1) respostas rotineiramente re-conceitualizadas; 2) da acumulação de amortecedores naturais e sociais para os processos ambientais e econômicos globais que podem inundar ou contradizer os esforços locais; e 3) apoio moral e material do Estado. Os detalhes são críticos e, como descrito por Richard Levins, exigem ajustes constantes no tempo e espaço:

> Em vez de ter que decidir entre a produção industrial em larga escala e uma abordagem "pequena e bonita" *a priori*, entendemos a escala agrícola como dependente das condições naturais e sociais, com as unidades de planejamento abrangendo muitas unidades de produção. Diferentes escalas de agricultura podem ser ajustadas à bacia hidrográfica, zonas climáticas e topografia, densidade populacional, distribuição de recursos disponíveis e mobilidade das pragas e seus inimigos.
>
> A colcha de retalhos aleatória da agricultura camponesa, restringida pela posse da terra, e confinada pelas duras paisagens destrutivas do agronegócio seriam substituídas por um mosaico planejado de usos da terra, no qual cada área contribui com seus próprios produtos, mas também auxilia na produção de outras áreas: as florestas dão madeira, combustível, frutas, nozes e mel, mas também regulam o fluxo da água, modulam o clima a uma distância

> de cerca de 10 vezes a altura das árvores, criam um microclima especial a favor do vento da borda, oferecem sombra para animais e trabalhadores, e abrigam os inimigos naturais das pragas e os polinizadores das culturas. Não haveria mais fazendas especializadas produzindo apenas uma coisa. As empresas mistas poderiam trabalhar com reciclagem, ter uma dieta mais diversificada para os agricultores e uma proteção contra surpresas climáticas. Teria uma demanda de trabalho mais uniforme ao longo do ano (Levins, 2024).

Se a fonte de riqueza de uma comunidade se encontra em sua paisagem, e não apenas nos salários do capital de origem externa ou na produção sazonal em uma pequena parcela, cuidar da terra e da fauna local se transforma em uma diretiva primordial, mesmo – ou especialmente – em um mercado global. A riqueza dos bens comuns que uma população compartilha está ligada ao tipo de valor que a economia neoclássica há muito abandonou. O paradoxo de Lauderdale, segundo o qual o mercado recompensa os esforços para destruir os recursos remanescentes da terra, pode ser resolvido em favor de populações que conservam os ambientes que consomem.

A REVOLUÇÃO ALIMENTAR

As preocupações atuais com a segurança alimentar global são certamente justificadas, mas a sua resolução a longo prazo exige mais do que buscar uma segunda Revolução Verde, transgênicos, produtos químicos e as expropriações de capital intensivo que isso possa acarretar. Refutar as premissas fundamentais do agronegócio, mesmo que a princípio apenas como exemplo, pode abrir espaço para modelos alternativos que visam garantir a viabilidade alimentar a longo prazo.

No final, no entanto, o poder do exemplo deve ser consolidado por meio de uma mudança de paradigma capaz de transcender o setor agroalimentar. O mundo todo precisa assimilar as atuais consequências prejudiciais, caso o crescimento e o consumo humanos irrestritos continuem como atualmente, ou como o neoliberalismo verde — ou o *greenwashing* — propõe agora. Se a probabilidade puder ser absorvida conceitualmente, há uma política, comportamentos e práticas capazes de reduzir o "crescimento" e o consumo de recursos, até mesmo a uma taxa negativa, que pode se proliferar por todo o globo, como norma e benefício. Riqueza e salários podem ser novamente concebidos, por meio dos nossos esforços para restaurar a capacidade de regeneração da paisagem e calibrar melhor a produção e o consumo comunitários.

O "espaço para respirar" que pode resultar permitirá que os ecossistemas e a biodiversidade tenham tempo suficiente para se recuperar, que se desenvolvam mediante uma agricultura integradora altamente sofisticada, assim como permitiriam aumentar a qualidade e sustentabilidade da vida humana. O crescimento acentuado do interesse por economias estacionárias é motivo de esperança, assim como o desenvolvimento da abordagem "One Health", que entende que a saúde de seres humanos, gado, culturas agrícolas, fauna e flora selvagens sejam tratados como indissociáveis e integrados ao mesmo ecossistema (Daly & Farley, 2011; Coker *et al.*, 2011) Ambos as propostas são boas, ainda que sejam pontos de partida insuficientes. Cada uma deixa de fora os papéis centrais que a expropriação e a alienação material desempenham na reordenação de ecologias e epidemiologias. Contrariamente às acusações do ludismo,[92] as tentativas de conceber um sistema sustentável de bens comuns que alimente uma crescente população global depende de uma ordem de magnitude cujos conceitos são mais difíceis de manipular do que o atual

92 "Got cheap milk? Why ditching your fancy, organic, locavore lifestyle is good for the world's poor." Foreign Policy. *The Optimist* blog. 12 de setembro de 2011. Disponível em: http://www.foreign-policy.com/articles/2011/09/12/got_cheap_milk

regime agrícola em seu desastroso curso. A ciência necessária nesse momento para escapar da armadilha na qual nos enfiamos e em direção a uma agricultura de conservação soberana é extremamente difícil, mas a nossa única opção para um futuro capaz de conciliar alimentação e justiça.

A chave para essa revolução — e não pode haver outra palavra para isso — será a sua governança. Não se pode deixar de reconhecer que muitas instituições mudaram seu pensamento político em torno da segurança alimentar em direção à soluções mais sustentáveis e equitativas, por mais que ainda permaneçam altamente dependentes da atual governança global e local. Infelizmente, essa boa fé sofreu repetidos ataques da parte dos interesses dominantes. A pressão política que o agronegócio multinacional exerce nas escalas locais se estende às instituições globais (Clapp & Fuchs, 2009). Como resultado, até à data, os progressos podem ser melhor localizados mais na retórica e menos, se é que realmente existem, no mundo real. A mudança, ainda que apenas em princípio, é aceita nominalmente nos trimestre fiscais prósperos macroeconomicamente, mas logo é logo abandonada, ainda que as economias fracassem por meio dos próprios modelos usados para justificar a manutenção das práticas atuais de produção.

Se tais impulsos contraditórios continuarem a se manifestar sob a forma frágil governança e da incapacidade de assumir corajosamente uma segurança alimentar sustentável, a vontade política poderá ser fortalecida principalmente por movimentos populares fora da atual infraestrutura política. Para alguns, incluindo Clay, as atuais revoltas no norte da África e no Oriente Médio, correlacionadas com as crises alimentares (Lagi, Bertrand & Bar-Yam, 2011) servem como um aviso justo. Em grande parte do mundo, por outro lado, revoltas populares simbolizam a própria esperança do futuro.

Como a história das espécies tem nos mostrado repetidamente — uma série de mudanças radicais nascidas tanto do desespero quanto da inovação (Kock, Alders & Wallace, 2011) – uma revolução alimentar não é apenas uma boa ideia, mas, se olharmos para o planeta como um todo, uma precária necessidade. Precária, já que seu sucesso não é certo. A história nos oferece uma ilusão de existência inevitável. A humanidade superou repetidamente as terríveis limitações alimentares, ainda que os estratos arqueológicos também estejam repletos de civilizações mortas. Essas quase-falhas, no entanto, não podem nos oferecer uma amostra suficientemente representativa para garantir um futuro. Portanto, a direção que escolhemos seguir pode valer, literalmente, o mundo (Weis, 2007). O agronegócio, por um lado, tratando os colapsos ecológicos da Terra como um prospecto de investimento, sequestra o planeta e declara: comida para quem pode pagar em troca do controle e comando da comida.

Milhões em todo o mundo, por outro lado, vêem de outra maneira. Existe muita capacidade de produção de alimentos, mesmo com uma população crescente, se tratarmos os alimentos como uma fonte de nutrição ecologicamente integrada, e não apenas como mercadorias, como um valor de uso antes de um valor de troca, como uma fonte de energia renovável e fonte de renda, caso seja conectada globalmente, assim como, para que não esqueçamos de um dos prazeres da vida, como um saboroso deleite. Com todos os detalhes ainda abertos a serem descobertos, podemos evitar as próprias espirais de consumo que as mercadorias supõem. Nossa riqueza é encontrada na auto-regeneração do solo, da água e do ar. Se encontra no trabalho dedicado a preservar essas capacidades no curso de explorá-las para nossas próprias necessidades.

Uma agricultura de conservação que vá além do seu nome, que garanta uma pluralidade de formas e possa alinhar sustentavelmente as pessoas e suas ecologias, unindo a segurança alimentar e soberania alimentar, pode ser alcançada com o tempo, mas apenas se nos libertarmos do poder e da política do capital. Ao nos libertar, podemos salvar nosso planeta e alimentar a população, um ato de redenção tão belo quanto obrigatório, face aos atuais danos causados à Terra.

— *Human Geography*, Novembro de 2012

UM ESTRANHO ALGODÃO

Por mais "recurso odioso" que possa ser, como Merivale o chamava, a escravidão era uma instituição econômica de primeira importância. Foi a base da economia grega e construiu o Império Romano. Nos tempos modernos, fornecia açúcar para o chá e as xícaras de café do mundo ocidental. Produziu o algodão para servir de base ao capitalismo moderno. Fez as ilhas sul-americanas e caribenhas. Visto em perspectiva histórica, faz parte daquela imagem geral do tratamento severo das classes desfavorecidas, as leis ruins antipáticas e severas leis feudais e a indiferença com a qual a classe capitalista em ascensão estava "começando a considerar a prosperidade em termos de libras esterlinas e ... se acostumando à idéia de sacrificar a vida humana à divindade do aumento da produção. "

- Eric Williams, Capitalismo e escravidão, tradução Denise Bottman (1944)

Nossa consciência política costuma se manifestar prematuramente, talvez de maneira rudimentar já no útero, mas, certamente no parquinho ou na mesa de jantar, com as discussões políticas do papai e da mamãe. Por outro lado, nós de fato nunca a desenvolvemos por completo. Uma senhora de noventa e poucos anos que conheço, acena com a cabeça para fora da janela da sua casa, pensando em si mesma: algum dia vou entender isso?

Ao longo do caminho, contudo, há revelações, algumas mais parecidas com armadilhas do que com epifanias. Aprendemos que a história é contingente e inesperadamente cumulativa — a merda se acumula em uma pilha crescente — mesmo diante das dificuldade em compreendermos os caminhos por meio dos quais os conjuntos de circunstâncias convergem.[93]

Por exemplo, como o agronegócio se tornou tão poderoso e assumiu essa forma? Um belo dia acordamos e encontramos a indústria ali – como o Velho da Montanha, uma antiga formação de granito na *Canion Montain* – o queixo de pedra projetado, desafiando qualquer pancada ou piparote.[94]

Até que ponto devemos voltar ao passado, para começo de conversa?

Craig McCalin nos leva a 100 milhões de anos atrás, no Período Cretáceo.[95] Um mar tropical cobria grande parte do que hoje é o sul dos Estados Unidos. A costa do mar, rica em plâncton, cujos esqueletos de carbonato se acumularam como um giz alcalino e poroso, enriquece os solos que mais tarde se tornariam os mais produtivos condados de algodão do Mississipi, Alabama, Geórgia e Carolina do Sul.

Os condados – o Cinturão Negro, tanto pelo solo quanto pela população – também abrigou as maiores concentrações de pessoas escravizadas, ao longo daquela antiga linha costeira. A maioria negra persiste hoje, marcando uma série devastadora de vitórias de Barack Obama em 2012 em cima do pré-candidato democrata Mitt Romney Red.

93 Cf. o artigo "O presente histórico da influenza", publicado neste livro.

94 New Hampshire Geological Survey and the Old Man of the Mountain Legacy Fund (n.d.). The Geologic Story of the Old Man of the Mountain. Disponível em: http://des.nh.gov/organization/commissioner/gsu/documents/oldmanmtdisplay.pdf

95 "How presidential elections are impacted by a 100 million year old coastline." *Deep Sea News*. 27 de junho de 2012. Disponível em: http://deepseanews.com/2012/06/how-presidential-elections-are-impacted-by-a-100-million-year-old-coastline.

Walter Johnson sugere vários outros elementos remanescentes fundamentais no seu "River of Dark Dreams" [O rio dos sonhos sombrios], um dos melhores livros de 2013.

Seja por meio da compra ou da violência direta, os Estados Unidos incorporaram centenas de milhões de acres à montante do Mississipi, em Nova Orleans. Thomas Jefferson planejou a aquisição da Louisiana em 1803 – avançando sobre os territórios conquistados franceses – de duas maneiras. Por meio da consolidação de uma república de pequenos produtores do campo, alheios à contenção do capital, ao mesmo tempo em que atuaria como um sumidouro para a reduzir e dispersar milhões de escravistas insurrecionalistas em potencial, estabelecidos nas partes setentrionais do Sul, já incorporados ao capital.

> Entre 1820 e 1860, um milhão de pessoas foram vendidas "rio abaixo" por meio de um comércio interno de escravizados, que incluía também operações no litoral (entre Norfolk e Nova Orleans, por exemplo) e um comércio continental (de Fayetteville, Carolina do Norte, para Florence, Alabama, por exemplo). A realocação e transferência desse contingente para o cultivo de algodão – o principal setor da economia global emergente na primeira metade do século XIX – deu força nova à escravidão nos Estados Unidos. (Johnson, 2013)

O *ethos* dos EUA, que antes temia a insurreição de escravizados, e que agora mantém o terreno com um adolescente negro morto por vez, foi incubado pelo terror visceral dos brancos em meio à um revolucionário Haiti.

No entanto, o ajuste espacial escravista ao longo do rio Mississippi provou ser mais do que uma projeção do poder imperial ou uma reorganização econômica (Charney, 2010). Representou uma transformação sem precedentes da ecologia em economia manifesta:

> A maior parte do algodão colhido por pessoas escravizadas no vale [do Mississippi] era da espécie Petit Gulf (*Gossypium barbadense*), uma linhagem híbrida desenvolvida em Rodney, Mississippi, patenteada em 1820 e muito valorizada pela sua "facilidade de colheita". A hegemonia

> dessa planta única sobre a paisagem do *Reino do Algodão* produziu uma simplificação radical da natureza e uma simplificação radical do ser humano: a redução da paisagem à plantação de algodão e do ser humano à sua "mão-de-obra". A monocultura de algodão despojou a vegetação terra, lixiviou a sua fertilidade, tornando-a uma das regiões agrícolas mais ricas da terra, dependente do comércio de alimentos rio acima (Johnson, 2013)

Esse estranho algodão — tão semelhante ao ancestral natural quanto um lobo diante de um chihuahua — surgiu de uma convergência idiossincrática entre escravidão, ecologia, ciclos de cultivo e o mercado e comércio globais:

> O "mercado do algodão" [...] era na realidade uma rede de conexões materiais que se estendiam desde Mississippi e Louisiana até Manhattan e Lowell e, de lá, até Manchester e Liverpool. O espaço econômico do mercado de algodão era definido por um conjunto de medidas padrão — *mãos, libras, chicotes, fardos* e grades — que traduziam aspectos do processo material, da produção à venda.

Esse agroecossistema insustentável produziu repetidamente suas próprias crises materiais e conceituais, temporariamente "resolvidas" apenas por meio de eventuais ruínas com os quais outros golpistas lucravam — seja por meio dos transportes ou através de operações bancárias arriscadas:

> Sobre-investimento em escravizados [que não era acompanhado do investimento em seus alimentos mais básicos], superprodução de algodão e dependência excessiva de crédito tornaram os plantadores do Vale vulneráveis ao tipo de crise que precisamente experimentaram durante a Depressão de 1837. O plantio de algodão fazia uso intensivo de capital e a maior parte do dinheiro dos fazendeiros era investida em pessoas escravizadas que trabalhavam na lavoura. Contavam com crédito para acessar um dinheiro necessário — uma liquidez — para arcar com os custos anuais [dos itens obtidos em Nova Orleans e mais ao norte]. Plantavam algodão para obter crédito. A situação deles — o fato de promoverem uma superacumulação em um único setor da economia — era percebida, antes da guerra, no ditado popular segundo o qual [os fazendeiros]

"não fazem nada além de comprar negros para aumentar a plantação de algodão e assim poder comprar mais negros".

À medida que o capital era investido na produção de algodão, o sustentáculo principal da economia sulista, seus retornos diminuíram. Os proprietários de pessoas escravizadas tampouco foram capazes de encontrar uma saída fácil. Até os escravizados tratados como tração animal – suas famílias inteiras vendidas separadamente – provaram ser um peso estrutural.

O expansionismo de Thomas Jefferson, representou uma saída para o capitalismo. Novas terras, novo solo e novos sumidouros de escravizados. Primeiro para oeste e depois para o sul. O movimento abolicionista mostrava-se como algo além de um contratempo metafísico, era uma ameaça existencial. Johnson argumenta que quando a passagem para o Oeste foi obstruída pela Lei Kansas-Nebraska, os ideólogos dos proprietários de escravizados – imagine um Charles Murray de costeletas – passaram a conectar o rio Mississippi à Amazônia, através de Cuba e da América Central.

Johnson retrata a obstrução da Nicarágua promovida por William Walker, as (aventuras) cubanas de Narcisco Lopez e os fracassados esforços para reabrir o comércio de escravos no Atlântico – a política externa de fato da escravidão. Globalização ou morte! A Guerra Civil terminaria o trabalho.

Ainda que o modo de produção fosse lucrativo, seu crescimento relativo não conseguiu acompanhar o dinamismo do Nordeste - Centro-Oeste, como explica Ann Markusen:

> Cidades como Baltimore e Louisville se descolaram do modelo sulista, à medida que suas atividades manufatureiras e comerciais assumiram cada vez mais o modelo das cidades do norte. Na década de 1850, tornou-se evidente que, não fosse pela posse de três quintos dos 4 milhões de escravizados, o peso político e a predominância nacional da classe dos fazendeiros foram desmantelados (Markusen, 1987)

E, no entanto, a agricultura escravista não morreu na Batalha de *Columbus*, a última da Guerra Civil. Tal como nota a antropologia econômica de Walter Johnson, cento e cinquenta anos antes do uso do arsênico na indústria dos cosméticos[96] ou da descoberta do hormônio estradiol, muitas das principais inovações do agronegócio, tanto em termos tecnológicos quanto organizacionais, originaram-se por meio do escravismo (Thompson *et al.*, 2008).

Antes de tudo, como os maiores proprietários de escravizados do vale do Mississippi obtiveram as suas terras? A intervenção precoce dos EUA – por meio da pólvora e dos decretos – garantiu o acesso à milhões de acres, abrangendo o Mississippi, até para os agricultores mais pobres do Leste, transformando, como escreve Johnson: "terras indígenas em fazendas brancas e conquista em cultivo: império em igualdade".[97]

Mas os mais ricos apostaram mesmo debaixo desses grotescos ideais.

Os topógrafos contratados pelo departamento de terras (General Land Office) subdividiram a paisagem em retângulos de 160 acres, ainda hoje visíveis do espaço.[98] A expropriação foi expressa como uma necessidade intelectual.

96 "Some arsenic with that supermarket chicken?" *Mother Jones*. 11 de junho de 2011. Disponível em: http://www.motherjones.com/tom-philpott/2011/06/arsenic-chicken-fda-roxarsone-pfizer; Thompson JM, R Polkinghorne, M Porter, HM Burrow, RA Hunter, GJ McCrabb, and R Watson (2008). "Effect of repeated implants of oestradiol-17 on beef palatability in Brahman and Braham cross steers finished to different market end points." Aust. J. Exp. Agr. 48(11): 1434-41.

97 Johnson W (2013). River of Dark Dreams: Slavery and Empire in the Cotton Kingdom.

98 "Morganza floodway after five days of flow." *Visible Earth. NASA*. Disponível em: http://visibleearth.nasa.gov/view.php?id=50659. Veja as fazendas no conato superior direito do Rio Mississippi em http://eoimages.gsfc.nasa.gov/images/imagerecords/50000/50659/morganza_ast_2011138_lrg.jpg

A raça branca deveria trazer ordem à natureza por princípios pseudocientíficos, presentes em todas as subsequentes empreitadas racionalizadas de apropriação de terras, domésticas ou no exterior.

Em um esforço para atualizar a figura idealizada de camponês de Jefferson, os fazendeiros que houvessem adicionado melhorias às suas terras durante o intervalo entre a perscrutação e a venda, obtiveram suas parcelas por um preço mínimo (com o risco de sofrer uma hipoteca pelo governo federal caso a terra, agora melhorada, não fosse comprada dentro de um ano).

Como na Rússia pós-soviética e na China de hoje, a ameaça gerou um mercado no qual os agricultores mais pobres, incapazes de arcar com as parcelas anuais, passaram a vender seus lotes antes mesmo do leilão oficial (Allina-Pisano, 2008). Dessa maneira, os agricultores mais ricos arrebataram (e combinaram) as melhores terras ao longo dos afluentes ou nas cercanias das cidades.

Os mais ricos também eram os únicos que dispunham de custos de trabalho baixos o suficiente – brancos pobres e negros escravizados – para elevar os preços das parcelas, "zombando da equivalência entre terra e trabalho, em que a lei se baseava".

Então, a produção latifundiária de algodão se fez presente.

Da mesma maneira que os peitos inchados das galinhas de hoje, os atributos do algodão *Petit Gulf* eram ao mesmo tempo econômicos e biológicos.[99] Johnson relata que suas longas fibras eram mais adequadas para a fabricação de tecidos e o tamanho e o formato da planta, por sua vez, haviam sido selecionados para incrementar a produtividade

99 "O Cientista Americano" In Wallace, R. *Pandemia e Agronegócio*, op. cit..

da "colheita", por catadores escravizados, para atingir a média de 200 libras por dia.

Na realidade, os proprietários de escravizados, fundindo terra e trabalho, calculavam a produção de algodão em termos de fardos por mão. Os próprios escravizados eram chamados de "mãos", as mães que amamentavam "meias mãos", as crianças "quartos de mão":

> A medida tanto dos cultivos quanto dos escravizados de acordo com "a mão" era uma prática ao mesmo tempo ecológica e econômica – uma tentativa de regular o intercâmbio entre escravizados e solo prescrevendo medidas de referência para o processo pelo qual a capacidade humana e a fertilidade terrestre eram metabolizadas no capital (Johnson, 2013).

A qualidade do solo foi transubstanciada em uma métrica anual estreita – produção por acre. Em conjunto, a medida, produz uma matriz logística, familiar aos muitos estudantes de MBA:

> O algodão iria florescer cedo e carregado o suficiente para manter as mãos ocupadas durante a estação da colheita? Haveria mãos suficientes para cuidar de todos os acres que haviam sido plantados ou o algodão acabaria sufocado pela grama e soprado ao vento antes que pudesse ser colhido?

As respostas foram encontradas em parte nas inovações em gestão do trabalho, desenvolvidas pelos proprietários de escravizados, muitas delas mantidas até hoje.

Quando os supervisores, em cima de cavalos ou a senhora, que vigiava desde a casa-grande, identificavam alguma transgressão, a disciplina era aplicada de acordo com uma escala de tipos de "erro". Claro que estamos falando aqui do açoite, mas o local de trabalho, do tipo panóptico, sustentado por punições e humilhações graduadas, garantiu que o trabalho funcionasse no lugar e no tempo apropriados, uma convergência crítica para a exploração da produtividade.

"Vinte e cinco [chicotadas]", disse o ex-escravo Solomon Northup, sua história de vida agora tornada filme

> quando uma folha seca ou pedaço de capulho é encontrado no algodão ou quando um galho é quebrado no campo; a penalidade comum é de cinquenta chibatadas; a penalidade de cem chibatadas é reservada para transgressões de nível severo: tal é caso diante da séria ofensas advindas, por exemplo, do ócio no campo de trabalho (Northup, 2014).

Tal como hoje, o trabalho carrega em si a sua própria disciplina, a ameaça e a punição em uma só mensagem. Quando um imigrante que trabalha em um frigorífico perde a mão, a expectativa de que a linha seja reiniciada prontamente é mais do que um código indicativo de que qualquer trabalhador é substituível, é a declaração de que são tão prescindíveis quanto o bife de carne que ele ou ela acaba de cortar. Johnson relata que os proprietários de escravizados tornavam essa equivalência explícita o tempo todo.

A disciplina da escravidão se originou diretamente na plantação. Northup, em citação de Johnson diz que "um escravizado nunca leva sua cesta até o galpão onde o algodão é descascado com outro sentimento que não o medo". Se as cotas de algodão fossem curtas, ele sofreria o açoitamento em grau "apropriado", o que Johnson identifica como uma métrica de produção:

> A classificação do algodão introduziu os padrões de troca [de Lowell a Manchester] no cálculo da disciplina do trabalho na Louisiana, pois a qualidade dependia da rapidez e cuidado com que uma colheita era realizada e processada (Johnson, 2013)

Fora das fazendas, qualquer um que fosse pego ajudando um escravo a fugir de seu senhor recebia uma punição severa, junto ao escravizado. Em nossos dias, a lei da mordaça do agronegócio, chamada de *ag-gag*, que proíbe a filmagem de abusos de animais em fazendas industriais, aprovadas recentemente ou em discussão ao redor de dezesseis estados dos EUA, – evidentemente, sem qualquer menção aos abusos sobre os trabalhadores – na verdade estende as regras da fábrica para a população em geral.[100]

Tal como o estado do Iowa hoje atesta, apesar da produção à todo vapor sobre o solo mais fértil do mundo, o Vale do Baixo Mississippi, é incapaz de alimentar a sua população.[101] O vale produz uma única cultura para exportação. Johnson relata que era necessário trazer trigo, milho e carne bovina do Centro-Oeste do país.

Alguns proprietários de escravizados "esclarecidos" – Michael Pollan, em um gravata sulista – lamentavam a ausência de uma escravidão ecologicamente integrada, capaz de reparar a fenda metabólica entre o solo e economia (Foster, Clark, York, 2010). Alguns desses "progressistas" cultivaram milho para alimentar gado e porcos das plantações, mas, como hoje, a feroz concorrência por terras, especialmente durante crises econômicas, sempre acaba sempre por reconhecer a importância dos que cultivam dinheiro.

Enquanto isso, os escravizados arcaram com os custos mais severos dos esforços para controlar as importações de alimentos. "Um alqueire de batatas", Johnson cita o *Manual do plantador de algodão*,

> ou dez quartos farinha de milho ou oito quartos de arroz e quatro quartos de ervilhas, carne fresca eventualmente, vinte barris de peixe salgado e dois barris de melaço durante o ano. Número de pessoas: 170 (Johnson, 2013).

---

100 "Gagged by Big Ag." *Mother Jones*. de julho/de agosto de 2013. Disponível em: http://www.motherjones.com/environment/2013/06/ag-gag-laws-mowmar-farms?page=2.

101 "Conventional vs. organic: An Ag Secretary race to watch." *The Atlantic*. 27 de outubro, 2010. Disponível em: http://www.the-atlantic.com/health/archive/2010/10/conventional-vs-organic-an-ag-secretary-race-to-watch/65144

O fornecimento de mantimentos dependia mais das margens de custo do que da nutrição dos escravizados. Afinal, a alimentação também se mostrou uma excelente forma de disciplinarização e muitos donos de escravizados vigiavam atentamente as calorias que eles consumiam, caminhando no fio da navalha entre a desnutrição, a reprodução do trabalho e a insurreição.

Na realidade, escreve Johnson, o cultivo de algodão não comestível provou ser parte da infraestrutura penitenciária, embora sem o conhecimento dos proprietários mais cruéis, ao forçar os escravizados a subsistir fora da plantação, permitindo que os que procuravam comida nas matas próximas descobrissem, talvez, um meio de escapar.

Os proprietários de escravizados mais "liberais" – imagine hoje a Fundação Daryl ou Melinda Gates – viam na importação de carne mais uma forma que perdia insumo, a partir do esterco pecuário, que poderia ser utilizado no solo, do que comida para escravizados. Embora aqueles que chegaram a produzir gado nas fazendas tenham ficado na merda, por assim dizer, quando escravizados roubavam gado para complementar suas próprias dietas, como se roubar dos senhores que os escravizavam e os fazia passar fome pudesse ser considerado um crime.

Outros proprietários de escravizados tentaram intensificar as suas operações, alimentando-os com óleo de algodão, fazendo que surgissem feridas em seus corpos, tal como diz o escravizado fugitivo John Brown, de acordo com Johnson.

Generalizou-se uma miopia progressiva. Johnson escreve que M. W. Phillips – um Dave Quammen com a barba um pouquinho maior – argumentava contra a catástrofe ecológica em curso na plantação de algodão, mas apenas dentro de sua economia perversa, contabilizando fluxos para o movimento de energia e fertilidade, que incluía seus próprios escravizados e os filhos deles, como se fossem seus. Phillips, pensando na sustentabilidade do sistema argumentava que o escravismo do Sul precisava diminuir a velocidade de conversão de seres humanos em algodoeiros. Ele queria ajustar o metabolismo da antropofagia social.[102]

Por todo lado, a escravidão tornou-se o seu próprio pressuposto e transformou suas hediondas compulsões em necessidade escatológica. "Os africanos", como escreve o notório médico Samuel Cartwright, em meio às suas elucubrações sobre a drapetomania (a mania de fuga) e suas leituras de espirômetros, "morrerão de fome antes de se engajarem em um sistema regular de trabalho agrícola, a menos que compelidos pela vontade mais forte do homem branco".

Não é necessário recapitular a filogenia racista, de Cuvier a Buffon. Para Johnson, a metafísica aqui, recorrendo repetidamente à agricultura e a pecuária, é de origem ecológica:

> A ordem agrícola da paisagem, a ordem permanente da escravidão, a ordem natural das raças e a ordem divina do domínio terrestre não podem ser pensadas em separado [...] São aspectos fractais um do outro (Johnson, 2013)

Exceto pelo assassinato de milhões de africanos, um mero detalhe, durante e após o comércio triangular colonial, tudo parecia correr graciosamente, não fosse o fato de muitos avanços importantes na produção e implementação do algodão, inclusive a seleção de sementes, a classificação do algodão e talvez até o descaroçador de algodão de Eli Whitney, tenham sido inventados por negros escravizados, cujas idéias os proprietários de reivindicavam para si (uma apropriação cultural pré-guerra, da qual nos lembra Paula Deen e que vai ao âmago da culinária do sulista).[103]

---

102 "O vírus e o vírus" in Pandemia e Agronegócio, op. cit.

103 "Paula Deen racist comments, use of N-word allegedly caught on video." *Huffington Post*. 21 de junho de 2013. Disponível em: http://www.huffingtonpost.com/2013/06/19/paula-deen-racist-comments-n-word-caught-on-video_n_3467287.html; Twitty MW (2013). "An open letter

Johnson registra a observação de Frederick Law Olmsted, para quem:

> há sempre à mão algum negro que realmente administra a fazenda de seu dono, seu juízo sobre a produção sempre entendido como mais apropriado do que qualquer superintendente ou fazendeiro no país (Johnson, 2013).

Como resultado, escreve Johnson, ficamos diante da contradição do proprietário de escravizados,

> entre não conhecer e reivindicar o conhecimento expresso ao longo da conjuntura do insondável e do incompreensível — a experiência vivida dos escravizados — e os esforços dos fazendeiros para explicar o que eles mesmos conheciam apenas em parte. E assim os senhores do Reino do Algodão deixaram para trás "explicações" ilegíveis na própria origem de sua prosperidade.

A experiência — real ou simulada — não pode proteger um sistema ecológico que, antes de tudo, se baseia na produção de dinheiro.

Johnson descreve como, antes da guerra civil, a homogeneização genética e a produção intensiva expuseram o algodão à ferrugem, fungos e vermes que ainda atormentam hoje as monoculturas e transgênicos.

O curto horizonte de tempo imposto pelos pagamentos da dívida induziu os proprietários de escravizados a plantar algodão ao longo do eixo leste-oeste para maximizar a exposição ao sol, independentemente da inclinação do campo, drenando os lençóis freáticos subjacentes, em um período entre dez e quinze anos após o cultivo inicial. Tal como em nossos dias, a água usada em tão pouco tempo ajudou a erodir a camada superficial em direção ao rio.

Ao transportar algodão, os poderosos barcos a vapor, que a escrita de Johnson aproxima do fabuloso, minaram o seu próprio sucesso. As florestas ciliares foram desmatadas para fornecer combustível, destruindo as margens,

---

to Paula Deen." *Afroculinaria*. 25 de junho de 2013. Disponível em: http://afroculinaria.com/2013/06/25/an-open-letter-to-paula-deen/

aumentando os meandros dos rios e despejando mais sedimentos que rasgavam os cascos dos barcos. Com tantos barcos na água competindo pelo transporte em quase todos os afluentes, qualquer que fosse o calado, passaram a instalar caldeiras de alta pressão para impulsionar os barcos mais rapidamente, sobre os bancos de areia e contra o relógio. Motores com maior probabilidade de explodir.

A mágica de Johnson aqui reside em conectar essas falhas estruturais à narrativa mais ampla da exploração. A morte e a destruição foram esculpidas sobre fundamentos culturais:

> O poder do vapor tornou-se, de acordo com esses relatos, uma espécie de álibi para o imperialismo e para a desapropriação: um deus *ex machina* que alterou o terreno da conquista para adequá-lo a uma escala de ação além da política e da guerra – um conceito que adquiriu um terrível correlato histórico quando o barco a vapor Monmouth, apinhado indígenas Creek expulsos de sua terra natal, explodiu a cerca de trinta quilômetros ao norte de Baton Rouge, matando centenas a bordo. O sublime barco à vapor traduziu a expropriação e o extermínio em termos de "tempo" e "tecnologia".

O desastre principal reside, no entanto, no modo como os circuitos globais do capital conduziram a agricultura escravista. Johnson interrompe a discussão sobre se a escravidão era capitalista mudando de direção: o capitalismo do século XIX só poderia existir em virtude da escravidão americana. O trabalho, a um custo tão baixo, por um lado, diminui os salários em qualquer outro lugar, incluindo para os países radicalmente abolicionistas na Europa.

Havia, contudo, outros mecanismos.

Ao apoiar-se em empréstimos de Nova Orleans e, eventualmente, de Nova Iorque, o Rei Algodão abdicou do seu controle. Para desgosto dos sulistas, os fazendeiros passaram a exportar seus produtos antes de tudo para saldar as suas dívidas, fazendo de Nova Iorque e seus bancos, o porto principal da exportação para Liverpool e Manchester: "A distância era medida em dólares, não em milhas".

Os ciclos de dívidas organizaram a agricultura de acordo com a rotação de capital, não de acordo com a produção de alimentos ou roupas de cama (muito menos de acordo com a sustentabilidade). As colheitas virtuais – pagamentos anuais da dívida, alguns transformados em pacotes de derivativos – superaram as colheitas reais nas quais elas se baseavam, em geral bem antes do tempo da colheita da estação:

> O capital entrou no vale do Mississippi nos meses de inverno, quando o algodão era vendido. Quando a colheita chegou ao mercado em Nova Orleans, os comerciantes de algodão – que muitas vezes eram agentes de bancos comerciais sediados em Nova Iorque ou Liverpool [...] forneciam adiantamentos face às vendas eventuais. Em troca de emprestar dinheiro aos agentes (e, portanto, aos fazendeiros) durante o tempo em que as colheitas eram enviadas ao mercado, tais comerciantes de algodão e seus financiadores recebiam o direito de vendê-las em consignação, ganhando assim a comissão e, talvez, no caso das maiores empresas, o direito de embarcá-las a bordo de seus próprios navios.

O capital também fluiu por meio de adiantamentos futuros, o investimento em que fornecia liquidez aos fazendeiros para pagar por suprimentos e serviços durante o ano. Embora suavizasse os saltos espaço-temporais no caixa disponível, também empurrava o risco para o final da produção e separava as finanças da mercadoria da origem que a sustentava.

Isso tornou todo o aparato financeiro cada vez mais precário, propenso a bolhas e pânico.

Johnson descreve secas, pragas e outros riscos naturais do ciclo de plantio discutidos anteriormente, cujas razões, nesse tipo de agricultura, são profundamente antropogênicas, que levaram muitos agricultores endividados à falência. Mesmo uma boa colheita pode não ser boa o suficiente se não tiver sido entregue a tempo para a satisfação de seus credores.

Em outras palavras, de acordo com Johnson, a safra do algodão se transformou commodity, cujas responsabilidades — comercialização, valor monetário e capacidade de promover trocas — estão acima e vão além das suas qualidades materiais como matéria prima para o tecido. Seu preço flutuante ao longo das estações e circunstâncias o transformou em um objeto de especulação no mercado. Apostas laterais no chão do abatedouro.

O grande mercado colocou agentes locais em oposição direta aos fazendeiros para quem prestavam serviços. Transportadores e credores traficavam grandes volumes de produtos e, tal como os banqueiros de hoje, apostavam contra (ou lucravam rapidamente) em cima dos seus próprios clientes, em todo caso ausentes no momento da venda efetiva do seu algodão:

> Eles registravam em seus caixas vendas a preços mais baixos do que de fato haviam realizado; ou pagavam um quarto de centavo extra por libra no primeiro carregamento da temporada, apenas para deduzir meio centavo nos carregamentos restantes, uma vez que tivessem cumprido a entrega. Eles dissimulavam a origem das mercadorias de suas propriedades e vendiam por meio de terceiros, adicionando assim uma comissão ao preço que eles mesmos haviam estipulado, ou definiam um preço mais alto para os suprimentos de fazenda enquanto recebiam subornos dos vendedores. Eles adicionavam comissões para negociar empréstimos sobre os quais já cobravam juros. (Johnson, 2013)[104]

Enquanto isso, o dinheiro era entesourado debaixo das espingardas, vendendo a descoberto os fardos de um fazendeiro para pagar as dívidas de outro, por exemplo. Ou em virtude de sua própria dependência em relação a determinados credores mais poderosos, foram forçados a

104 "Revealed: Goldman Sachs 'made fortune betting against clients.' " *The Guardian*. 24 de abril 2010. Disponível em: http://www.theguardian.com/world/2010/apr/25/goldman-sachs-senator-carl-levin

contornar preços eventualmente mais altos do mercado. Resumindo, o algodão passou por uma série de saques por todo o caminho até Nova Iorque e Liverpool.

Devido aos cronogramas de dívidas e inescrupulosas comissões, os proprietários de escravizados se referiam a si mesmos como "escravos," sem um pingo de ironia. Enquanto isso, os baixos retornos resultantes eram retirados dos escravizados reais, que feneceram diante da demanda de trabalho exigida pelo mercado. Ou, suas próprias famílias eram vendidas separadamente para trazer de volta aos proprietários uma quantia que possibilitasse temporariamente novos investimentos.

É possível observar esquemas semelhantes em todo o capital agrícola de hoje.

A Shuanghui International Holdings, maior empresa de carnes da China, está finalizando a compra da Smithfield Foods, a maior produtora de carne suína dos Estados Unidos (e até recentemente patrocinadora de Paula Deen).[105]

O acordo produz aflição nas ONGs. A Food & Water Watch, em coalizão com vários outros grupos, emitiu uma nota pedindo ao governo dos Estados Unidos que rejeite a compra da Shuanghui com base nos "riscos significativos no âmbito da segurança alimentar, dos preços de alimentos para consumidores, da inspeção sanitária, das fazendas e economias rurais dos Estados Unidos e da segurança nacional em caso de uma aquisição da Smithfield pela Shuanghui."[106]

Vijay Prashad classificou tais críticas como sinofóbicas, pois incorporam ao mesmo tempo a retração do capital e a

---

105 "Shuanghui International and Smithfield Foods Agree to Strategic Combination, Creating a Leading Global Pork Enterprise." Smithfield Foods. 29 de maio de 2013. Disponível em: http://investors.smith-fieldfoods.com/releasedetail.cfm?ReleaseID=767743

106 "Coalition of Farm, Consumer and Rural Organizations Urge Rejection of Smithfield Takeover." *Food and Water Watch*. 9 de junho de 2013. Disponível em: http://www.foodandwaterwatch.org/pressreleases/coalition-of-farm-consumer-and-rural-organizations-urge-rejection-of-smithfield-takeover

impotência liberal diante do domínio corporativo sobre a economia dos EUA:

> A Food & Water Watch reconhece que a Smithfield "já é o maior e pior produtor de bacon do mundo e controla cerca de um terço do suprimento de carne suína dos EUA, a maior parte criada em fazendas industriais". No entanto, a Food & Water Watch acredita que precisa se erguer e "proteger" o consumidor do grande e mau *Perigo Amarelo*. Não faz sentido que o Comitê de Investimentos Estrangeiros [que ainda não revisou o acordo] seja um braço da política externa dos EUA, que só tem como alvo a Venezuela, os árabes do Golfo (Dubai Ports) e os chineses. Os liberais americanos confundem seriamente anticapitalismo com xenofobia.[107]

Os relatórios de Helena Bottemiller sugerem inicialmente que a compra da Smithfield pode até tornar a carne de porco mais segura: "A China proíbe a ractopamina, um controverso medicamento que promove o crescimento, amplamente usado pelos pecuaristas dos EUA".[108] Contudo, essa alteração não impactaria necessariamente o mercado doméstico:

> A indústria suinícola dos EUA, que vendeu mais de um quarto de seus produtos para o exterior no ano passado, agora está criando cadeias de suprimentos livres de ractopamina para obter maior acesso nos mercados estrangeiros e atender às demandas da Rússia e da China.

Tom Philpott também argumenta que a China está terceirizando a produção de carne para aliviar uma parte do risco ambiental. O país está sofrendo com escassez de água, picos de poluição e escassez de terras:

> Lendo esses relatos — que mostram terras agrícolas abandonadas e pavimentadas, aquíferos drenados, lençóis

---

107 "The case of Smithfield pork." *CounterPunch*. 3 de junho de 2013. Disponível em: http://www.counterpunch.org/2013/06/03/the-case-of-smithfield-pork

108 "Big pork deal comes amid friction over livestock drug." *Food & Environment Reporting Network*. 31 de maio de 2013. Disponível em: http://thefern.org/2013/05/big-pork-deal-comes-amid-friction-over-livestock-drug

> freáticos poluídos – faz todo o sentido que uma empresa controlada pelo governo como Shuanghui faça uma proposta de aquisição da Smithfield, o maior produtor mundial de carne suína. Destacando tais tendências, o Financial Times informou em junho que "a mudança para uma maior dependência de importações de alimentos pode ter implicações profundas nos mercados globais de alimentos, porque a demanda total da China por grãos é superior em relação ao tamanho dos mercados globalmente comercializados".[109]

Tudo isso é verdade, contudo, a produção não é de exclusiva responsabilidade dos estados-nações ou mesmo de suas empresas constituídas. Shefali Sharma, do Instituto de Agricultura e Política Comercial, corta esse nó górdio da seguinte maneira:

> A aquisição da Smithfield acarreta um fato grave: – embora negligenciado – [a compradora] é uma empresa globalizada. Basta olhar para os acionistas da Shuanghui: CDH Investment, Goldman Sachs, New Horizon Capital, Kerry Group, Temasek e seu próprio grupo de gestores e funcionários. Como Peter Fuhrman, da China First Capital, afirma: "Uma empresa chinesa não está comprando a Smithfield. Quem compra é uma empresa de fachada, com sede nas Ilhas Cayman."[110]

Essa visão é compartilhada pelos analistas chineses:

> Para o colunista Deng Yuwen, o acordo "não é uma aquisição no exterior por uma empresa chinesa, mas uma consolidação do controle das finanças internacionais sobre a indústria e seus lucros".

109 "Is the US about to become one big factory farm for China?" *Mother Jones*. 29 de maio de 2013. Disponível em: http://www.motherjones.com/tom-philpott/2013/05/chinas-biggest-meat-c-swallows-us-pork-giant-smithfield

110 "'Two converging rivers': Understanding Shuanghui's acquisition of Smithfield." *Think Forward blog*. 6 de Institute for Agriculture and Trade Policy. junho de 2013. Disponível em: http://www.iatp.org/blog/201306/%E2%80%9Ctwo-converging-rivers%E2%80%9D-understanding-shuanghui%E2%80%99s-acquisition-of-smithfield

Os primeiros sinais de uma cadeia global de alimentos podem ser encontrados no antigo espaço econômico escravista, em tensão constante com as fronteiras nacionais.

À medida que o abolicionismo, com sua miríade de formas — que incluía as objeções racistas de brancos pobres à escravizados cada vez mais qualificados — infiltrou a prerrogativa escravista, os proprietários de escravizados passaram a buscar novas terras no exterior para estabelecer novas relações de mercado.

O projeto buscava uma política externa independente ou, de acordo com informações diplomáticas dos EUA recentemente divulgadas pelo WikiLeaks, imposta pelo governo central de Washington, perseguida pelo agronegócio até hoje.[111] Cargill na Indonésia.[112] Smithfield no México.[113] Monsanto na África.[114] E, em alguns casos, atualmente, apoiando declaradamente o trabalho infantil e a escravidão.[115] Supremacia branca com registro corporativo em Delaware.

Em certo sentido, os arranjos reconciliam a discordância de longa data a respeito da natureza do lucro, tal como formula o geógrafo David Harvey, ao enfatizar a acumulação por espoliação, assim como os marxistas tradicionais que tematizam a própria exploração do trabalho (Harvey, 2004).

---

111 Cf. o artigo "O wikileaks dos alimentos e fármacos", publicado neste livro.

112 "Cargill's not so secret expansion plans in Indonesia." *The Contributor*. 10 de agosto 2012. Disponível em: http://thecontributor.com/environment/cargill%E2%80%99s-not-so-secret-expansion-plans-indonesia

113 Cf. o artigo "A indústria suína contra-ataca", publicado neste livro.

114 "How the US sold Africa to multinationals like Monsanto, Cargill, DuPont, PepsiCo and others." *AlterNet*. 23 de maio de 2012. Disponível em: http://www.alternet.org/story/155559/how_the_us_sold_africa_to_multinationals_like_monsanto,_cargill,_dupont,_pepsico_and_others

115 "Ivory Coast's child labor behind chocolate." *Global Post*. 28 de janeiro de 2012.. Disponível em: http://www.globalpost.com/dispatch/news/regions/africa/120116/ivory-coast-child-labor-chocolate-cocoa-industry.

Assim como o *Destino Manifesto* pretérito, o imperialismo acena para a acumulação primitiva no exterior – matando os nativos ou os proprietários de escravizados dos países rivais – prática que a exploração do trabalho escravizado cumpria internamente.

Por outro lado, se o abolicionismo liberal hesitou em aceitar a expansão da escravidão – para a América Central e o Caribe, por exemplo – não o fazia necessariamente por razões morais. De acordo com a citação que Johnson faz de Eric Williams, as objeções britânicas aparecem como uma máscara que encobre o domínio estadunidense sobre o mercado de algodão em favor de seus rivais nascentes e dominados pelos britânicos no Egito e na Índia (Johnson, 2013; Williams, 2012).

Vemos na escravidão nos EUA (assim como em seus descendentes no agronegócio) uma forma de produção capaz de transformar o poder político em acesso exclusivo aos recursos que anteriormente eram de outras pessoas, mais do que os aspectos técnicos desenvolvidos especificamente para a agricultura.

Apesar dos salmos piedosos entoados ao livre mercado, as potências agrícolas só são bem-sucedidas em virtude da intervenção massiva do Estado, seja fazendo da escravidão a lei da terra ou por meio da promoção de acordos de livre comércio que prejudicam proteções nacionais. Qualquer que seja sua procedência técnica, as culturas geneticamente modificadas têm pouco a ver com alimentos e são apenas um meio pelo qual as empresas de agrotóxicos transformam agricultores independentes em todo o mundo em arrendatários presos à espirais de produção patenteadas.

Dos lobistas de James D. B. DeBow, da African Labor Supply Associates às *Falanges* de William Walker apoiadas por Cornelius Vanderbilt, e a Aliança para a Revolução Verde na África, apoiada pela Monsanto-Bill Gates, os aventureiros visam externalizar contradições inerentes à sua reprodução social (Johnson, 2013).[116] Tudo para o bem maior, é claro. O agronegócio que se alastra sobre os mercados do exterior repete a falácia declinista do proprietário de escravizados, segundo a qual o sistema reverterá alegadas falhas na produção, inicialmente impostas pelo próprio sistemas.

"Reabrir o comércio de escravizados [do Atlântico]", escreve Johnson, parafraseando a posição dos proprietários,

> seria a primeira causa em uma cadeia de eventos que pode transformar territórios indomáveis em terra produtiva, compensar o tempo perdido com melhorias e, assim, traçar o curso natural da história da escravidão no espaço e no tempo (ou, talvez com mais precisão, da história como escravidão) (Johnson, 2013).

Ele também poderia estar se referindo à posição da USAID sobre os transgênicos no Quênia.[117]

Após o desaparecimento da escravidão e o colapso nos preços da terra que se seguiu, a Guerra Civil deprimiu os ativos do Sul para menos da metade do valor anterior à guerra. "Na realidade", escreve Ann Markusen, ecoando o regionalismo estadunidense de Vladimir Lenin, "os principais ativos da economia sulista permaneceram no mesmo lugar — terra e uma enorme força de trabalho negra no campo". (Markusen, 1987)

Os esforços da Reconstrução para alterar radicalmente a economia política do Sul esbarraram na entrega de negros (e de brancos mais pobres) ao arrendamento segregado e

116 "Why is the Gates foundation investing in GM giant Monsanto?" *The Guardian*. 29 de setembro de 2010.. Disponível em: http://www.theguardian.com/global-development/poverty-matters/2010/sep/29/gates-foundation-gm-monsanto

117 Cf. o artigo "O wikileaks dos alimentos e fármacos", publicado neste livro.

ao inquilinato. A supremacia branca governava por meios administrativos de dia e, à noite, por meio do terror.

A dívida foi transferida para os pequenos agricultores individuais. O capital dos proprietários de escravizados foi transferido para confederações locais, algumas das quais se organizaram em conglomerados regionais, o que deu origem, após uma série de fusões, a algumas das empresas agrícolas mais conhecidas da atualidade. Contudo, a dependência excessiva do algodão e seus danos ecológicos continuaram. Os avanços na tecnologia de cultivo aumentaram a desigualdade na produção. Os pequenos agricultores abandonaram as fazendas aos milhares. A monocultura sulista, cultivando dívidas a pagar, permaneceu incapaz de alimentar a si mesma.

Monica Gisolfi rastreia o sistema de crédito por trás do Rei Algodão até meados do século XX, quando, com a Grande Depressão, as garantias sobre as colheita foram resgatadas pelos fazendeiros para financiar a produção de galinhas onde antes só havia algodão:

> Logo os franguinhos e galinhas que antes corriam livres, considerados até então uma produção sazonal, foram renomeados como "frangos de corte", agora criados o ano todo em galpões fechados, sob condições rigorosamente reguladas. O que antes era o domínio de mulheres e crianças – que construíam galinheiros improvisados, com incubadoras aquecidas artificialmente e galinheiros de madeira, devotas das agentes rurais do serviço de demonstração doméstica[118] – passou ao domínio dos homens das incubadoras, revendedores de ração, produtores de aves, das plantas de processamento de aves, dos produtores de aves integrados, cientistas da avicultura e empresas nacionais (Gisolfi, 2006).

118 No original "Home Demonstration Clubs" ou clubes de demonstração domiciliar eram parte integrante do Serviço de Extensão Cooperativa do Departamento de Agricultura dos EUA, que foi estabelecido no início do século XX como um experimento em educação de adultos, oferecendo trabalho de demonstração agrícola para homens e trabalho de demonstração domiciliar para mulheres.

John W. Tyson, rebento do que se tornaria a Tyson Foods, transportava galinhas para grandes mercados do Centro-Oeste a partir de sua base em Springdale, Arkansas, antes de integrar de forma intensiva a produção de filhotes e de ração.[119]

A mudança de regime baseou-se tanto no liquidação do excedente de capital em um período estritamente regulamentado quanto na ecologia ou na culinária:

> Os [credores] criaram filhotes e alimentaram os agricultores. À época em que os Estados Unidos entraram na Segunda Guerra Mundial, os comerciantes haviam estabelecido as bases do sistema integrado de produção agrícola [...] Na década de 1950, as aves domésticas, antes uma atividade marginal que protegia os agricultores das oscilações do mercado de algodão, haviam se tornado o produto agrícola mais importante da Geórgia. Os georgianos passaram a depender do frango da mesma maneira que seus ancestrais haviam dependido do algodão, uma dependência que gerou pobreza e endividamento (Gisolfi, 2006).

E o modo de produção, apesar da intervenção do *New Deal*, permaneceu praticamente inalterado:

> Ao final da década de 1930, as demandas da agricultura industrializada começaram a avançar sobre os agricultores do interior. Eles começaram a perceber que haviam negociado uma safra por outra. Com isso os agricultores não puderam escapar dos seus credores, nem resolver os problemas associados ao sistema de monocultivo.

Depois que as aves substituíram o algodão como a fonte dominante da renda agrícola, ainda de acordo com Gisolfi, os problemas do monocultivo intensivo começaram a reaparecer. Integradores em ascensão, cada vez mais contratando agricultores para criar lotes de galinhas em um modelo de conversão alimentar comandado pelo capital, tentaram eliminar as aves de quintal na tentativa de impedir que seus rebanhos comerciais fossem infectados

---

119 "Poultry industry." In *The Encyclopedia of Arkansas History & Culture*. Disponível em: http://www.encyclopediaofarkansas.net/encyclopedia/entry-detail.aspx?entryID=2102.

por doenças circulantes. Uma alegada epizoologia à qual os pequenos proprietários são imputados repetidamente até hoje.[120]

Soluções para problemas tornaram-se novos problemas. O esterco de aves, utilizado como adubo, que os produtores pensaram poder utilizar nos solos da cotonicultura, acabou poluindo rios e lagos e produziu a morte de peixes em massa, originando surtos de doenças.

Vemos, então, como sugere o primoroso livro de Johnson, que, embora a modernização do Norte tenha mecanizado a agricultura – que alimentou as tropas da Guerra Civil de uma maneira que o Sul não podia, fazendo uso de ceifeiras e da ferrovia – o legado da escravidão permanece: exploração do trabalho, subsídios estatais, uma ecologia perigosa e intrigas internacionais.

Por outro lado, por mais confuso que seja até para uma nonagenária, legados não são, por definição, esculpidos na pedra. Ou talvez até sejam. O *Velho da Montanha* esculpido em uma geleira do século VIII a.C, que mencionamos em alusão à inevitabilidade quase geológica do agronegócio, simplesmente desabou um dia de Maio de 2003.

– *Farming Pathgens*, 16 de Agosto de 2013

ATUALIZAÇÃO: Pouco tempo depois que escrevi sobre o comentário de Johnson sobre o livro de Solomon Northup, a adaptação ganhadora do Oscar de Steve McQueen "12 Anos de escravidão", chegou aos cinemas, retratando, junto à brutalidade hedionda da escravidão, o cálculo das produções de algodão. As chicotadas de escravos são representadas em relação com as libras de algodão colhido.

120 "O dumping viral", in *Pandemia e Agronegócio*, op. cit.

Escravizados são literalmente mercantilizados, mesmo após sua venda inicial.

Enquanto isso, Katie Johnston escreveu um um artigo para a revista *Forbes* sobre o projeto de livro em andamento da sua colega da Harvard Business School Caitlin C. Rosenthal.[121] Ao revisar as práticas contábeis do século XIX, Rosenthal descobriu que os proprietários de fazendas do Sul foram pioneiros em técnicas de gerenciamento hoje amplamente utilizadas nos negócios. Como descreve Johnson, os proprietários de escravizados, antecipando o setor ferroviário, experimentaram unidades de produção, incluindo "fardos por mão", demograficamente ponderados por sexo e idade (Johnson, 2013)

Os proprietários de escravizados absenteístas, pela primeira vez autonomizando a propriedade da administração, "incentivaram" o trabalho – se pudermos falar assim de uma prática ocorrida sob a escravidão – depreciaram os trabalhadores ao longo do tempo, forçaram a migração através de diferentes empreendimentos e passaram a monitorar a sua saúde e a sua dieta:

> Isso levou os proprietários a experimentarem maneiras de aumentar o ritmo do trabalho, explica Rosenthal, como realizar concursos com pequenos prêmios em dinheiro para aqueles que colheram mais algodão e, em seguida, exigir que os vencedores passassem a colher tal quantia de algodão a partir de então. Narrativas escravistas descrevem os dados utilizados para calcular a punição, chicotadas de acordo com as libras que não foram colhidas.
> Planos de incentivo semelhantes aparecem novamente nas fábricas do início do século XX, com os gerentes a prometer recompensas em dinheiro se seus trabalhadores atingirem determinadas metas de produção.

121 "The messy link between slave owners and modern management." *Forbes*. 16 de janeiro 2013. Disponível em: http://www.forbes.com/sites/hbsworkingknowledge/2013/01/16/the-messy-link-between-slave-owners-and-modern-management/; Rosenthal C (2013). "Plantations practiced modern management." Harvard Business Review. de setembro 2013. Disponível em: https://hbr.org/2013/09/plantations-practiced-modern-management.

Foram empregados também certos incentivos para minar os tipos de reação sombria que essa exploração costumava inspirar:

> Os fazendeiros também faziam uso de incentivos de grupo para encorajar a honestidade, distribuindo um barril de milho para cada *mão*, com a ressalva de que, se algo fosse roubado da fazenda e o ladrão não fosse encontrado, o dobro do valor desse milho seria deduzido de cada um deles. Prêmios de Natal. Penalidades coletivas seriam adotadas em seguida por vendedores e empresas como a Singer Sewing Company para incentivar os trabalhadores a policiar uns aos outros.

"Se você tentasse fazer isso com um trabalhador do Norte [naquela época]", diz Rosenthal à revista *Forbes*, "eles simplesmente desistiriam". E agora não passam *negócios como de costume*.

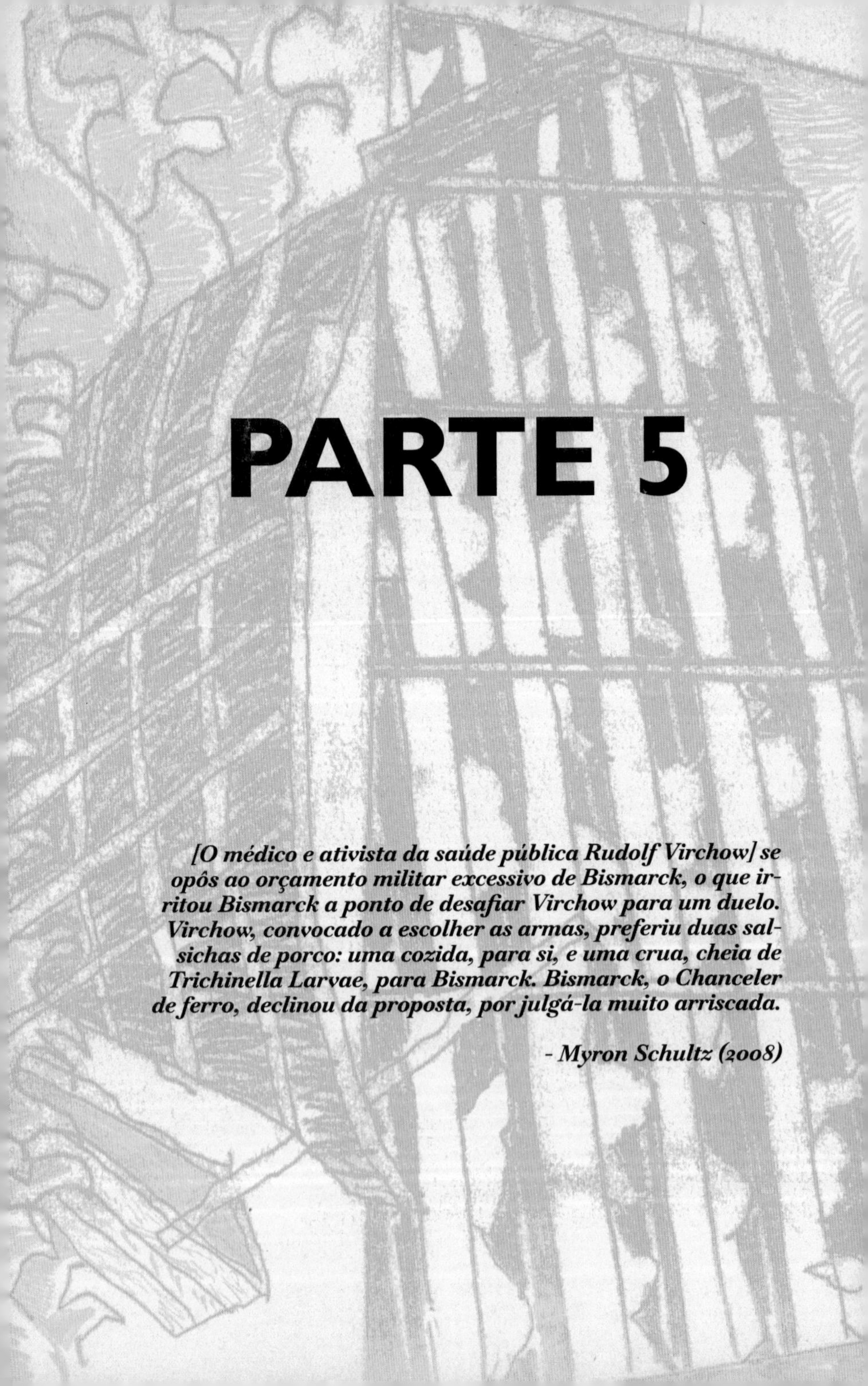

PARTE 5

[O médico e ativista da saúde pública Rudolf Virchow] se opôs ao orçamento militar excessivo de Bismarck, o que irritou Bismarck a ponto de desafiar Virchow para um duelo. Virchow, convocado a escolher as armas, preferiu duas salsichas de porco: uma cozida, para si, e uma crua, cheia de Trichinella Larvae, para Bismarck. Bismarck, o Chanceler de ferro, declinou da proposta, por julgá-la muito arriscada.

- Myron Schultz (2008)

O FILTRO DO CAFÉ

É evidentemente difícil imaginar uma casa que não tenha porta. Vi uma um dia, anos atrás, em Lansing, Michigan. Fora construída por Frank Lloyd Wright [...] com uma clarabóia no telhado, praticamente indissociável da vegetação que a invadia. Na realidade, já era tarde demais para saber se estávamos dentro ou fora da casa [...] Uma dúzia de casas como essa espalhavam-se pelos arredores do clube de golfe. O campo fora completamente fechado. Guardas vigiavam um dos portões da entrada.

– Georges Perec (1974)

A diferença entre o veneno e o remédio está na dose. A mesma cafeína que pode animar um consumidor na gelada Minnesota, pode levar outro a uma rara taquicardia e a um colapso cardiovascular (Kapur & Smith, 2009). Mesmo assim, é uma chance que muitos estão dispostos a correr. Debaixo de um frio de -40 graus até uma tremedeira pode ser um sinal de que ainda estamos vivos. Olhando pelo lado positivo, como aqui se faz necessário, sob pena de morte, um bebedor de café que tomba é uma mesa livre pelo resto do dia nas disputadas cafeterias.

A explosiva devoção e a consolidação do consumo de café em todo o mundo ofusca suas origens modestas (Burns, 2001; Ponte, 2002). O gênero *Coffea* surgiu naturalmente no Chifre da África, com as propriedades inseticidas e irritantes, para herbívoros, dos alcaloides púricos, como a teobromina (Frischknecht, Ulmer-Dukek & Baumann, 1986; Nathanson, 1984). A sedução e a tradição transformaram o grão em prerrogativa regional e, logo, em prerrogativa imperial. Hoje o café faz parte de uma indústria global que produz cerca de 150 milhões de sacas de 60 quilos e 100 bilhões de dólares por ano, atrás apenas do setor petrolífero, empregando cerca de 500 milhões de pessoas, entre a produção, a distribuição e o comércio (Weinberg & Bealer, 2002; USDA, 2014; Wild, 2004).[122]

Variedades múltiplas e formas híbridas, como o Blue Mountain, o colombiano, Harar etíope, Kona havaiano, Java, SL28 e assim por diante, são cultivados em setenta países (Wintgens, 2012). O mais caro é o Kopi Luwak, um grão engolido e pré-digerido por um civeta da Indonésia, que chega a ser vendido por 1.000 dólares o quilo (Marcone, 2004). Um tipo de valorização / mercantilização que eventualmente pode levar a população civeta à extinção.

As diferenças entre espécies, solo, incidência de luz solar e cultivo ajudam a produzir grãos que apresentam uma variedade de acidez, aroma e encorpamento. Uma extraordinária pesquisa conduzida na Universidade de Michigan por Ivette Perfecto, John Vandermeer e seus colegas, descobriu que os ecossistemas do café também apresentam diferentes capacidades de controle natural sobre insetos, pragas e doenças de plantas que podem infectar uma safra de *Coffea*.

No caso da principal variedade latino-americana, a *Coffea canephora*, essa capacidade de controle vai além da bioquímica da planta ou da sua resistência inerente à doenças. A serapilheira produzida nas relações ecológicas — predação, mutualismo, competição e coisas do gênero — ao redor da cadeia alimentar da planta, pode combater os danos causados por pragas. A resistência e a resiliência encontrada no campo e não no objeto, emerge das interconexões e da sua redundância. Se um mecanismo de controle falhar, outro mecanismo se intensifica ou entra em ação.

---

122 "11 Incredible Facts about the Global Coffee Industry", Business Insider, 14 de novembro de 2011. Disponível em: https://www.businessinsider.com/facts-about-the-coffee-industry-2011-11

A equipe de Perfecto e Vandermeer trabalhou por mais de dez anos em uma fazenda de café orgânico de 300 hectares em operação há quase cem anos na região de Soconusco, em Chiapas, no México, para estimular as múltiplas camadas espaciais da ecologia que protegem o café dos piores surtos de pragas (Perfecto & Vandermeer, 2010; Vandermeer, Perfect & Philpott, 2010).

A cochonilha-verde *Coccus viridis, a* ferrugem-do-café causada pelo fungo *Hemileia vastatrix*, a broca-do-café *Hypothenemus hampei* e os minadores de folhas da mariposa *Leucoptera coffeella* são quatro das 200 pragas potencialmente endêmicas, cada uma capaz de destruir uma safra inteira de café e, no entanto, inofensiva nesta fazenda. A equipe identificou uma rede de relacionamentos dinâmicos e contingentes, treze tipos de organismos e seis processos ecológicos, que mantém as quatro pragas sob extenso controle.

A colônia de formigas *Azteca instabilis*, que não possui nome popular, é a pedra angular da rede de controle.

As rainhas desta espécie de formiga, cujas colônias tem muitas rainhas (poligenia), "brotam" e vão colonizar novos ninhos nas plantas de café próximas. A difusão de colônias é em parte limitada pela mosca da família *Phoridae*, a *Pseudacteon*, que coloca seus filhotes comedores de cérebro dentro das formigas operárias. Os ataques das moscas dependem da densidade dos ninhos. Quanto mais ninhos da formiga *Azteca* nas proximidades, maior o número de ataques na área, o que acaba produzindo uma redistribuição dos ninhos pela fazenda de acordo com uma lei de potência.

Essa distribuição, por sua vez, ajuda os besouros da espécie *Azya orbigera* a controlar a cochonilha-verde, nossa primeira praga. Como? De tantos personagens, parece um filme de Robert Altman, então preste atenção.

As formigas e as cochonilhas-verde são — talvez uma surpresa — mutualistas. A *Azteca* oferece a proteção à cochonilha-verde, inclusive contra o besouro adulto, em troca do melado que as cochonilhas-verdes secretam. No entanto, a *Azteca* não pode fornecer proteção contra as larvas de besouros. As protuberâncias cerosas das larvas deixam as mandíbulas da *Azteca* mais lentas e os filhotes de besouros entram nas cochonilhas-verdes. As larvas saem ganhando em dobro, já que a *Azteca* também afugenta vespas parasitas que se alimentam – e potencialmente controlam – as larvas em favor da formiga.

Sem a proteção indireta da *Azteca*, as larvas de besouros não seriam capazes de sobreviver a seus próprios incômodos parasitas, tampouco a controlar a cochonilha-verde. Em resumo, como Perfecto e colegas descrevem, o besouro ajuda a produzir a distribuição espacial necessária para sobreviver. Biologia dialética em ação.

Existe um segundo meio, indireto, pelo qual a distribuição da *Azteca* é circunscrita a uma área relativa entre 3% e 5% da fazenda. O fungo *Lecanicillium lecanii* ataca a cochonilha-verde da qual a *Azteca* depende quando ela é abundante na área (o que ocorre em grande parte sob a proteção da *Azteca*) (Easwaramoorthy & Jayaraj, 1978).

O fungo ataca também a ferrugem-do-café, nossa segunda praga, mas, veja só, faz isso apenas porque a *Azteca* protege densidades de cochonilhas-verdes atacadas pelos fungos. Em outras palavras, a cochonilha-verde e a ferrugem, ainda que indiretamente, restringem-se uma à outra.

Algo, contudo, intrigou a equipe. Como os besouros adultos – violentamente atacados pela *Azteca* – ovipositam seus ovos igualmente vulneráveis em uma planta na qual apenas suas larvas sobrevivem?

Lembra da mosca da família *Phoridae*, cujas larvas se alimentam da *Azteca*? O que nós queremos? Cérebros! Quando nós queremos? Cérebros! Os filhotes de mosca localizam a colônia de formigas detectando qualquer hospedeiro individual por seu movimento, a partir do seu feromônio de alerta. As formigas respondem fugindo para o ninho ou permanecendo paradas, de modo a evitar a detecção de movimento da mosca para, quando possível, atacar seu atormentador *Phoridae*.

As formigas produzem um segundo feromônio "*Phoridae*", que alerta outras formigas para entrar em seu estado catatônico de defesa. Besouros fêmeas que procuram ovipositar sem serem molestadas podem detectar esse segundo feromônio, encontrando áreas da planta em que a *Azteca* entra em paralisia coletiva.

Parece, então, que a distribuição da *Azteca*, o controle natural de pragas e provavelmente outras distribuições ao redor da floresta ou na fazenda, surgem de uma causa não única, mas de um complexo não linear de interações distribuídas pela rede ecológica, uma lição importante para aqueles de nós que trabalham na áreas de doenças animais e saúde pública.

No entanto, as complicações se acumulam.

Se a cochonilha-verde precisa da proteção da *Azteca*, como uma colônia de formigas pode encontrar novas cochonilhas-verdes em outro lugar? A equipe descobriu que, embora não seja tão eficaz quanto a *Azteca*, ao menos outras cinco espécies de formigas que se alimentam na área cuidam da cochonilha-verde. Em essência, as várias espécies que ocupam diferentes partes da cobertura da fazenda agem como mutualistas indiretos, mantendo populações de cochonilha-verde em toda a fazenda, incluindo os cultivos locais de que uma nova colônia de *Azteca* precisa.

Uma formiga rasteira, chamada a *Pheidole ctp*, enquanto se alimenta de cochonilha-verde (e como a *Azteca faz com* os minadores e brocas, nossas duas pragas finais), oferece à *Azteca* ajuda adicional ao superar uma concorrente da Azteca, a *Pseudomyrmex simplex*.

Enquanto isso, outras espécies de formigas agem como antagonistas da Azteca, apenas porque não cuidam da cochonilha-verde. A *Pheidole protensa*, por exemplo, que também se alimenta em sementes velhas e caídas que oferecem refúgio para as brocas fora da estação, supera no chão o aliado da *Azteca*, a formiga *Pheidole ctp*.

Trata-se, então, de uma guilda ecológica de mais de oitenta espécies de formigas que se envolvem em interações complexas de vários — e às vezes simultâneos — mutualismos e competições entre nichos da cobertura.

[illegible]

Nós — ou melhor dizendo, a natureza — podemos adicionar mais uma camada.

Para testar os efeitos que as aves têm sobre o número de pragas, a equipe de Perfecto e Vandermeer conduziu um experimento de cercamento em fazendas de produção intensiva em áreas sombreadas de Soconusco (Perfecto *et al.*, 2004). Com redes de pesca de malha de 5 centímetros, os pesquisadores excluíram as aves em parcelas de 10x5x3 metros, em pelo menos dez cafezais. Eles selecionaram plantas de controle, expostas, a partir de colunas paralelas nas proximidades.

Para cada planta, a equipe colocou 10 larvas de terceiro e quarto ínstar da mariposas (*Estigmene acrea* e *Spodoptera frugiperda*), tanto nos experimentos quanto nos grupos de controle, modelando um aumento repentino de pragas a partir de uma densidade média de 2,1 larvas por planta.

Durante cada um dos quatro dias, a equipe colocou larvas nas plantas antes do amanhecer e fez contagens a cada três horas até as 14h. Os pesquisadores também identificaram os pássaros que se alimentavam na camada de café.

Os levantamentos mostraram diferenças significativas no número e na densidade de aves que se alimentavam do cafeeiro na sombra e das plantas de cultivo intensivo, com efeito sinérgico significativo para o tratamento e o local. Um número maior de aves e de espécies de aves se alimentou na sombra, com uma diferença significativa entre parcelas de exclusão e controle não encontradas na parcela da produção intensiva.

Em outras palavras, as larvas estavam sendo removidas das parcelas na sombra de uma maneira que não acontecia nas parcelas de produção intensiva.

A observação comportamental qualificou os resultados. Contrariamente às expectativas, a diversidade de aves não parecia ser o mecanismo direto pelo qual o café à sombra era mais bem protegido. Em vez disso, parecia que insetívoros particularmente eficazes – incluindo o passarinho pula-pula de capuz vermelho (*Basileuterus rufifrons*) - alimentava-se repetidamente no café à sombra.

Ou seja, pode haver um terceiro efeito. Apesar dos problemas tradicionais inerentes à segregação dos efeitos da diversidade e da densidade de pássaros no campo, parece que quanto mais os pássaros se alimentavam, maior a probabilidade de que um ou alguns fossem particularmente eficazes, ainda que por acaso. Um efeito de amostragem.

[illegible]

As plantas de café podem manter as regiões ao Norte – e os pássaros ao sul – acordados durante o dia. Mas para as pragas não há descanso à noite. Enquanto isso, passarinhos como a felosa-agrícola e outras aves pequenas e morcegos – dispersores de sementes e polinizadores – saem em revoada, alguns para comer insetos e pragas.

Para medir os efeitos da predação de morcegos e pássaros, a equipe de Williams-Guillen e Perfecto (2010) montaram uma série de parcelas de exclusão em Soconusco: somente pássaros durante o dia, somente morcegos durante a noite, ambos os grupos medidos de dia e de noite, e um grupo de controle sem contenção. O grupo fez um levantamento dos artrópodes não coloniais – insetos, aranhas, opiliões e ácaros – a cada duas semanas por um período de sete semanas durante a estação seca e por outro período de oito semanas durante a estação chuvosa.

A parcela de dupla exclusão produziu a maior densidade de artrópodes em plantas individuais de café,

46% maior que no grupo de controle. Os morcegos tiveram um efeito significativo na estação chuvosa, sua exclusão deixando 89% maior densidade de artrópodes do que na parcela de controle e menos no período seco. Finalmente, não apareceu interação significativa entre pássaros e morcegos, indicando que a predação é aditiva e cada uma é predadora sobre diferentes tipos de pragas.

A diferença sazonal na presença de pássaros pode surgir em parte das invernadas durante a estação seca, assim como a presença de morcegos pode aumentar durante a estação chuvosa, quando as mães, duplicando sua ingestão alimentar típica, devem cuidar dos filhotes.

E quais morcegos estão se alimentando do quê? Ao cercar morcegos por quarenta e quatro noites e monitorar acusticamente as ondas de ecolocalização, em nível sensível o suficiente para detectar uma lagarta que mastiga uma folha, a equipe foi capaz de identificar vinte e quatro insetívoros em uma parcela sombreada de produção intensiva das plantações de café. (Williams-Guillen & Perfecto, 2011)

Poucas espécies foram identificadas em um único tipo de cultivo, mas eles apresentaram diferenças em suas preferências. De fato, enquanto a riqueza de espécies era um pouco diferente no gradiente da fazenda, os morcegos de espaço aberto, tal como o *Saccopteryx bilineata*, pareciam mais frequentes nas fazendas de produção intensiva, enquanto os morcegos da floresta, incluindo o morcego-marrom (*Eptesicus furinalis*), pareciam mais propensos à sombra.

Um estudo de PCR (reação em cadeia da polimerase) identificou o DNA da broca e da cigarra *Idiarthron subquadratum* em amostras fecais de morcegos (Williams-Guillen, 2010). Então, sim, os morcegos realmente estavam se alimentando dos insetos.

Enquanto os morcegos da floresta se alimentavam menos a partir da agricultura intensiva, conforme medido por seus zumbidos de alimentação, os morcegos em espaço aberto não se alimentavam mais ao longo do gradiente, indicando que o café da produção, algumas plantações com maior abundância de pragas, obteve pouca proteção em todo o conjunto de morcegos.

Qual é a lição de casa? A equipe concluiu que mesmo áreas dominadas pela agricultura intensiva se beneficiariam de fragmentos florestais, que oferecem poleiros para todos os morcegos insetívoros, incluindo espécies que vivem ao ar livre. No entanto, eles relatam que matrizes agrícolas de grãos finos e espacialmente contíguas, incluindo cultivo de sombra, ofereceriam aos morcegos da floresta e outros insetívoros os tipos de refúgios amigáveis à vida selvagem nos quais eles poderiam sobreviver melhor.

De fato, tal como Williams-Guillen e Perfecto escrevem, a pressão da pobreza e da insegurança alimentar inserida no esquema, ao encobrir paisagens da ecologias agrícola em trechos de floresta e agricultura intensiva, presentes em muitos modelos de conservação, pode causar declínios na biodiversidade local (Perfecto & Vandermeer, 2010). Quando são retirados de todas as terras disponíveis, os agricultores mais pobres derrubam a floresta e as operações intensivas e, como a guarda de Perec, da nossa epígrafe, à entrada, surfam em sua própria produção destrutiva ao longo de uma borda da floresta sempre em expansão (Morton *et al.*, 2006; Etter *et al.*, 2006).

Um controle de pragas auto-organizado pode surgir a partir de interações ecológicas.

Tais sistemas não são projetos pré-planejados nem estáticos. Eles são historicamente contingentes. Como a equipe de pesquisa descreve, as plantas de café, suas ferrugens e brocas, foram importadas da África. Aquele fungo é comum nos trópicos, a mariposa que destrói as folhas comum no hemisfério ocidental e as formigas nativas comuns no sul do México. Por força do cultivo consciente e da biogeografia do acaso, essa combinação particular de organismos convergiu nesse improvável — considerada em escala de tempo geológico — e específico programa de controle.

Enquanto a natureza carrega uma conotação de origens antigas, em intervalos geologicamente curtos, nos intervalos antropologicamente longos, ecologias funcionais são repetidas vezes desmontadas e reconstituídas.

De volta às necessidades atuais e prementes da humanidade, a curto prazo, digamos para os próximos cem anos, se os ecossistemas fossem conservados e a agricultura integrada nas matrizes florestais locais, os agricultores poderiam desfrutar desses serviços ecossistêmicos autônomos em grande parte gratuitos.

Como exatamente esses serviços — enriquecimento do solo, conservação da água, controle de pragas etc. — emergem de um lugar para outro e como os agricultores podem aproveitá-los, por falta de um termo melhor, exigirá muito mais das pesquisas como a da equipe de Perfecto e Vandermeer tem realizado. Esqueça a engenharia genética — que não passa de um homem das cavernas escovando os dentes com um smartphone. Essa é a pesquisa de ponta para o século XXI.

Pense no que a agricultura moderna realizou em contraste. Destrói a floresta e os serviços auto-integrados que a natureza geralmente oferece, ou, melhor dizendo, os incorpora. O agronegócio atua como uma grande parcela de exclusão, mantendo a fauna maior de fora, enquanto degrada o solo e alimenta as pragas. Os agricultores são deixados para reproduzir esses serviços bombardeando suas plantações e solos com produtos petroquímicos destrutivos.

Com a insustentabilidade do modelo, que atua como uma tautologia destrutiva da floresta que resta, a agricultura intensiva atribui aos agricultores a tarefa absurda de alcançar — como pequenos demônios de Maxwell — todas as minúsculas pragas que surgem.[123] Que desperdício de tempo e esforço, especialmente quando as pragas

123 "The problems with sun coffee." *Coffee and Conservation*. 5 de fevereiro de 2006. Disponível em: http://www.coffeehabitat.com/2006/02/the_problems_wi.

desenvolvem resistência aos agrotóxicos, como está claro que acontece. Em vez disso, os agricultores poderiam ter um ecossistema em movimento, evitando dificuldades.

A conveniência para o agricultor, no entanto, nunca foi realmente o objetivo da agricultura corporativa. Pelo contrário. "A Cargill está envolvida na comercialização da fotossíntese", disse o CEO Gregory Page em 2008.[124] "Essa é a raiz do que fazemos." Por espoliação, monetizando o sol, o solo e o ar, passando por cima dos agricultores e das florestas.

– *Farming Pathogens*, 4 de Fevereiro de 2013

124 Trusting Photosynthesis: Thoughts on the Future of Global Food Production. *Chautuaqua Institute*, de agosto 2008.

CIRCUITOS CAPITALISTAS DE PRODUÇÃO DE DOENÇAS[125]

A nova abordagem a partir da concepção de "One Health" integra investigações sobre a vida selvagem, a produção pecuária, a agricultura e a saúde humana por meio de um contexto ecossistêmico (Zinsstag, 2012; Van Helden, P. D., Van Helden, L. S. & Hoal, 2013; Barrett & Osofsky, 2013). O esforço reúne médicos, veterinários e biólogos da ecologia, a partir do entendimento sobre o compartilhamento de doenças infecciosas, crônicas e ambientais entre muitas espécies (Hueston *et al.*, 2013). Essa abordagem tem os seus precedentes, por exemplo na concepção de "One Medicine", tal como Calvin Schwabe a desenvolveu na conferência "Doenças em Evolução" em Woods Hole, ou nas investigações do fundador da medicina social, Rudolf Virchow e do veterinário do século XVIII Félix Vicq-d'Azyr, que conectaram em diferentes níveis a saúde humana e animal em contextos ecológicos específicos (Schwabe, 1984; Wilson, Levins, & Spielman, 1994; Saunders, 2000; Morens, 2003). O interesse renovado parece impulsionado tanto por questões práticas, quanto pelo desenvolvimento teórico das áreas afins, como a ecosaúde e as elaborações da complexidade nas ciências (Webb *et al.*, 2010; Carpenter *et al.*, 2009). As complicações associadas ao surpreendente transbordamento do influenza A, altamente patogênica ($H5N1$) (gripe aviária) de aves para seres humanos no final

---

125 O artigo a seguir, de crítica à concepção One Health, foi escrito por Rob G. Wallace em conjunto com os colegas Luke Bergmann, Richard Kock, Marius Gilbert, Lenny Hogerwerf, Rodrick Wallace e Mollie Holmberg. Foi publicado inicialmente na revista Social Science & Medicine como parte da edição especial dedicada à One Health (Wallace et al., 2015).

do século, animou a reunião de cientistas de várias disciplinas para abordar o influenza e outras doenças emergentes por meio da agências internacionais de saúde (Anderson et al., 2010).

A nova "One Health" se apresenta como um cadinho para testar combinações de abordagens especializadas em saúde da população (Kahn *et al.*, 2012) As doenças animais e humanas, agora sujeitas a intervenções de maior facilidade, surgem e se espalham em função de uma infinidade de causas, interagindo em várias escalas e domínios bioculturais. Uma variedade de epistemologias são necessárias para lidar com essas doenças. De fato, retrospectivamente, muitas das infecções humanas, mais comuns hoje, surgiram nas civilizações antigas por meio de tais sinergias (McNeil, 2010). Animais domesticados atuaram como fonte para difteria, influenza, sarampo, caxumba, peste, coqueluche, rotavírus A, tuberculose, doença do sono e leishmaniose visceral (Pearce-Duvet, 2006; Wolfe, Dunavan & Diamond, 2007). Alterações ecológicas provocadas nas paisagens por intervenção humana contribuíram para selecionar o transbordamento da cólera a partir das algas, malária a partir das aves e HIV/AIDS, dengue e febre amarela e malária a partir de primatas selvagens.

Os novos patógenos estimularam inovações na medicina e na saúde pública, no tratamento e na profilaxia individuais, na quarentena terrestre e marinha, nos enterros compulsórios, nas enfermarias de isolamento, no tratamento de água e nos subsídios para doentes e desempregados (Watts, 1997; Colgrove, 2002). Cada uma das séries de invenções agrícolas e industriais, acompanhadas de mudanças demográficas aceleradas e novos assentamentos humanos, reposicionou populações de hospedeiros potenciais, o que levou a episódios de novos transbordamentos (Kock, Alders, & Wallace, 2001). Desde então, os impactos ambientais, entre os quais as mudanças climáticas, atingiram uma escala geológica (Ding, Mearns, Wadhams, 2013). Enquanto produzimos uma variedade sem precedentes de mercadorias, com aumentos resultantes na extração de recursos e a acarretando a produção de diferenças materiais e conceituais entre a economia e a ecologia, vários habitats foram degradados, assim como a biodiversidade, a função dos ecossistemas, as bases de recursos, tais como os cursos de água, os nutrientes do solo e os estoques oceânicos (McMichael, 2009; Foster, Clark & York, 2010) Esses impactos, em conjunto, promoveram o surgimento de doenças em várias categorias de hospedeiros. (Jones *et el.*, 2013)

A "Revolução Pecuária", em particular, interferiu repetidamente sobre esses impactos, por meio da criação, o processamento e a distribuição de animais de crescimento rápido em algumas grandes empresas do agronegócio (Liverani *et al.*, 2013). A pecuária industrial impulsiona uma nova demanda por proteínas de carne, e tal e qual seus antecessores neolíticos, promove o transbordamento de patógenos, principalmente nos chamados países em desenvolvimento (Jones *et al.*, 2013; Liverani *et al.*, 2013). Contudo, os efeitos sobre gado são indiretos. Enquanto o crescimento do setor apresenta oportunidades econômicas, por meio da produtividade integrada, a concorrência marginaliza os pequenos produtores, expulsando-os dos mercados (De Haan, Gerber & Opio, 2010; McMichael, 2012). Por sua vez, a insegurança alimentar resultante, a destruição ambiental e as percepções do mundo que ela produz acabam servindo como justificativa para uma determinada ciência securitizada pelo capital, que fortalece a disseminação do próprio modelo agroalimentar que organiza os ciclos de economia e doença (Davis, 2007; Sparke, 2014).

Os cientistas sociais começaram a catalogar os mecanismos pelos quais a propagação das doenças encontra a sua mediação social. O grupo de antropólogos liderados por Goldberg analisou o Projeto Kibale da EcoHealth, no Parque Nacional Kibale, no oeste de Uganda, onde eles avaliaram as conexões locais específicas entre a saúde humana, a saúde animal e a paisagem circundante, considerando como elementos o crescimento populacional, a fragmentação florestal, a pobreza rural, as tradições culturais e as mudanças na agricultura (Goldberg, Paige & Chapman, 2012). A dinâmica de infecção multiespécies, inclusive para a bactéria *E. coli*, parecem estar ligadas às mudanças na ecologia agrícola em escala e às práticas comportamentais diretamente relacionadas à transmissão. Por exemplo, os seres humanos que cuidam de animais manifestaram alto risco de transportar cepas de *E. coli* específicas de primatas selvagens locais, cada vez mais marginalizados pelo desflorestamento. Macacos-da-cauda-vermelha que fugiram das áreas desmatadas e foram se alimentar nas colheitas das fazendas, tendiam a apresentar a bactéria *E. coli* característica de humanos e animais de criação.

Outros estudos investigaram os caminhos que as doenças fazem em contextos mais industrializados. Por exemplo, o grupo de Paul analisou a cadeia de valor da produção tradicional de aves em Phitsanoulok, na Tailândia (Paul *et al.*, 2013). A equipe descobriu que 28 criadores, matadouros, distribuidores e empresas de transporte – intermediários entre agricultores e matadouros – tiveram um papel pouco reconhecido na disseminação do H5N1 altamente patogênico em Phitsanoulok. O abatimento acelerado das aves em meio ao surto facilitou a propagação do H5N1 e parece ter suas causas relacionadas à percepção dos riscos, margens econômicas e remuneração dos participantes ao longo da cadeia de mercadorias.

Outras ciências sociais situam a abordagem *One Health* no interior das economias políticas locais e globais. Giles-Vernick e colegas, por exemplo, resgatam as raízes históricas de várias pandemias com a expectativa de que estudos comparativos ajudem a divulgar diferenças e semelhanças inesperadas entre os surtos (Gilles-Vernick, Cradock & Gunn, 2010) Esse trabalho tem como objetivo extrair as complexidades inerentes às respostas da sociedade que os estudos de um único local costumam deixar de lado, o que pode incluir "as cargas desiguais de sofrimento

[...] que a globalização submete". Sparke e Anguelov situam a política do conhecimento epidemiológico dentro de uma divisão socioeconômica entre o Norte e Sul globais, especificamente no que concerne o gerenciamento de riscos, o acesso à medicamentos, a caracterização dos riscos na mídia e, antes de tudo, o próprio surgimento de novas doenças (Sparke & Anguelov, 2012). Forster e Charnoz entendem que tais desigualdades também surgem de uma "diplomacia global da saúde" coercitiva – tanto em termos governamentais quanto filantrópicos – cujos esforços se comprometem com a diminuição dessa divisão (Foster & Charnoz, 2013). Keck descreve essa dinâmica de poder como uma extensão da própria medicina colonial. (Keck, 2010) As disputas são parte integrante dos conflitos, em outra escala, ao longo do curso político do desenvolvimento econômico das "fronteiras sentinelas", onde novas epizootias surgem, assim como das conjunturas epistemológicas no qual as disciplinas se encontram.

No entanto, as lacunas de pesquisa persistem. Neste artigo realizamos uma análise crítica da concepção de One Health, conforme concebida até os dias de hoje, assim como sugerimos pontos de partida adicionais para cientistas sociais de várias áreas, como a antropologia médica, a epidemiologia ecossocial, a biopolítica e a ecologia política da saúde, todos os quais já abordam vários aspectos da relação entre ciências sociais e epidemiologia (Kleinman *et al.*, 2008 Lowe, 2010; Krieger, 2001; Braun, 2007; Rayner & Lang, 2012). Por mais que tais abordagens se integrem para compreender o contexto social da saúde da população, até o momento, nenhuma dessas abordagens forneceu provas estatísticas sobre as conexões prováveis entre a acumulação global de capital e os determinantes da saúde ecossistêmica, tal como sugerido, por diversas pesquisas. (Bond, 2012; Collard & Dempsey, 2013; Hinchliffe *et al.*, 2013; Krieger, 2001).

Para cumprir esse objetivo, também apresentamos aqui uma abordagem que busca modelar os mecanismos pelos quais o contexto socioeconômico mais amplo, em grande parte ausente da abordagem *One Health*, ajuda a selecionar transbordamentos xeno-específicos. Especificamente, pela primeira vez, introduzimos uma pesquisa inédita, ainda em andamento, que quantifica a relação entre os circuitos do capital, do qual emergem muitas novas doenças e sua dinâmica subsequente, seja do ponto de vista dos patógenos, da sua evolução genética ou da expansão socioespacial. Ou seja, propomos uma *One Health Estrutural*, capaz de formalizar empiricamente as conexões entre as mudanças conduzidas pelo capital na paisagem e as mudanças na vida selvagem, agrícola e na saúde humana. Se esses esforços forem bem-sucedidos, pesquisadores serão capazes de identificar as combinações estatisticamente relevantes entre circunstâncias das ecologias agrícolas locais e relações econômicas que — indo além dos epicentros específicos — iniciam a disseminação de doenças entre as espécies.

A CIÊNCIA E A ECONOMIA POLÍTICA DA *ONE HEALTH*

A integração dos estudos de saúde entre espécies parece dar um passo à frente na capacidade de previsão e controle de doenças. Uma pesquisa bibliográfica conduzida por Rabinowitz e colegas (2013) reúne uma série de estudos que oferecem evidências da viabilidade da cooperação intersetorial, assim como os benefícios xeno-específicos advindos da vacinação animal. Rabinowitz e colegas resgatam outros estudos que mostram melhorias na previsão da dinâmica de doenças locais específicas e na implementação de intervenções bem-sucedidas. Conforme apresentado até agora, no entanto, a abordagem *One Health* deixa de lado as principais fontes de causalidade, uma omissão que, para algumas de suas análises, pode acabar revertendo as conclusões iniciais. Por exemplo, a apresentação dos esforços no controle de doenças podem combinar fatores de risco próximos – também o rastreamento dos contatos, da vacinação, a seleção e a biossegurança implementados em resposta – com as causas subjacentes de um surto (De Vreese, 2008). Uma doença não é sinônimo do seu patógeno, nem deve ser reduzida ao mapa de infectados, estando ou não inserida em um contexto de *One health*, capaz de reconhecer as ecologias funcionais que seres humanos, gado e vida selvagem compartilham.

Entre essas investigações, podemos encontrar a pesquisa de Preston e colegas sobre os efeitos do uso da terra no Peru na emergência de doenças (Preston, Daszak, Colwell, 2013). Embora as especificidades dos efeitos do desmatamento na Amazônia sobre a malária sejam rigorosamente documentadas, o estudo é emblemático de um modelo de saúde que confunde o local de origem da emergência do patógeno com a geografia da causalidade.[126] Tais geografias absolutas geralmente perdem de vista as relações socioespaciais entre os atores econômicos globais, cujos efeitos podem atingir a própria mecânica da modelagem (Yeung, 2005). Ao apresentar mapas atualizados da pecuária global, Robinson e colegas (2014) relatam que à medida que a produção agrícola se intensifica

> torna-se cada vez mais separada da base de recursos da terra (por exemplo, quando alimentos para ração são importados de lugares completamente diferentes) e, torna, portanto, mais difícil a previsão com base em variáveis esoaciais da ecologia agrícola. O efeito é particularmente acentuado no caso da produção de galinhas e porcos, onde os locais das unidades de produção intensiva geralmente, têm mais a ver com acessibilidade a mercados de consumo ou de insumos do que com as características da ecologia agrícola da área, quantificáveis através variáveis detectadas remotamente.

As consequências para a epidemiologia vão além do nível técnico. De volta às premissas fundamentais subjacentes à

126 "O vírus e o vírus". In *Pandemia e agronegócio*, op. cit.

medicina colonial que, tal como anota Tilley, em seu auge, continha a sua própria "ecologia da complexidade", um exímio praticante da *One Health* pode levar os cientistas ao que Connell identifica como uma forma contemporânea de relação metrópole e colônia, com os EUA e a Europa fazendo admoestações em relação ao desmatamento e o risco de doenças no Sul global (Tilley, 2004, Connell, 2007). Robbins, por exemplo, cita um cientista da EcoHealth:

> Ao mapear a invasão na floresta, você pode prever onde a próxima doença poderá surgir [...] Então, vamos para as margens das aldeias, para lugares onde as minas acabaram de ser abertas, áreas onde novas estradas estão sendo construídas. Vamos conversar com pessoas que vivem nessas zonas e dizer: "O que você está fazendo oferece um risco".

Embora a intenção seja compreensível, atualmente essas crises ambientais não se limitam às zonas de surto e são atualmente impulsionadas em grande parte por ajustes estruturais de uma variedade de formas e uma doutrina da economia de exportação, originada do próprio núcleo do capital (Foster, Clark, York, 2010; Gindin & Panitch, 2012). O capital que apoia os modelos desenvolvimento e produção que dão origem ao surgimento de doenças nas regiões subdesenvolvidas do mundo inverte a causalidade e faz de Nova Iorque, Londres e Hong Kong, os principais centros do capital global, três dos piores "hotspots do mundo" (Mansfield, Monroe & McSweeny, 2010; Liberti, 2013; Pearce, 2012). Juntamente com fundos soberanos, empresas estatais e governos, investimentos do tipo *private equity* sob a forma do agronegócio e das empresas agroalimentares, desenvolvedores de biocombustíveis e investidores institucionais privados — fundos mútuos, bancos, fundos de pensão, fundos de cobertura (hedge), fundos de universidades e fundos de *private equity* — estão acelerando as compras de terras agrícolas no Sul global, onde consolidam a produção de alimentos, especulam sobre os preços da terra e de onde exportam para o mercado global, com consequências graves para os pequenos proprietários e para o meio ambiente (Daniel, 2012). [127] O Observatório Land Matrix lista 959 acordos transnacionais de terras consolidados em todo o mundo em junho de 2014, o que cobre quase 36 milhões de hectares.[128] O Instituto Oakland estima que 500 milhões estejam investidos apenas em terras agrícolas africanas, com expectativas de retorno de 25% a partir da produção e valorização da terra, por meio de contratos de arrendamento que podem durar até noventa e nove anos e, dependendo do acordo, garantir direitos ilimitados à água, lucro, repatriação patrimonial e isenções ou reduções nas taxas sobre exportação, impostos sobre o valor acrescentado ou impostos sobre lucros.[129]

Nesse sentido, a *One Health* como ciência pode estar contribuindo para o apagamento do contexto, mesmo enquanto descreve as múltiplas fontes de causa e efeito epidemiológico. Kahn e colegas, um entre uma variedade de exemplos, descrevem o processo pelo qual o vírus Nipah surgiu em 1998 na Malásia, com o desmatamento do habitat de morcegos (Kahn *et al.*, 2012). Os morcegos migraram para as árvores próximas das fazendas de criação de gado, onde espalharam Nipah aos porcos, que posteriormente infectaram seres humanos. Como em outros estudos, a descrição do grupo de Kahn deixa de fora as empresas e os acordos de terra que dão condições para a intensificação da produção suinícola associada ao transbordamento, assim como evita comentar as mudanças econômicas mais

---

127 "How Goldman Sachs created the food crisis." *Foreign Policy*. 27 de abril de 2011. Disponível em: http://www.foreignpolicy.com/articles/2011/04/27/how_goldman_sachs_created_the_food_crisis; Harvard in Iberá: Investigating Harvard University's Timber Plantations in the Iberá Wetlands of Argentina. *Oakland Institute and the Responsible Investment at Harvard Coalition*. Disponível em: http://www.oaklandinstitute.org/sites/oaklandinstitute.org/files/OI_Report_Harvard_Ibera_0.pdf

128 Global Map of Investments. *Land Matrix Observatory*. Disponível em: http://landmatrix.org/en/get-the-idea/global-map-investments/.

129 Special Investigation: Understanding Land Investment Deals in Africa. *Oakland Institute*. 2011 Disponível em: http://media.oaklan-dinstitute.org/special-investigationunderstanding-land-investment-deals-africa.

amplas na criação de gado na região que sustentam a dinâmica local (Pulliam et al., 2012; Otte & Grace, 2012)

Os praticantes da *One Health* certamente estão familiarizados com a noção de contexto amplo. Uma atenção considerável é dedicada às fronteiras epistemológicas do paradigma. Ao escrever, de maneira convincente, sobre as contribuições econômicas e sociais para o surgimento de doenças, em uma série de editoriais da Ecohealth, o grupo de Zinsstag (2012) anuncia que

> o trabalho intercultural no relacionamento humano-animal exige um esclarecimento do próprio paradigma, de uma maneira auto-reflexiva. "Qual é a formação pessoal, cultural e ética que determina meu relacionamento com os animais e meu conceito de *One Health*?" As respostas determinam criticamente o valor emocional ou financeiro atribuído aos animais. Isso poderia levar a um novo subjetivismo na ciência? Por exemplo, a *One Health* pode ser influenciada por ramificações filosóficas capazes de determinar o método da análise econômica do custo de infecções transmissíveis entre humanos e animais.

A busca por uma tal formulação é projetada sobre uma mistura de termos interculturais: buscar a *One Health* a partir de outros pontos de vista. Uma expectativa tão modesta pode limitar a *One Health* que se produz. Parece haver pouco esforço na identificação dos proprietários e produtores específicos. Os atores da doença são classificados por meio de abstrações — suscetíveis, infectados e recuperados — codificadas para equações simultâneas que podem fazer desaparecer as epidemiologias socializadas (Gould, 1993). Até hoje, mesmo o trabalho "socioeconômico" conduzido sob essa rubrica tende a traçar a logística mais ampla subjacente à geografia da doença. O grupo de Hosseini (2010), por exemplo, analisa os voos aéreos diretos e indiretos em relação com o comércio total de aves e suínos e os gastos com saúde para desenhar um indicador da capacidade de um país em detectar novos casos e assim projetar retrospectivamente a disseminação precoce da gripe suína H1N1 em 2009 (assim como outras formas de influenza pandêmicas).

Tais estudos são úteis. É de grande valia descobrir como impedir que um novo patógeno se espalhe entre animais e humanos, qualquer que seja o sistema em que nos encontremos historicamente. Ao mesmo tempo, existem custos profundos associados à reificação de um *status quo* que, antes de tudo, produziu a própria ameaça. Trabalhos como esses podem promover um tecnicismo que atua como uma ideologia *in absentia*, ao deslegitimar implicitamente as alternativas a um grande projeto já em andamento, ao fazer uso de uma abordagem estreita (Mészáros, 2009). De fato, se os pontos de vista propostos são suficientemente limitados, as pesquisas sobre doenças pressupõem o neoliberalismo do estado e do mercado como parte da ordem natural, mesmo que outros estudos mostrem que os mecanismos do sistema sejam centrais para o problema da doença.[130]

Uma tal economia política nos demanda saber se a atual infraestrutura epidemiológica pode dar conta de entender a totalidade dos elementos que afetam os problemas abordados.[131] Como, por um lado, o Banco Mundial ou a Organização Mundial da Saúde abordam surtos originados nas próprias instituições das quais as organizações dependem para financiamento e legitimação? Um relatório recente do Banco Mundial oferece um estudo devidamente documentado para a *One Health*. O grupo de Smith buscou convencer os países mais ricos do mundo a investir em eco-saúde e conservação, recorrendo aos custos inerentes a uma eventual falha por inação: ao menos 80 bilhões de dólares em prejuízos devido aos surtos de Nipah, Vírus do Nilo Ocidental, SARS, Gripe aviária, doença da vaca louca e Febre do Vale Rift somente entre 1997 e 2009 (Smith *et al.*, 2010).

130 Cf. o artigo "A pegada alimentar de quem?", publicado neste livro.

131 "We need a Structural One Health." *Farming Pathogens*. Disponível em: http://farmingpathogens.wordpress.com/2012/08/03/we-need-a-structural-one-health/.

O grupo propõe que investir um pouco agora – entre 1,9 e 3,4 bilhões de dólares anualmente, divididos por 139 países – para evitar danos epidemiológicos consideráveis, mesmo com uma baixa probabilidade de ano para ano de uma pandemia mortal. Os ganhos tendem a aumentar, se promovemos campanhas de redução da pobreza, segurança alimentar e inspeção sanitária. O relatório também entende a *One Health*, ao compartilhar os custos dos projetos e laboratórios de vacinação animal e humana, como uma forma de institucionalizar a consolidação da prestação de serviços conduzida sob austeridade financeira (Stine & Chokshi, 2012).

As análises das ONGs estão recheadas desses apelos de Prometeu. Tais relatórios também evitam regularmente abordar a força estruturante do capital na seleção de patógenos mortais, segundo um número cada vez maior de evidências (Jones *et al.*, 2013; Otte *et al.*, 2007; Graham *et al.*, 2008; Leibler *et al.*, 2009; Drew, 2011; Wallace, R, 2009a). Juntas, as últimas citações descrevem um sistema insensível às plataformas que cria para o surgimento dos patógenos. Seus ciclos de produção degradam a resiliência dos ecossistemas para doenças, à medida que os recursos naturais são transformados em mercadorias, complicam intervenções epidemiológicas tratando seres humanos e animais antes de tudo como mercadorias e globalizam o transporte de mercadorias, pessoas, gado e patógenos. De fato, seguindo o geógrafo Jason Moore, a produção capitalista não *possui* uma epidemiologia própria, na medida em que ela *é* a própria epidemiologia. (Moore, 2011)

A falha em abordar um contexto tão fundamental pode, por si só, servir a um propósito, ainda que não intencional. Na atual recessão global, as intervenções epidemiológicas representam cada vez mais as racionalidades declinistas que justificam a apropriação neoliberal de terras, o desmatamento em atacado e a intensificação agrícola que, antes de tudo, sustentam muitos dos surtos epizoóticos. (Davis, 2006).[132]

132 Cf. o artigo "A pegada alimentar de quem?", publicado neste livro

As causas dos surtos no Sul global são apresentadas como razão para a eliminação de todas as culturas agrícolas e economias alternativas, exceto as formas de uso intensivo de capital e "biosseguras", as quais, na verdade, são deseconomias de escala, implicadas em surtos recentes e de novas cepas: dentre os quais, as gripes aviárias de alta e baixa patogenicidade, febre Q, febre aftosa, vírus da síndrome reprodutiva e respiratória em porcos, o piolho de salmão *Lepeophteirus salmonis* e o Ebola da África Ocidental (Liverani, *et al.*, 2013; Wallace, R, 2009a, *Myers et al.*, 2006; Gilchrist *et al.*, 2007, Evans, Medley & Green, 2008; Menerat *et al.*, 2010; Leibler, Carone & Silbergeld, 2010; Van Boeckel *et al.*, 2012a; Smith *et al.*, 2012; Ercsey-Ravasz *et al.*, 2012; Bausch & Schwarz, 2014) Mais especificamente, as monoculturas de espécies geneticamente selecionadas de animais vivos, altas densidades populacionais, produção rápida e aumento das exportações parecem promover maior propagação e evolução de patógenos.

Por outro lado, uma das pesquisas conduzidas sob a concepção de *One Health* parece imediatamente passível de expandir seu alcance. Engering e colegas (2013) dividem as doenças infecciosas em quatro categorias. Embora cada categoria tenha seu próprio conjunto de fatores típicos, como os autores as descrevem, cada uma também possui seu próprio vínculo aparente com os fluxos de produção e de capital. Por exemplo, doenças endêmicas, a primeira das categorias do grupo de Engering, se destacam principalmente em países subdesenvolvidos e geralmente estão associadas à pobreza (Alsan *et al.*, 2011). O surgimento de patógenos em novos hospedeiros está relacionado aos próprios modelos econômicos que causam destruição do habitat da fauna silvestre, por meio do qual as doenças da fauna silvestre se espalham para os seres humanos, bem como aos modelos que apoiam a produção de aves e animais (Jones, *et al.*, 2013). A introgressão de patógenos está frequentemente relacionada ao comércio ou a expansão gradual provocada pelas mudanças climáticas e as mudanças no uso da terra (Blackwell, 2010; Brückner, 2011). Finalmente, a emergência de patógenos com novas características por meio de transbordamentos ou de resistência antimicrobiana foi repetidamente relacionada à criação intensiva e com uso preventivo de antibióticos na pecuária (Zhu *et al.*, 2013).

TRÊS POSTULADOS PARA UMA *ONE HEALTH* ESTRUTURAL

Como uma ciência alternativa poderia ser praticada? Na sua forma mais abrangente, uma perspectiva *One Health* Estrutural incluiria todos os processos fundamentais subjacentes às ecologias da saúde, tais como, entre outros, a propriedade e a produção, remanescentes históricos de longa duração e a infraestrutura cultural por trás das mudanças na paisagem que produzem as ameaças à saúde. O grupo de Wallace (Wallace *et al*, 2010), por exemplo, explica a origem do influenza no sul da China considerando os termos do seu "presente histórico", dentro do qual múltiplos rearranjos virulentos surgiram a partir de uma variedade de ecologias agrícolas, as quais se originaram por diferentes temporalidade, seja por dependência dos caminhos evolutivos ou por contingência: dos tempos antigos (cultivo de arroz), passando pelo início da modernidade (patos semi-domesticados) aos dias contemporâneas (produção intensiva de aves).

Tal perspectiva da *One Health* atuaria como um fundamento, assim como ofereceria limites dentro dos quais outras abordagens também poderiam atuar, levando em conta as suas problemáticas particulares. Quanto mais próxima a abordagem estiver da base da pirâmide esquemática que relaciona as abordagens de saúde, tal como representada na **Figura 3**, mais amplo será o conjunto de disciplinas essenciais para a pesquisa de uma doença, bem como para o equilíbrio das possíveis intervenções, com seus impactos positivos e negativos. Mecanismos que promovem doenças na base da pirâmide podem estar localizados em outro lugar no tempo e no espaço que não coincidem necessariamente com o da doença real, já que se relacionam com os circuitos do capital e com práticas históricas. Mecanismos no topo da pirâmide estão diretamente conectados à dinâmica da doença (tais como a transmissão de patógenos, os hábitos alimentares de indivíduos, etc.). Claramente, o esquema depende de uma simplificação excessiva, já que omite interações complexas através das escalas que conceitualiza, mas, como o exemplo tailandês sugere, pode oferecer um começo para entender como as vulnerabilidades às doenças emergem de processos estruturais, cujas origens se distanciam no tempo, no espaço e variam em relação à causalidade, embora o grau zero do impacto dos processos sobre a terra varie direta e indiretamente (Paul *et al.*, 2013; Van Bockel *et al.*, 2012a; Gilbert *et al.*, 2008; Gilbert *et al.*, 2007; Walker *et al.*, 2012; Amonsin *et al.*, 2008).

Esse programa, geograficamente explícito, pode ser complementado com uma perspectiva baseada na "história de vida", capaz de rastrear os meios pelos quais as demandas do mercado sobre a produção pecuária moldam a dinâmica de doenças, seja nos laboratórios, celeiros ou cadeias de mercadorias propriamente ditas (Allen & Lavau, 2014). Como alternativa, a epidemiologia matemática tradicional já começa a mesclar modelos econômicos e modelagem de doenças (Boni *et al.*, 2013). Essa microeconomia agrícola poderia ser expandida para economias políticas mais amplas e assim incorporar a dinâmica de disseminação de doenças. Outras complementações são possíveis, tal como sugerimos a seguir. A partir de agora apresentaremos três postulados básicos em torno dos quais uma ampla gama de esforços de pesquisa podem ser organizados.

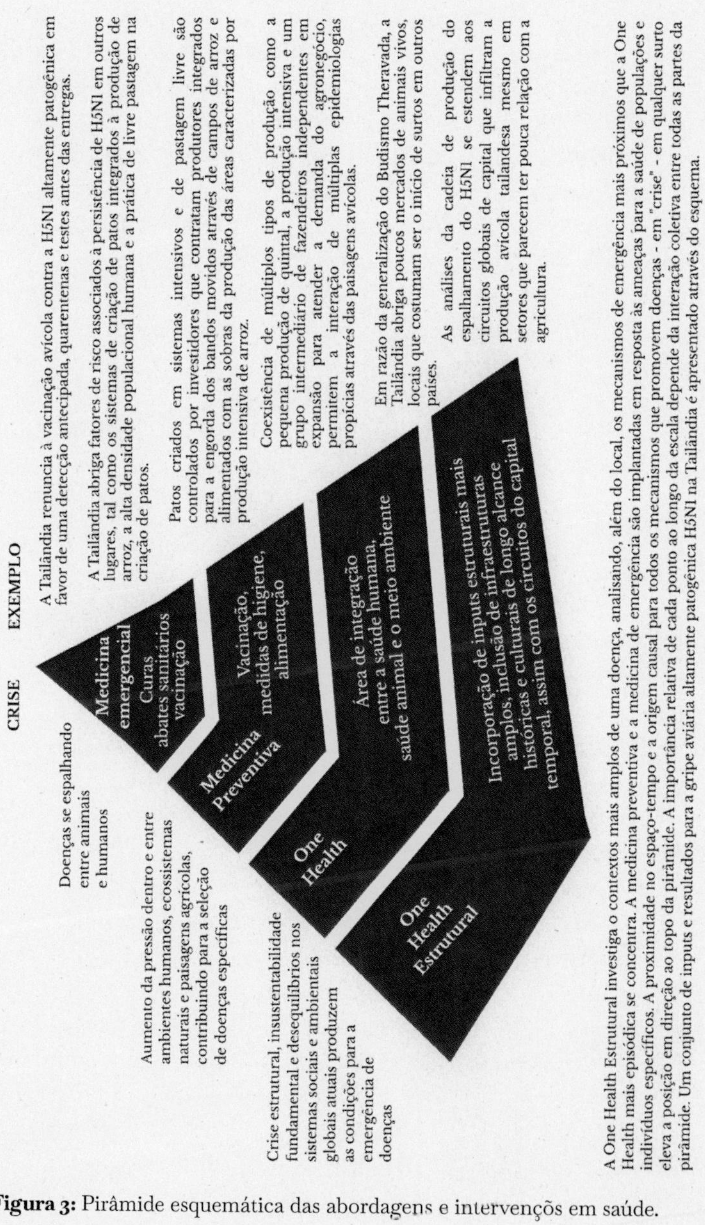

Figura 3: Pirâmide esquemática das abordagens e intervençõs em saúde.

Diferenciar a predominância da crise. A **Figura 3** sugere que algumas das crises e oportunidades às quais respondem os diversos atores da ecologia agrícola, humanos e animais, emergem através de um amplo escopo de causas, mais amplo do que a nascente *One Health* foi capaz de propor até o momento.

Como sugerido anteriormente, a distinção entre tipos de crise pode ser definitiva, ao enquadrar a própria natureza das doenças analisadas. O filósofo István Mészáros diferencia as chamadas crises episódicas ou periódicas, ocorridas no interior do quadro político-econômico estabelecido, e as crises de fundamento, capazes de afetar o próprio quadro (Mészáros, 2012). Nas últimas crises estruturais, que historicamente se desenrolam por meio dos limites internos a uma determinada ordem, as contradições sistêmicas começam a se chocar umas às outras. Como no caso Banco Mundial, cujos paliativos para defender o sistema, provoca calamidades que podem aprofundar a própria crise que tais esforços desejavam aliviar. Em conclusão, uma parte crítica da caracterização sistêmica das crises em saúde depende da descompactação das economias mais amplas — financeiras, políticas e epistemológicas — das quais dependem tanto instituições quanto os paradigmas dominantes.

Uma contextualização como essa pode ser estendida para além das advertências descritivas, assim como é possível de ser tornada empiricamente operacional. Por exemplo, as mudanças episódicas que muitos da *One Health* perseguem podem ser rastreadas à medida que o fluxo de um regime de capitais muda de um domínio eco-social para outro, tal como os modelos de resiliência estocástica de Ives permitem acompanhar (Armitage & Johnson, 2006; Hornborg, 2009).

Deixar o alcance da própria crise definir as questões abordadas. As próprias variáveis que cientistas da *One Health* incluem em seus modelos são produto de uma decisão social (Levins, 1998; Leach & Scoones, 2013).

O que pesquisadores definem como elemento interno ou externo a um modelo, incluindo quais dados concatenar ou excluir, podem acabar tendo um impacto significativo no seu resultado – não apenas na magnitude do efeito, ou mesmo na direção, mas na própria definição da natureza da causalidade.

Uma análise realizada a partir de uma sociabilidade aberta, ao mesmo tempo capaz de articular os processos sociais sob os quais a ciência é praticada, pode modificar as premissas sob as quais a investigação é conduzida. De fato, essa abordagem exploratória pode contornar a distinção entre crises estruturais e episódicas. A natureza dos problemas de saúde estudados pode sugerir resoluções mais aleatórias e não-fundamentais (Gibson-Graham, Erdem & Özselçuk, 2013).

Por exemplo, o antropólogo Lyle Fearnley (2013) rastreou o mecanismo pelo qual a investigação de um grupo de profissionais da *One Health* foi forçada a combinar a flexibilidade conceitual do problema que eles abordaram. A equipe tinha como objetivo estudar como os vírus da influenza zoonótica surgiram dentro e ao redor do lago Poyang, na China, considerado uma fonte de múltiplos rearranjos (Takekawa et al., 2010a; Takekawa et al., 2010b). O grupo descobriu que a distinção entre aves domésticas e aves aquáticas selvagens, uma premissa fundamental do seu estudo (e das pesquisas de modo geral), não possuía sentido prático (confira a **Figura 4**, a seguir):

> Quando [o ecologista da FAO Scott Newman] visitou a fazenda de Wang, sua família, muito amável, o convidou para almoçar, obstinados em manter o mal-entendido de que Newman fosse um investidor americano. Ao mostrar a ele o bando de centenas de saudáveis gansos-africanos e patos-reais, Wang disse com orgulho à Newman que a produção de aves poderia ser facilmente aumentada e que as aves poderiam ser exportadas para o exterior. Wang também enfatizou que a natureza selvagem de seus gansos os tornava particularmente valiosos.

Aqui, a relação entre agricultura e a pesquisa epizoótica em torno dela passa a manifestar uma dinâmica de co-determinação, ainda que em terreno muito diferente do complexo agronegócio-universidades. Como descreve Fearnley, os agricultores de Poyang o tempo todo manipulam a distinção entre animais selvagens e domésticos, por razões econômicas, produzindo novos significados e valores, inclusive em resposta aos próprios alertas epidemiológicos emitidos para evitar tais práticas. A equipe da *One Health*, com a intenção de aprender como cepas recombinantes da influenza realmente surgem, indo por sua vez contra a prática comum, optou por deixar a crise definir a questão do estudo, integrando economia e ecologia.

Integrar as fontes de causalidade. Tal integração deve ir além da introdução de diferentes disciplinas. O antropólogo Steve Hoffman argumenta que a interdisciplinaridade institucionalizada em economias de capital intensivo pode estar a serviço das novas demandas de trabalho das universidades estaduais e privadas orientadas à produção de lucro, assim como às demandas de pesquisa "orientada por problemas" capitaneada por fundações privadas e programa de Pesquisa & Desenvolvimento das corporações (Hoffmann, 2011). Os biólogos Richard Levins e Richard Lewontin incluem os efeitos epidemiológicos colaterais resultantes de uma série de dicotomias ontológicas que cientistas, incluindo epidemiologistas, fazem uso em seus próprios trabalhos: dicotomias entre o acaso e a necessidade, a aleatoriedade e o determinismo, o organismo e o ambiente, a natureza e a sociedade (Levins & Lewontins, 2024).

Uma perspectiva estrutural em *One Health* pode corresponder melhor à dinâmica dos patógenos que estuda, ao inserir-se entre essas divisões. Por exemplo, em uma contribuição vital, o grupo de Leibler investiga a eco-saúde da pecuária industrial, descrevendo vulnerabilidades de doenças em conexões específicas para cada cadeia de valor (Leibler *et al.*, 2009). Algumas conexões da produção avícola, por exemplo, são mais vulneráveis à emergência de surtos de influenza do que outras. Sua análise, tão sofisticada quanto a da *One Health* até o momento, acaba por reproduzir um dos pressupostos problemáticos desse campo de estudos. Embora, como a equipe descreva, a biologia e a economia — a ontogenia das aves e a produção de mercadorias — operem em paralelo, interagindo mesmo entre si, nenhum outro caminho é abordado. A biologia e a economia também se fundem repetidamente em objetos compostos, geralmente com teias complexas de ação humana, de animais e de agentes patogênicos (Harvey, 2013). Wallace, por exemplo, supõe que a gripe aviária tenha convergido ao cronograma de produção do agronegócio, e que o vírus cultive coortes de aves infectadas, não para o mercado, mas para o próximo celeiro de suscetíveis a disposição.[133]

Figura 4: Patos semi-domesticados retornando à sua fazenda hospedeira por vontade própria após um dia no lago Poyang, província de Jiangxi, China, outubro de 2007. Foto de Marius Gilbert.

133 "A gripe fazendeira". In *Pandemia e Agronegócio*. Op. cit.

OPERACIONALIZANDO A *ONE HEALTH* ESTRUTURAL

O grupo do geógrafo Luke Bergmann estende a convergência entre biologia e economia para além de uma única cadeia de mercadorias, na própria tessitura da economia global, na iminência da operacionalização de uma possível *One Health* Estrutural. Em pesquisas recentes, Bergmann e colegas examinaram de que maneira os processos de globalização contribuem para o surgimento e a persistência das doenças. Por meio de uma análise de nicho que sistematiza as covariáveis a serem inseridas para a análise da presença de uma doença, o grupo passou a incorporar o potencial de variáveis ecológicas locais, tal como o uso do solo, a distribuição de espécies hospedeiras e o clima, assim como as variáveis sociais e os termos da interação entre seres humanos e a ecologia. A equipe analisa os papéis desempenhados pelas interconexões globais, além das variáveis potencialmente causais, estas facilmente disponibilizadas tanto em termos práticos quanto conceituais, como varreduras da densidade populacional. Tal abordagem relacional é onipresente nas ciências sociais contemporâneas, mas ainda é sub-representada no interior da perspectiva da *One Health*.

O grupo de Bergmann inclui covariáveis potenciais, pela primeira vez capazes de quantificar o grau de globalização das paisagens agroecológicas locais, como campos e florestas — e os processos naturais e culturais que as cruzam. As paisagens são atravessadas por cadeias transnacionais de mercadorias e circuitos de capital, o que inclui os circuitos financeiros e produtivos, com efeitos locais críticos. O geógrafo David Harvey argumenta que mesmo os mercados globalizados produzem anisotropia nas distribuições no trabalho, da troca e produção (Harvey, 2013) De fato, como observaram os geógrafos econômicos desde Karl Marx, essas polaridades, dinâmicas ao longo do tempo e do espaço, impulsionam inovações na distribuição geográfica do capital, e servem como fontes de lucratividade para mercados de estagnação inerente (Marx, 1983; Sheppard & Barnes, 1990; Magdoff & Foster, 2014). Um local pode, de repente, tornar-se temporariamente propício à produção pecuária de baixo custo e a um comércio vantajoso, por meio de mudanças na tecnologia, nos transportes, no capital fixo, no preço da terra, na demanda efetiva, na concorrência local, na disponibilidade de crédito, na administração, na disciplina do trabalho e no investimento do estado (Harvey, 2013; Leonard, 2014). A nova geografia da produção e os "ajustes espaciais" estabelecem fortes conexões com as transformações das relações entre sociedade e meio ambiente, atingindo todo o comércio global, e, de acordo com hipótese do grupo de Bergmann, com impactos estatisticamente significativos na evolução e disseminação de patógenos. Em conjunto com os precedentes históricos que abordamos anteriormente, a mudança da geografia econômica da pecuária deve redefinir a mistura de oportunidades ecológicas e pressões de seleção evolutiva que atuam sobre infecções.

Ao reconstruir os dados do Global Trade Analysis Project 7, comumente usados para modelar as conexões totais da economia global para fins de negociações comerciais (Narayanan & Walmsley, 2008), o grupo de Bergmann e Holmberg estipula uma pegada agroecológica para o capital (veja a **Figura 5**) (Bergmann, 2013a; 2013b). Os produtos de terras agrícolas, florestas ou pastagens globalizadas contribuem para o consumo ou acumulação de capital em outros países. Outras paisagens são enredadas principalmente nos circuitos locais de produção e troca. Bergmann vai além da caracterização das paisagens que produzem diretamente exportações agrícolas tradicionais, identificando as florestas e os campos que fazem parte das redes de commodities que sustentam empreendimentos que produzem bens e serviços orientados para exportação. Bergmann diferencia ainda o consumo e acumulação estrangeiros de bens agrícolas "diretos" (por exemplo, frutas ou grãos); produtos agrícolas refinados ou processados (tecidos, manteiga de amendoim, produtos à base de carne); bens manufaturados (eletrônicos e veículos); e serviços (transporte aéreo, seguro, educação).

Como essa varredura dos momentos do circuito global de capitais se conecta com as doenças emergentes? Alguma dessas paisagens está melhor conectada a um surto geocodificado, tal como, por exemplo, mostra o Sistema Global de Informações sobre Doenças de Animais EMPRES (EMPRES-i) da FAO, além dos simples mapas de uso global da terra, incapazes de diferenciar por posicionalidade em relação aos circuitos do capital? Pode-se desejar inserir outras variáveis, mas, independentemente disso, essa *One Health* Estrutural em particular busca mais do que meras correlações espaciais entre usos da terra e doenças específicas, o que, como observamos anteriormente, também foi questionado por Robinson e colegas (Robinson *et al.*, 2014). Tal perspectiva deveria ser capaz de diferenciar, por um lado, a proximidade de surtos em relação ao capital transnacional em relação a consumidores e trabalhadores transnacionais, assim como meios de produção locais em relação a capitais locais. Por outro lado, essa abordagem deve ser capaz de ajudar os pesquisadores a desenvolver um conhecimento sobre se as doenças que emergem em paisagens econômicas e ecológicas estão ligadas à agricultura, manufatura ou até a serviços orientados para a exportação. Dada a natureza sinérgica da emergência de doenças, abordagens que vão além do local e que sejam lineares são cada vez mais viáveis e fundamentais para o estudo empírico dos processos sociedade – meio ambiente dentro da *One Health* são fundamentais para o futuro do campo.

Por exemplo, no grupo (ainda em preparação) está usando os circuitos de capital de Bergmann para produzir uma filogeografia estatística de isolados asiáticos de H7 e N9, datados da década de 1980, e assim identificar as vias socioespaciais pelas quais surgiu o novo influenza aviário A (H7N9), detectada pela primeira vez em Xangai em 2013.

A equipe está desenvolvendo uma análise de nicho, a partir do modelos MaxEnt e Boosted Regression Trees, para testar, entre uma série de covariáveis sociais e ambientais codificadas geograficamente, incluindo conexões com os referidos circuitos de capital, caracterizaria os isolados locais e as localidades visitadas pelo vírus, tal como inferido pelas filogeografias (Elith *et al.*, 2011; Van Boeckel *et al.*, 2012b). A escala e os mecanismos do surgimento do H7N9 devem ser elaborados por uma exploração automatizada do espaço de dados multidimensionais sobre o qual a genética viral, localidades e matriz socioecológica estão relacionadas, e não fora de um conjunto estrito de categorias *a priori* (em última instância, arbitrárias).

Este tipo de abordagem envolve uma série de ressalvas – especialmente no que concerne a resolução e disponibilidade dos dados –, pesquisadores, contudo, devem atribuir uma matriz de índices de exportação para cada doença ou cepa incluída em tais análises. Alguns patógenos, como alguns dos vírus de influenza aviária, podem surgir por práticas agrícolas locais ou intersetoriais (ou seja, em uma paisagem em mosaico, de quintal e criação intensiva) (Martin *et al.*, 2011). Outros, como a síndrome respiratória e reprodutiva em porcos e o vírus da diarréia epidêmica suína, são, de forma mais ou menos geral, globalizados em suas ecologias agrícolas, talvez por alguma combinação diretamente relacionada à agricultura e indiretamente relacionada ao setor de bens e serviços manufaturados como, por exemplo, computadores e seguros. Outros podem ainda assumir múltiplas identidades ao longo do tempo e do espaço. Em outras palavras, pela primeira vez, epidemiologistas podem se tornar capazes de testar estatisticamente, pesar numericamente e qualificar as "doenças do agronegócio" ao redor do mundo, o que até agora só pôde contar com caracterizações eminentemente descritivas. De maneira mais geral, a nova abordagem deve oferecer um novo meio, intuitivo e rigoroso, para estruturar o caráter econômico das doenças emergentes.

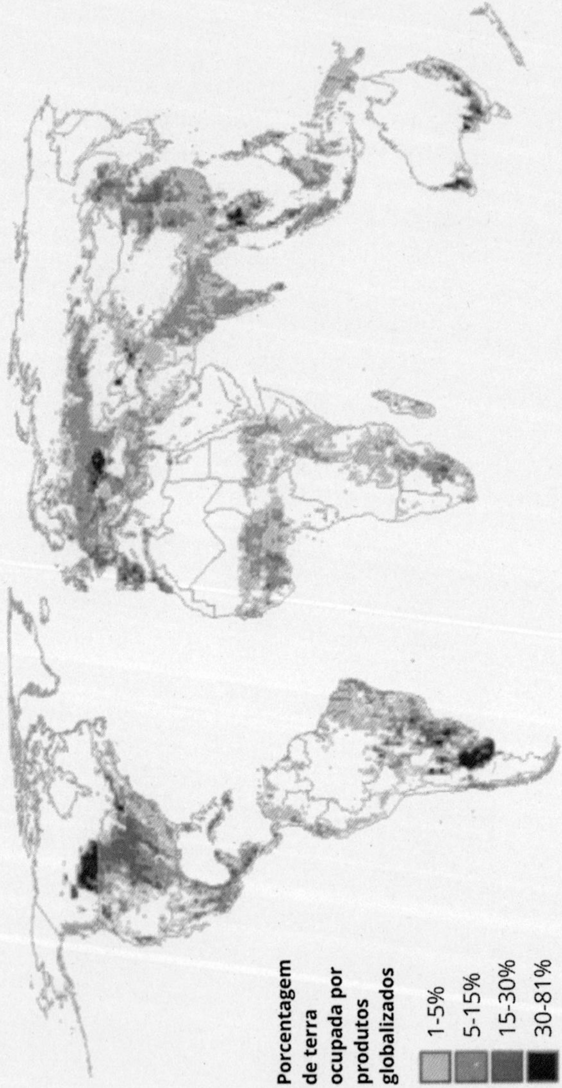

Figura 5: Porcentagem da área da paisagem ocupada por plantações cujos produtos são incorporados como parte das cadeias de *commodities* (agrícolas e outras), e consumidores localizados internacionalmente. (Cálculos de Bergmann & Holmberg)

A perspectiva da *One Health* reintroduz a investigação científica nas questões que suas disciplinas constituintes há muito evitam como problema de caminho epistemológico. Por outro lado, a atual abstração episódica da abordagem parece sobre-determinada no tempo e no espaço, enquanto manobra a causalidade para longe de fontes sistêmicas. Uma perspectiva estrutural em saúde, tal como aqui apresentada, pretende levar a sério todas as fontes de causa e efeito, para além do seu efeito metafórico nos esquemas explicativos, e incluir assim circunstâncias episódicas, contextos históricos e fundamentais na própria prática científica. Demais abordagens estruturais para a saúde de várias espécies permanecem ainda abertas à exploração.

— Revista *Social Science & Medicine*, Março de 2015

PARTE SEIS

Se prestarmos atenção àquilo que escritores e pensadores do século XX afirmam sobre a modernidade e os compararmos àqueles de um século atrás, encontraremos um radical achatamento de perspectiva e uma diminuição do espectro imaginativo. Nossos pensadores do século XIX eram simultaneamente entusiastas e inimigos da vida moderna, lutando desesperados contra suas ambigüidades e contradições; sua autoironia e suas tensões íntimas constituíam as fontes primárias de seu poder criativo. Seus sucessores do século XX resvalaram para longe, na direção de rígidas polarizações e totalizações achatadas. A modernidade ou é vista com um entusiasmo cego e acrítico ou é condenada segundo uma atitude de distanciamento e indiferença neo-olímpica; em qualquer caso, é sempre concebida como um monolito fechado, que não pode ser moldado ou transformado pelo homem moderno.

—Marshall Berman (1982)

Éramos sonhadores, ainda que difíceis de impressionar. Uma combinação atraente. Insiste em seu próprio sistema contábil, mas nunca bate o caixa.

– Megan Hustad (2014)

NEOLIBERALIZAR AS FLORESTAS DO OESTE AFRICANO PRODUZIU UM NOVO NICHO PARA O EBOLA?[134]

Resultados preliminares indicam que pesquisadores desenvolveram uma vacina bem-sucedida contra o *Ebola Makona*, a variante do ebolavírus surgida no Zaire e que produziu um surto regional na África Ocidental (Henao-Restrepo *et al*, 2015). Um ensaio de vacinação em anel, realizado em um grupo randomizado de quase 8.000 pessoas na Guiné e na região descobriu que todos os contatos em torno das infecções confirmadas (assim como os contatos dos contatos) vacinados imediatamente não foram infectados. Por outro lado, dezesseis casos emergiram nos anéis vacinados vinte e um dias depois do caso índice.

Boas notícias, de fato, mesmo que a vacina se mostre menos eficaz nos testes clínicos futuros. As vacinas são uma estratégia de intervenção fundamental para a saúde pública, quando não estão enredadas nas barreiras do mercado, muitas vezes tão eficazes à disponibilidade de tecnologias em saúde quanto qualquer campanha anti-vacinação (Roush et al., 2007; Antona *et al.*, 2013). Uma série de fusões e aquisições concentrou o setor nas mãos de apenas quatro empresas farmacêuticas - GlaxoSmithKline, Sanofi-Pasteur, Merck e Pfizer — no que se refere à produção de vacinas para outras doenças que não o influenza, com foco voltado principalmente para os mercados dos países

134 O artigo a seguir foi escrito por Rob G. Wallace com Richard Kock, Luke Bergmann, Marius Gilbert, Lenny Hogerwerf, Claudia Pittiglio, Raffaele Mattioli e Rodrick Wallace para o *International Journal of Health Services* (Wallace *et al.*, 2016) Algumas questões foram editadas a partir da versão original.

desenvolvidos.[135] Com pouca concorrência, muitas dessas vacinas são muito caras e na prática indisponíveis para os países mais pobres (Pedrique *et al.*, 2013; MacLennan & Saul, 2014; Barocchi & Rappuoli, 2015). O ensaio da vacina contra o Ebola na África Ocidental foi financiado por um convênio não comercial que uniu a OMS, o Wellcome Trust, os Médicos Sem Fronteiras e governos da Noruega e do Canadá.

Existe um risco adicional no sucesso recente. A vacinação é baseada em um modelo molecular de etiologia da doença. Essa abordagem é necessária, é claro. Os vírus e a imunidade interagem no nível molecular, assim como o fazem no nível da pleiotropia, da cognição e através de múltiplos sistemas fisiológico (Wallace, 2002; Van Regenmortel, 2004). De maneira geral, para que uma vacina seja considerada bem sucedida essa abordagem costuma ser considerada como suficiente (Possas, 2001; King, 2002; Leach & Scoones, 2013; Degeling, Johnson & Mayers, 2015). Um animado editorial da revista *Nature*, por exemplo, acrescenta que:

> A vacinação de mais pessoas fornecerá dados para confirmar a sua eficácia. Vacinar famílias, amigos, profissionais de saúde e outras pessoas que entram em contato com pessoas infectadas, pode causar uma interrupção no surto de ebola – a mesma estratégia que foi utilizada para erradicar a varíola na década de 1970. Isto significa que esta vacina pode, antes de tudo, ser implantada imediatamente para ajudar a acabar com a epidemia de Ebola na África Ocidental. Como diz o lema em francês, "*Ebola, ça suffit!*" (Ebola, basta!), é hora de terminar o trabalho (Nature, 2015)

Se ao menos as doenças respondessem de forma consequente a tais apelos heróicos. Muitos patógenos intratáveis, entre eles o HIV, a malária e a tuberculose, agem

135 "New meningitis strain in Africa brings call for more vaccines." New York Times. 31 de julho de 2015. Disponível em: http://www.nytimes.com/2015/08/01/health/new-meningitis-strain-in-africa-brings-call-for-more-vaccines.html .

decididamente de forma muito diferente à varíola e outras doenças que costumam responder a um modelo reducionista de intervenção (Wallace, R & Wallace, R. G., 2004). Em um mundo em que vírus e bactérias evoluem em resposta à infra-estrutura multifacetada da humanidade – agrícola, transporte, farmacêutica, sanitária, científica, política – nossas insuficiências epidemiológicas podem, de maneira fundamental, coincidir com as nossas limitações epistemológicas.

Os patógenos mais complexos, em termos sócio-ecológicos, podem evoluir para estados populacionais que mesmo os pesquisadores mais bem-intencionados não conseguem analisar, mesmo que atendessem apenas às demandas de Pesquisa & Desenvolvimento (Gilbert & Pfeiffer, 2012; Wallace, R. G. *et al.*, 2015). Os modelos de biologia e a doutrina econômica sob a qual eles são produzidos estão frequentemente entrelaçados, atingindo até os formalismos matemáticos (Levins, 2006; Schizas, 2012). Enquanto isso, muitos patógenos traçam seus próprios caminhos, obtendo soluções para intervenções em um nível da organização biocultural com adaptações no outro (Wallace, R. G., 2004). Como resultado, a evolução dos patógenos falha em cooperar com as expectativas do mercado ou com as hipóteses científicas.

EBOLA NEOLIBERAL

O ebola oferece um exemplo arquetípico da separação entre o método e o fenômeno médico.

A variante *Makona* pode até parecer convencional em seu fenótipo, se é que se pode dizer isso de um patógeno tão perigoso, pois possui uma taxa típica de fatalidade de casos, um período de incubação e um intervalo serial, este último caracterizado pelo tempo entre casos sucessivos (OMS, 2014). O vírus transbordou na região há anos.

O grupo de Schosepp (2014) encontrou anticorpos para vários tipos de Ebola em pacientes da Serra Leoa já há cinco anos, inclusive para a espécie do Zaire, a partir da qual a variante do surto evoluiu. No meio tempo, as análises filogenéticas mostram espécies que circulam há uma década na África Ocidental (Dudas & Rambaut, 2014; Gire *et al.*, 2014). Hoenen e colegas mostram que a variante do surto, inicialmente não possuía nenhuma anomalia molecular, com taxas de substituição de nucleotídeos típicas nos surtos de Ebola em toda a África, mesmo quando o Makona se diversificou filogeograficamente, adaptando-se, em grande parte, por deriva antigênica (Simon-Loriere *et al.*, 2015; Carroll *et al.*, 2015; Jun *et al.*, 2015).

Como já mencionado antes, tais resultados explicam a mudança ecotípica do Ebola de uma praga intermitente em florestas, atacando um vilarejo aqui e outro ali, para uma infecção proto-pandêmica que infectou 28.000 pessoas e matou 11.000 pessoas na região, com corpos deixados às ruas nas capitais da região, Monróvia (Libéria) e Conacri (Guiné) (Wallace *et al.*, 2014).[136] Mesmo que o contágio atualmente ocorra a uma taxa abaixo da capacidade de reposição, o surto continua. Milhares de pessoas que sobreviveram à infecção sofrem de sequelas sintomáticas de longo prazo, como doenças oculares, perda auditiva, dores nas articulações, anorexia, dificuldade para dormir e transtorno de estresse pós-traumático, e de acordo com documentação recente em um paciente, o vírus pode ser transmitido por relações sexuais (Clark *et al.*, 2015; Qureshi *et al.*, 2015; Christie *et al.*, 2015; Reardon, 2015).

Alguns estudos afirmam que o ajuste estrutural a que a África Ocidental foi submetida ao longo da última década produziu cortes nos investimentos na infraestrutura da saúde pública que acabou por permitir a incubação do

---

136 Ebola Situation Report. *OMS*. 12 Agosto de 2015. Disponível em:http://apps.who.int/iris/bitstream/10665/182071/1/ebolasitrep_12Aug2015_eng.pdf?ua=1&ua=1.

Ebola na população, uma vez que o transbordamento tenha ocorrido (Kentikelenis *et al.*, 2015; Fallah *et al.*, 2015). Os efeitos, no entanto, se estendem ainda mais na cadeia causal. As mudanças no uso do solo na região das florestas da Guiné, onde surgiu a epidemia de Ebola, também estão ligadas aos empreendimentos neoliberais para a abertura da floresta aos circuitos globais do capital. Aparentemente, o ebola não mudou fundamentalmente, mas a África Ocidental mudou (Gatherer, 2015).

Daniel Bausch e Lara Schwarz (2014) caracterizam a região florestal como um mosaico de populações isoladas de uma variedade de grupos étnicos que detêm pouco poder político e recebem pouco investimento social. A economia e a ecologia da floresta também abriga milhares de refugiados, fugidos das guerras civis nos países vizinhos. A região está sujeita a uma trajetória dupla que une a deterioração da infraestrutura pública aos esforços conjuntos do desenvolvimento privado, que desapropria pequenas propriedades e pastagens tradicionais para dar lugar à mineração, à extração de madeira e à agricultura cada vez mais intensiva.

O epicentro do Ebola está localizado na maior zona de savana da Guiné, descrita pelo Banco Mundial como "uma das maiores reservas de terras agrícolas subutilizadas do mundo" (Morris, Binswanger-Mikhize & Byerlee, 2009). A África Continental abriga 60% da última fronteira agrícola global. O Banco vê a savana como uma oportunidade que poderia ser melhor utilizada com a comercialização no mercado, talvez unicamente através do modelo do agronegócio. Como documenta o Observatório Land Matrix (2015), essas perspectivas estão em processo de atualização. O Observatório lista noventa acordos através dos quais multinacionais apoiadas pelos governo dos EUA adquiriram centenas de milhares de hectares para exportação de produtos agrícolas, biocombustíveis e mineração em todo o mundo, com vários acordos na África Subsaariana. O banco de dados on-line do Observatório mostra acordos de terra semelhantes assinados por outras potências mundiais, incluindo o Reino Unido, França e China.

Sob o governo recém-democratizado da Guiné, a Farm Land of Guinea Limited, com sede em Nevada e apoio do governo britânico, garantiu contratos de arrendamento de noventa e nove anos para duas parcelas que totalizam quase 9.000 hectares, próximo às aldeias de N'Dema e Konindou, na província de Dabola, epicentro do surto de ebola, e 98.000 hectares nas cercanias do vilarejo de Saraya, na província de Kouroussa.[137] O Ministério da Agricultura encarregou agora a Farm Land da pesquisa e mapeamento de 1,5 milhão de hectares adicionais para o desenvolvimento de terceiros. Embora tais aquisições, ainda não operacionais, não estejam diretamente vinculadas ao Ebola, são marcadores de uma complexa mudança de fase na ecologia agrícola que respondem a orientações políticas determinadas, que, de acordo com a hipótese do nosso grupo, teria apoiado o surgimento do Ebola Makona (Wallace *et al.*, 2014)

Em um esforço para conectar esse contexto mais amplo aos dados acumulados sobre a epizoologia do Ebola e a ecologia dos seus hospedeiros, centralizamos nossa investigação sobre o óleo de palma.

Florestas naturais e semi-selvagens de diferentes tipos de palmeiras há muito tempo servem como fonte do óleo de palma vermelho na região das florestas da Guiné (Delarue & Cochet, 2013; Madelaine et al., 2008). Os agricultores florestais cultivam as palmeiras, de uma ou outra forma, há centenas de anos. Os períodos de pousio que permitem a recuperação dos solos, no entanto, foram reduzidos ao longo do século XX, de vinte anos na década de 1930 para dez na década de 1970, um período que continua

137 "Farm Lands of Guinea completes reverse merger and investment valuing the company at USD$45 million." *PR Newswire*. Disponível em: http://www.bloomberg.com/apps/news?pid=newsarchive&sid=a9cwc-86wQ3zQ .

em contração na década de 2000, com o efeito adicional de aumentar a densidade das plantações, mesmo que novas parcelas não sejam abertas. Ao mesmo tempo, a produção semi-silvestre tem sido cada vez mais substituída por híbridos intensivos e o óleo vermelho substituído por, ou misturado com, óleos industriais e óleos de palmiste.

Outros produtos são cultivados na floresta (Madelaine et al., 2008; Fairhead & Leach, 1999). A agricultura de sombra na região inclui café, cacau e noz de cola. Rizicultura de corte e queima, milho, hibisco e cormos no primeiro ano, assim como o amendoim e a mandioca no segundo ano do período de pousio, são plantados nas áreas através de rotação de culturas. As inundações das terras baixas oferecem as condições para a plantação de arroz. Em essência, a região há muito é caracterizada por uma intensificação produtiva sem contudo contar com capital privado, no sentido técnico, e por isso ainda é classificável como agrofloresta.

Até essa justaposição passageira está em transformação. A Companhia Guineense de Palma e Borracha (na sigla francesa SOGUIPAH) surgiu na floresta em 1987 por meio de uma cooperativa para-estatal e depois tornou-se uma empresa estatal (Delarue & Cochet, 2013). A SOGUIPAH lidera os esforços iniciados em 2006 para desenvolver plantações intensivas de palma híbrida para exportação como commodity. A empresa economizou na produção de palma para exportação expropriando à força os produtores rurais, que até hoje continuam a protestar de forma violenta. Durante o surto, uma equipe médica enviada pela SOGUIPAH para informar os habitantes locais sobre o Ebola e distribuir cloro foi recebida com pedras e rapidamente tomada como refém em Bignamou, Yomou, na fronteira com a Libéria.[138] A confiança, assim como o seu

138 "Guinée Forestière: De nouvelles réticences à la lutte contre Ebola à Yomou." *L'Express Guinee*. Disponível em: http://lexpressguinee.com/fichiers/videos5.php?langue=fr&idc=fr_Guinee_Forestiere__De_nouvelles_reticences_a_la_lutte_contre.

colapso, são variáveis eminentemente epidemiológicas (Lomas, 1998).

A ajuda internacional também acelerou a industrialização da floresta. O novo moinho da SOGUIPAH, que dispõe de capacidade quatro vezes maior do que o anterior, foi financiado pelo Banco Europeu de Investimento (Carrere, 2010). A capacidade da instalação levou à falência a extração artesanal que, em 2010, proporcionava pleno emprego às populações locais. O aumento subsequente da produção sazonal levou, ao mesmo tempo, à colheita acima da capacidade do moinho e à operação abaixo da capacidade fora da estação, o que produziu um conflito entre a empresa e seus 2.000 colhedores, agora parcialmente proletarizados, alguns dos quais insistem em processar uma parte de seu próprio rendimento para cobrir as lacunas em suas rendas. Os colhedores que insistem em processar seu próprio óleo durante a estação das chuvas agora correm o risco de serem presos.

A nova geografia econômica configura o clássico caso de expropriação e cercamento de terras, produzindo situações nas quais a tradição do compartilhamento de terras comuns é substituída por situações nas quais os colhedores informais que trabalham em terras de pousios fora da linhagem familiar têm que obter a permissão de proprietários antes de colher as palmeiras (Carrere, 2010; Madelaine, 2005).

Fora do novo regime agrícola, surgiu um arquipélago de plantadores de palmeiras em torno da área de Guéckédou, o aparente marco zero do surto (Wallace et al., 2014). A paisagem é caracterizada por um mosaico de aldeias cercadas por vegetação densa e intercalada por campos de palmeiras e novos trechos de floresta aberta e florestas regeneradas. O padrão geral também pode ser observado em uma escala mais precisa, a oeste da cidade de Meliandou, onde surgiram os casos-índice do novo Ebola.

A paisagem incorpora uma interface crescente entre seres humanos e morcegos frugívoros, que são reservatórios de primeira hora para o Ebola, incluindo morcegos cabeça de martelo, *myonycteris torquata* e os *Morcego*-de-dragona-de-*Franquet* (Pulliam et al., 2012. Olivial & Hayman, 2014; Plowright et al., 2015). O grupo de Shafie (2011) registrou uma variedade de morcegos atraídos por distúrbios causados pela expansão das plantações de palmeiras. Os morcegos migram para a palmeira para obter alimento e abrigo contra o calor, enquanto as trilhas largas nas plantações permitem fácil movimentação entre locais de abrigo e forrageamento. À medida que a floresta desaparece, várias espécies de morcegos mudam seu comportamento de forrageamento em direção à comida e ao abrigo que restou.

O transbordamento também pode ocorrer por meio da caça e nos açougues de carne de animais silvestres, mas o cultivo agrícola é um mecanismo suficiente. O grupo de Anti (2015) relatou que mais de um terço dos participantes da pesquisa em Gana foram mordidos por morcegos, arranhados ou expostos à urina do morcego. O grupo de Plowright (2015) caracterizou as estruturas de poleiro de morcego como propícias à transmissão indireta de vírus por gotículas ou aerossóis e alertou que a exposição contínua "pode levar a uma alta probabilidade de infecção". Os morcegos frugívoros do Bangladesh transmitiram o vírus Nipah à hospedeiros humanos, urinando nas plantações de tâmaras (Luby, Gurley & Jahangir Hossain, 2009). Mesmo a transmissão por meio da caça pode depender da agricultura, ainda que por causas secundárias. Leroy e colegas relatam que, pouco antes do surto em uma aldeia, a caça em larga escala de morcegos propensos ao Ebola ao longo do rio Lulua, no Congo, era realizada nas palmeiras de uma enorme plantação abandonada, frequentada por morcegos há meio século (Leroy *et al.*, 2009).

O grupo de Saéz (2014), desde então, propos que o surto inicial de Ebola na Guiné ocorreu próximo à Meliandou quando crianças, incluindo o possível o caso índice, capturaram e brincaram com morcegos da espécie *Mops condylurus* em uma árvore no local. Esses morcegos insetívoros também foram documentados como portadores do vírus Ebola. Como descrevemos em outro lugar, qualquer que seja a fonte específica do reservatório, as mudanças no contexto agroeconômico ainda figuram como uma causa primária (Wallace, R. *et al.*, 2016). Estudos anteriores mostraram que esses morcegos também foram atraídos pela expansão da produção agrícola comercial na África Ocidental, como a cana-de-açúcar, o algodão e a macadâmia (Noer *et al.*, 2012; Taylor, Monadjem & Steyn, 2013; Stechert *et al.*, 2014).

De fato, quase todos os surtos de Ebola até o momento parecem estar ligados a mudanças no uso do solo, como a exploração madeireira, a mineração e a agricultura, mesmo no primeiro surto em 1976 em Nzara, Sudão onde uma fábrica financiada pelos britânicos processava e tecia algodão local (OMS, 1978; Bertherat et al., 1999; Morvan *et al.*, 2000; Groseth, Feldman e Strong, 2007). Quando a guerra civil do Sudão terminou em 1972, a área foi rapidamente repovoada e grande parte da floresta tropical local de Nzara — assim como a ecologia dos morcegos — foi direcionada para a agricultura de subsistência enquanto o algodão reassumiu o lugar de principal fonte de renda da área (Roden, 1974; Smith *et al.*, 1978). Centenas de morcegos foram encontrados se abrigando na própria fábrica, onde vários trabalhadores foram infectados.

ONE HEALTH ESTRUTURAL

Claramente, esses surtos estão incorporados às ecologias locais, para além das mudanças provocadas pelas ações de empresas específicas em países específicos. A causalidade se estende no espaço e no escopo. Por meio de uma abordagem estrutural em *One Health*, podemos determinar se os circuitos globais do capital, com seus impactos sobre o manejo e o uso do solo, produzindo fortes interconexões em todo o mundo, estão relacionados ao surgimento de doenças (Wallace, 2015).

Algumas paisagens estão enredadas nos circuitos locais de produção e troca. Outras paisagens produzem exportações agrícolas tradicionais. Os mapas de Bergmann (2013) e Holmberg mostram as porcentagens de terras (terras cultivadas, pastagens e florestas) cujas colheitas são efetivamente consumidas no exterior, não apenas diretamente como bens agrícolas, mas também indiretamente, como bens e serviços manufaturados. Além disso, mostram como as florestas e os campos de cultivo da África Ocidental são muito mais globalizados quando vistos da perspectiva do grande investimento e da acumulação de capital estrangeiro que eles, direta e indiretamente, apóiam, mesmo quando comparados ao consumo estrangeiro que sustentam.

Ao apresentar mapas atualizados da pecuária global, o grupo de Robinson relata que:

> À medida que a produção [agrícola] se intensifica, torna-se cada vez mais separada da base de recursos da terra (por exemplo, quando alimentos para ração são importados de lugares completamente diferentes) e, torna, portanto, mais difícil a previsão com base em variáveis espaciais da ecologia agrícola. O efeito é particularmente acentuado no caso da produção de galinhas e porcos, onde os locais das unidades de produção intensiva geralmente têm mais a ver com acessibilidade a mercados de consumo ou de insumos do que com as características da ecologia agrícola da área, quantificáveis através de variáveis detectadas remotamente (Robinson *et al.*, 2014).

Se as paisagens e, por extensão, os patógenos a elas associados, são globalizadas por circuitos do capital, a fonte de uma doença pode ser mais do que apenas o país em que o patógeno apareceu pela primeira vez. Por uma questão de totalidade metodológica, precisamos identificar quais fundos soberanos, empresas estatais, governos e fundos de *private equity* – empresas, desenvolvedores, fundos mútuos, bancos, fundos de pensão, fundos de hedge, doações universitárias e fundos de capital – financiam o desenvolvimento e o desmatamento, que levam ao surgimento de doenças em primeiro lugar (Wallace, et al., 2015).

As implicações, no entanto, são por natureza mais do que técnicas. Uma tal epidemiologia pode sugerir se poderemos caracterizar com mais precisão locais como Nova Iorque, Londres e Hong Kong, principais fontes de capital, como "hot spots" de doenças por si só. As doenças são relacionais em suas geografias, que nunca se limitam às fronteiras de um "hot spot" (Sheppard, 2008; Wallace *et al.*, 2010).

Tal nova abordagem se refere à natureza das campanhas de saúde pública. A atual resposta ao Ebola parece amplamente organizada em torno da separação entre operações isoladas de emergência e intervenções estruturais mais amplas. (Osterholm, Moore & Gostin, 2015). As respostas de emergência são críticas, é claro, mas essa logística é um meio indireto, na maior parte dos casos não intencional, para evitar abordar os contextos fundamentais mais importantes que impulsionam o surgimento de doenças. Isto é, por mais que seus adeptos ignorem de maneira crítica, a omissão é uma característica ideológica relativa à atual ordem político-econômica.

O filósofo István Mészáros (2012) diferencia as chamadas crises episódicas ou periódicas, ocorridas no interior do quadro político-econômico estabelecido, e as crises de fundamento, capazes de afetar o próprio quadro. Nas últimas crises estruturais, que historicamente se desenrolam por meio dos limites internos a uma determinada ordem, as contradições sistêmicas começam a se chocar, umas às outras. Além das referências mal definidas às causas "a montante" (Schar & Daszak, 2014), precisamos reconhecer explicitamente que muitas de nossas emergências, patógenos entre elas, surgem do próprio aparato estrutural convocado para resolvê-las.

A CENTRALIDADE DO "PANO DE FUNDO" FLORESTAL

Uma segunda falsa dicotomia separa o patógeno e o surto de seus campos contextuais. No caso do Ebola, os efeitos determinísticos do patógeno e sua evolução são tratados como se estivessem separados do ruído ecossistêmico da floresta – a soma dos encontros ao acaso entre os vários atores da ecologia agrícola da região. A realidade é muito mais complicada, com redes de causas altamente interligadas e condicionais no tempo, espaço e direção. O evidente "pano de fundo" florestal do qual Ebola e outros patógenos emergem pode na realidade oferecer uma explicação central para o surgimento do surto.

Nosso grupo desenvolveu um simples modelo estocástico diferencial para o crescimento exponencial em uma população de patógenos que inclui o "ruído" de interações ecológicas estocásticas entre e dentro das espécies, de acordo com a complexidade da floresta (Wallace *et al*, 2014; Wallace R. & Wallace, R. G., 2014). Quando está abaixo de um limite, o expoente do ruído é pequeno o suficiente para permitir que uma população de patógenos exploda em tamanho. Quando está acima do limiar, o ruído é grande o suficiente para controlar um surto, frustrando os esforços do patógeno para reunir uma série de suscetíveis e infectá-los acima da reposição.

A hipótese formulada implica que, sob certas condições, a floresta atue como sua própria proteção epidemiológica e quando destruirmos essa capacidade preparamos a próxima pandemia mortal. Quando o ruído funcional da floresta é eliminado, as consequências epidemiológicas são explosivas.

As medidas de controle também são impactadas. Grande parte da intervenção em saúde pública, sejam as práticas sanitárias ou por vacina, visam reduzir um surto abaixo do limiar de uma infecção, o efeito Allee, no qual uma população não pode se reproduzir o suficiente para substituir seus mortos (Hogerwerf *et al.*, 2010). Um patógeno, incapaz de encontrar suscetíveis suficientes para se reproduzir, pode acabar eliminado por conta própria. Mas, neste caso, a mercantilização da floresta pode ter reduzido o limiar ecossistêmico da região a tal ponto que nenhuma intervenção de emergência pode reduzir o surto de Ebola a uma patamar suficiente para alcançar a sua eliminação. De repente, novos surtos expressam maiores forças de infecção. No outro extremo da curva epidemiológica, um surto maduro continua a circular, com potencial de recuperação intermitente (Barbarossa *et al.*, 2015).

Em resumo, as mudanças estruturais do neoliberalismo não são um mero pano de fundo sobre o qual a emergência do Ebola se desenrola. As mudanças são a própria emergência do patógeno, tal como também do próprio vírus. As mudanças no uso da terra provocadas pelas transições no regime de propriedade e produção parecem contribuir de forma fundamental para explicar o surgimento do Ebola especificamente na região. O desmatamento e a agricultura intensiva podem eliminar a fricção estocástica da agrossilvicultura tradicional, que normalmente impede que o vírus produza uma transmissão contínua.

As conexões entre economia e epizoologia podem ser formalizadas de forma mais explícita. Os membros do nosso grupo criaram modelos indutivos para os efeitos do ruído estocástico ambiental sobre os custos financeiros resultantes de um surto sobre a pecuária industrial, por um lado, e sobre a produção de agricultura ecológica, por outro (Wallace *et al.*, 2016). Adaptamos a abordagem Black-Scholes à precificação de opções em finanças para modelar o custo em recursos necessário para controlar surtos epizoóticos nos dois modelos de produção (Black & Scholes, 1973).

Nosso modelo mostra que os custos dependem de uma constante de proporcionalidade, que amortece o ruído ambiental. Se a constante for efetivamente zero, como ocorre na produção agroflorestal, o custo do controle da epidemia aumentará apenas à medida que precise acompanhar a estocástica politicamente orientada. Se a constante exceder zero, como ocorre na maior parte da produção industrial, o custo será dominado pelo crescimento linear na estocástica. Em resumo, os custos financeiros gerais de um surto – incluindo custos diretos e de ocasião – dependem dos impactos da política agroeconômica na estocástica ambiental. As epizoologias inerentemente explosivas da agricultura de commodities – como sempre realizadas por meio da bio-contenção – pressupõe custos exorbitantes.

Embora a contenção exija testes de campo, o surto de Ebola na África Ocidental pode sugerir algo. O grupo de Bartsch (2015) estima os custos sociais diretos de todos os casos na Guiné, Libéria e Serra Leoa até meados de dezembro de 2014, entre 82 e 356 milhões de dólares.

A VONTADE POLÍTICA POR OUTRO CAMINHO DE PESQUISA

Para testar essas várias hipóteses, poderíamos combinar sensoriamento remoto, dados demográficos e dados comerciais para projetar espacialmente o risco de outro surto sobre a zona da savana da Guiné na África. Por várias abordagens espaciais, com possíveis análises de superfície, poderíamos projetar o risco zoonótico do Ebola para toda a região com base em diversos fatores sócio-ecológicos, como reservatórios de hospedeiros, infraestrutura de saúde, densidade e mobilidade da população humana, mudanças no uso do solo e consumo e acumulação do capital globalizado através de campos de cultivo locais, pastagens e florestas locais, com ênfase particular em como tais fatores podem ter evoluído ao longo do tempo.

Poderíamos desenvolver estudos político-econômicos históricos para as áreas identificadas pelos modelos de projeção que correm risco de novos surtos de Ebola. Cada área de risco é caracterizada por suas próprias trajetórias sociais e agroeconômicas específicas para os locais. Trabalhando com comunidades locais e agências de apoio, poderíamos fazer visitas a locais já afetados por surtos e, uma vez produzidos os mapas de risco, visitar áreas projetadas como de maior risco. Embora essas visitas ao local tenham sido feitas anteriormente para o Ebola, nenhuma delas incorporou a agroeconomia global mais ampla no centro das mudanças no uso do solo como fator de disseminação da doença. Também não foram feitas visitas a áreas de risco projetadas.

Resta saber, contudo, se diante dos atuais imperativos das pesquisas existe vontade política para financiar um projeto apoiado nesse conjunto de premissas. O conceito de biologia dos patógenos pode atuar tanto como estímulo quanto como freio a novas intervenções em saúde pública. Inconscientemente ou não, a nova vacina contra o Ebola também é atualmente aplicada como uma proverbial inoculação contra a discussão dos impactos do neoliberalismo sobre os patógenos mortais, já que é uma somatória bem-vinda ao arsenal da saúde pública (Degeling, Johnson & Mayes, 2015). No fundo, as duas condições são uma equivalência falsa, seja como prática seja como proposição. Bloquear o surto do Ebola por meio de uma vacina não faz desaparecer o contexto social que impulsiona a sua própria circulação. Na realidade, ignorar a última condição aumenta a probabilidade da vacina falhar, tanto no nível molecular quanto no nível socioeconômico (Van Regenmortel, 2004; Wallace, R. & Wallace, R. G., 2004; Wallace, 2008).

À medida que o Ebola e outros patógenos evoluem a partir de nossas respostas tecnológicas, a própria matriz agroeconômica, um espectro global, aparece como a causa crítica que as ciências da saúde estão deixando em grande parte de fora do problema. Não deveria ser esse o caso.

— *International Journal of Health Services*, Janeiro de 2016

PARTE SETE

H5N1: EM DIREÇÃO À PANDEMICIDADE

Sobrepondo-se ao recente surto de COVID-19, a gripe aviária H5N1 parece aproximar-se cada vez mais de uma pandemia letal.

O Centro de Controle de Doenças relatou o primeiro caso grave de infecção por H5N1 nos EUA. Trata-se de uma cepa diferente daquela que circula entre rebanhos bovinos e aves domésticas.

Deve-se recordar, no entanto, que um conjunto similar de cepas está atualmente em experimentação entre espécies hospedeiras. Notícias já dão conta de infecções nos EUA para gado bovino, suíno, aves domésticas, mamíferos silvestres e aves selvagens.

Se categorizamos os surtos em compartimentos estanques, corremos o risco de perder o ponto central: o vírus está decifrando o problema humano por meio de uma forma de computação paralela.

O CDC declara não haver evidências disponíveis no momento de que este novo H5N1 tenha sido transmitido entre seres humanos, mas a propagação quase radioativa de transbordamentos contínuos para a população humana e os repetidos exemplos de fazendas inteiras de trabalhadores infectados indicam que cadeias de transmissão humana, ainda que curtas, provavelmente estão em ação.

Com efeito, a área positiva no mapa de águas residuais dificilmente representa apenas escoamento superficial da pecuária.

Uma reportagem da ABC News declara:

> Dados genômicos mostraram que o paciente da Louisiana foi infectado com uma versão do vírus recentemente

encontrada em aves silvestres e domésticas nos EUA, bem como em alguns casos humanos no Canadá e no estado de Washington, de acordo com o CDC.

Esta é diferente da versão do vírus encontrada circulando em vacas leiteiras e em algumas populações de aves domésticas nos EUA.

O paciente da Louisiana teve exposição a aves doentes e mortas em criações de quintal, embora uma investigação sobre a fonte da doença esteja em andamento, disse o CDC. Este é o primeiro caso de gripe aviária humana nos EUA vinculado à exposição a criações de quintal [...]

Quase todos os casos confirmados tiveram contato direto com gado infectado ou com animais infectados. Antes do caso confirmado no paciente da Louisiana, os casos haviam sido leves e todos os pacientes se recuperaram após receber medicação antiviral, de acordo com o CDC e autoridades estaduais de saúde. Um paciente de um caso anterior, no Missouri, foi hospitalizado, mas autoridades de saúde apontaram outras condições de saúde, além da infecção por gripe aviária, envolvidas em sua internação.

Sinais e sintomas de infecção em seres humanos geralmente incluem dor de garganta, tosse, febre, nariz escorrendo ou entupido, dor de cabeça, dores musculares ou no corpo, fadiga e falta de ar, diz o CDC. Sintomas menos comuns incluem náusea, vômito, diarreia e convulsões."[139]

— *Facebook*, 18 de dezembro de 2024

139 "CDC confirms 1st case of severe bird flu in US", *ABC News*. 18 de dezembro de 2024. Disponível em: https://abcnews.go.com/Health/cdc-confirms-1st-case-severe-bird-flu-us/story?id=116908574

CAPITALISMO DE DESASTRE

Um jornalista pediu meus "breves comentários" sobre o plano do USDA para combater a influenza aviária sob Trump. Eles se tornaram mais do que breves enquanto eu analisava o contexto mais amplo do momento.

Em um artigo de opinião no Wall Street Journal[140] na semana passada, a Secretária de Agricultura Brooke Rollins[141] ofereceu uma estratégia de cinco vertentes para controlar o atual surto de H5N1 em um esforço para "restabelecer a estabilidade ao mercado de ovos nos próximos três a seis meses".

O plano de 1 bilhão de dólares que Rollins descreve oferece metade[142] do que a administração Biden gastou em seus próprios esforços inadequados para controlar o surto.

Há uma presunção implícita no artigo de Rollins de que o surto imediato é a única causa para o aumento dos preços dos ovos. Rollins não menciona a "ganancio-inflação" adicional documentada no setor alimentício[143] na elevação dos preços dos alimentos desde o início da pandemia de COVID, nem o aumento secular nos preços dos ovos desde 2000.[144]

---

140 "Agriculture Secretary Brooke Rollins: My Plan to Lower Egg Prices". *WSJ.* Disponível em https://www.wsj.com/opinion/agriculture-secretary-brooke-rollins-my-plan-to-lower-egg-prices-6be0f881

141 [N.E].: Secretária de Agricultura dos EUA em 2025. Entre 2003 e 2018 ela comandou a organização conversadora Texas Public Policy Foundation.

142 "How America lost control of the bird flu and raised the risk of another pandemic". *PBS.* Disponível em: https://www.pbs.org/newshour/health/how-america-lost-control-of-the-bird-flu-and-raised-the-risk-of--another-pandemic

143 "Are greedy companies to blame for grocery inflation? We looked at the data". *NPR.* Disponível em: https://www.npr.org/2024/09/09/nx-s1-5103935/grocery-prices-inflation-corporate-greedflation

144 https://fred.stlouisfed.org/series/APU0000708111

Tampouco menciona o fracasso histórico[145] dos esforços de autorregulação da indústria de ovos no controle de doenças.

A Secretária Rollins também não aborda o modelo de produção que externaliza[146] as perdas por surtos dos balanços patrimoniais das empresas e as transfere para produtores integrados (Leibler, Otte & Silbergeld, 2008) pelas aves mortas diretamente pela gripe aviária e para o contribuinte dos EUA pelos abates preventivos. Tal arranjo permite que a gripe aviária continue a se espalhar sem perdas nos lucros para o agronegócio.

Rollins também não comenta sobre a possibilidade de que reverter os abates[147] não terá impacto no auxílio ao desenvolvimento de resistência natural pelas aves de produção, uma vez que as aves industriais não se reproduzem no local. Ao isolar a reprodução no nível de avós genéticas no exterior, o agronegócio removeu a seleção natural como um serviço ecossistêmico gratuito para desenvolver resistência a patógenos circulantes em tempo real.

Rollins também não profere uma única palavra sobre a potencial pandemia letal que o H5N1 agora em circulação representa, como se o aumento dos preços dos ovos fosse o único perigo aqui.

O surto atual representa mais do que uma emergência passageira. Ele personifica o maior buraco negro de saúde e economia no coração do modelo atual de produção de alimentos. Tratar a base material da qual nossa sobrevivência depende como se fosse apenas uma tema da indústria está ajudando a destruir nossa ecologia e relações sociais (Giraldo, 2019), em conjunto, os fundamentos da nossa civilização.

---

145 "A dúzia podre" in *Pandemia e Agronegócio*, op. cit.

146 "Collateralized Farmers". *Farming Pathogens*. Disponível em: https://farmingpathogens.wordpress.com/2014/05/08/collateralized-farmers/

147 "U.S. officials walk back plans to stop culling poultry for bird flu". *CBS News*. Disponível em: https://www.cbsnews.com/news/bird-flu-us-officials-walk-back-plans-to-stop-culling-poultry/

O surto não é um solavanco. A gripe suína H1N1 de origem norte-americana tornou-se pandêmica em 2009, o H3N2v suíno circulou em 2011,[148] e o H5N2 atingiu milhões de aves domésticas em 2015. Outras influenzas de animais de produção,[149] incluindo vários novos H5Nx desde 2022[150] e surtos expansivos de *Salmonella* e *Campylobacter* também marcam a frequência crescente (Marani *et al.*, 2021) e a extensão espacial[151] que os patógenos empreenderam nas últimas duas décadas.

Há outros perigos de doenças específicos da produção industrial de alimentos, incluindo peste suína africana, *Cryptosporidium*, *Cyclospora*, Ebola, *E. coli* O157: H7, febre aftosa, hepatite E, *Listeria*, vírus Nipah, febre Q, *Vibrio*, *Yersinia* e uma variedade de outras variantes novas de influenza A, incluindo H1N2v, H6N1, H7N1, H7N3, H7N7, H7N9 e H9N2.

[illegible]

Um dos aspectos da gripe aviária que poucos conseguem compreender totalmente são os números envolvidos. Os EUA criaram 9,4 bilhões de frangos de corte[152] apenas em 2023. Isso significaria que qualquer plano para

148 "H3N2v and You". *CDC*. Disponível em: https://archive.cdc.gov/www_cdc_gov/flu/swineflu/variant/h3n2v-basics.htm

149 "Confirmed Novel Influenza A Virus Infections". *Fluview Interactive*. Disponível em: https://gis.cdc.gov/grasp/fluview/Novel_Influenza.html

150 "Detections of Highly Pathogenic Avian Influenza in Mammals". *USDA*. Disponível em: https://www.aphis.usda.gov/livestock-poultry-disease/avian/avian-influenza/hpai-detections/mammals

151 "CDC: More food poisoning outbreaks cross state lines" *KSL News*. Disponível em: https://www.ksl.com/article/37217542/cdc-more-food-poisoning-outbreaks-cross-state-lines

152 "Broiler Chicken Industry Key Facts 2024". *National Chicken Council*. Disponível em: https://www.nationalchickencouncil.org/chicken-processors-redoubling-efforts-to-keep-essential-workers-safe-and-healthy/

vaciná-los[153] todos em sua programação de produção atual envolveria vacinar 1,08 bilhão de aves *a cada seis semanas*.

Tal escala de intervenção poderia exercer pressão significativa sobre o vírus para evoluir resistência, de forma muito semelhante à maneira como a linhagem H5N1 Fujian evoluiu[154] a partir de vacinação similar na China nos anos 2000.

Se o governo federal optar por supervisionar ou contratar um número significativamente menor de vacinações, entramos mais no campo do sarampo no Texas,[155] onde o vírus ainda encontra amplo espaço epidemiológico para se transmitir. E isso nos colocaria exatamente de volta ao tipo de estratégia medíocre que a administração anterior perseguiu, testando vacas em transporte interestadual[156] e abatendo lotes infectados[157] ou aqueles próximos a surtos, mesmo com o vírus podendo saltar repetidamente junto com as remessas de hospedeiros (Wallace *et al.* 2010) muito além de áreas espacialmente próximas.

Se, por outro lado, o foco estiver nos preços dos ovos e a campanha de vacinação for direcionada apenas às galinhas poedeiras, os bilhões de frangos de corte não vacinados poderiam continuar a servir como um grande reservatório para transbordamentos repetidos (Dent *et al.*, 2008) para os galpões de poedeiras.

---

153 "U.S. conditionally approves vaccine to protect poultry from avian flu". *Science*. Disponível em: https://www.science.org/content/article/u-s-conditionally-approves-vaccine-protect-poultry-avian-flu

154 "New H5N1 Strain Emerges in Southern China" Science. Disponível em: https://www.science.org/doi/full/10.1126/science.314.5800.742

155 "Federal Officials Underplaying Measles Vaccination, Experts Say". *New York Times*. Disponível em: https://www.nytimes.com/2025/03/02/health/measles-vaccination-texas-kennedy.html

156 "USDA Actions to Protect Livestock Health From Highly Pathogenic H5N1 Avian Influenza" *USDA*. Disponível em: https://www.usda.gov/about-usda/news/press-releases/2024/04/24/usda-actions-protect-livestock-health-highly-pathogenic-h5n1-avian-influenza

157 "How America lost control..", op. cit.

Tudo isso supõe que as vacinas apropriadas possam ser desenvolvidas.

A vacinação certamente é parte de qualquer conjunto de ferramentas de possíveis intervenções. E as vacinas para o atual clado 2.3.4.4b do H5N1 parecem eficazes (Tseng *et al*, 2014). Mas a vacinação é uma intervenção reacionária, no sentido de que inoculações específicas para uma variante atual normalmente são desenvolvidas e implementadas somente após a infecção de milhares, senão milhões de hospedeiros anteriormente. E às vezes isso é tarde demais, sem mencionar de questões de controle de qualidade.[158] O setor de Pesquisa & Desenvolvimento dos EUA fracassou completamente em desenvolver uma vacina a tempo (Kapczynski *et al.*, 2017) para o surto de H5N2 uma década atrás.

Outros países *de fato* perseguem uma estratégia de controle baseada na vacinação. China e Vietnã (Tian *et al.*, 2010) por exemplo. Por razões culturais, a Tailândia adota (Wallace *et al.*, 2015) prevenção, abate e minimização de mercados de aves vivas. Seja qual for a estratégia que escolhem, esses países dedicam a governança e a infraestrutura de saúde animal necessárias para serem bem sucedidos. Deixando de lado a questão fundamental de saber se antes de tudo, a criação do tipo de aves industriais que impulsiona a evolução da gripe aviária (Gilbert et al., 2017) deveria existir, esses países só têm sucesso porque igualam a escala da intervenção de biocontrole à escala do problema.

A secretária Rollins, em contraste, afirma que o financiamento para o programa do USDA será encontrado por meio de economias DOGE extraídas da própria instituição do USDA e de programas departamentais financiados pelo Congresso ou subsídios já concedidos a agricultores, ONGs, agronegócio e universidades land-grant.

158 "Why Some Avian Influenza Vaccines Fail". *USDA*. Disponível em: https://agresearchmag.ars.usda.gov/2015/may/vaccines/

Portanto, o novo plano para controlar a gripe aviária também visa dizimar a administração e as intervenções não farmacológicas necessárias para fazer uma campanha de vacinação funcionar (Gozzi *et al.*, 2021). Exatamente os tipos de lacunas em campanha, infraestrutura e intervenção mais estrutural (Okamoto *et al.*, 2022) que levaram ao fracasso da campanha da vacina contra COVID (Kominers & Tabarrok, 2022)

A troca representa algo análogo a alimentar um famélico enquanto seus braços são cortados. As pessoas meio que precisam desses braços para se servirem na próxima refeição.

Rollins propõe meio bilhão de dólares para implementar a biossegurança do "padrão ouro", prometendo cobrir 75% dos custos para cada fazenda.

Existem 168.048 fazendas[159] (2022) vendendo aves e ovos, abrigando 384 milhões de galinhas poedeiras[160] (2023), variando, nas operações maiores em linha, de 50.000 aves a 6 milhões.[161] Embora algumas operações já possam ter instituído a biossegurança do "padrão ouro", 500 milhões de dólares para 168.048 fazendas significam míseros 2.975 dólares por fazenda.

O financiamento cobrirá o objetivo declarado?

Há dois problemas administrativos adicionais. Ao tornar este um programa de adesão, os agricultores devem optar por participar (Porter, 2019), com a sobrecarga

159 "Poultry and Egg Production". Census of Agriculture 2022. Disponível em: https://www.nass.usda.gov/Publications/Highlights/2024/Census22_HL_Poultry.pdf

160 "Chickens and Eggs". USDA. Disponível em: https://downloads.usda.library.cornell.edu/usda-esmis/files/fb494842n/np194x051/dv141d36t/ckeg0124.pdf

161 "US Poultry Industry Manual - laying hen numbers and location". *The Poultry Site*. Disponível em: https://www.thepoultrysite.com/articles/laying-hen-numbers-and-location

administrativa e 25% dos custos adicionais para cobrir. Apenas as maiores operações provavelmente serão capazes de cobri-los, exercendo pressão adicional sobre a contínua consolidação de fazendas (MacDonald, 2020).

Os patógenos já foram transformados em arma dessa forma antes. O ecologista de doenças Luis Chaves (2013) já demonstrou que doenças em agricultores podem forçar pequenos produtores a vender suas terras para proprietários maiores. O grupo de Maciej Boni (2013) modelou o mesmo em certos níveis de abate em resposta a surtos.

Apesar das garantias que vão contra o argumento de Rollins, "padrão ouro" é mais um termo técnico centrado em "pensamento positivo", por mais bem-intencionado que seja, do que em epizootiologia documentada. No surto de 2015, os agricultores foram aconselhados por meses[162] sobre a necessidade e os meios de biossegurança e ainda assim não conseguiram impedir a propagação do H5N2.

Por quê? O vírus havia evoluído a partir do próprio do modelo de produção (Wallace, 2020). No curso da industrialização da produção avícola, o agronegócio nos EUA e no resto do mundo industrializou os patógenos que circulam entre lotes e rebanhos.

A influenza aviária altamente patogênica evolui para maior letalidade e infecciosidade quanto mais aves são amontoadas, menos diversidade genética compartilham, mais rápido é seu ciclo de produção e maior é o estresse que deprime a função imunológica. Tudo isso é alimento para as cepas de gripe mais mortais.

A produção "tudo-dentro/tudo-fora", uma tentativa de controlar surtos criando coortes em lotes, pode introduzir ótimos de transmissão no nível do galpão ou da fazenda. A prática pode selecionar um limiar de infecção populacional por galpão que se alinha com os tempos de abate que a indústria define para seus rebanhos ou lotes. Isto é, cepas bem-sucedidas evoluem histórias de vida que matam

162 "Made in Minnesota", In: *Pandemia e Agronegócio*, op. cit.

animais de produção próximos ao abate, quando o rebanho é mais valioso para os agricultores.

Muito antes dos trabalhos mais recentes (Nagy, Černíková & Sedlák, 2025) já sabíamos que o H5Nx se espalha por fômites no vento (Zhao *et al.*, 2019). O agronegócio busca agora galpões hermeticamente selados com pressão negativa ou positiva[163] e filtros no ar que entra, sai ou ambos. Cercas de perímetro, prova de roedores, maquinário dedicado por galpão, incineração ou compostagem de animais mortos, refeitórios separados e outros esforços de biossegurança – e ainda assim os patógenos se espalham.

Fazendas que exigem biossegurança rigorosa estão tipicamente agrupadas espacialmente em partes específicas dos estados dos EUA devido a economias de escala internas à empresa e regulamentação local de uso da terra (Roe, Irwin & Sharp, 2002) produzindo super-epidemiologias que se estendem além da capacidade de qualquer uma fazenda (Leibler *et al.*, 2009) de controlar um surto, com impactos decisivos sobre o transbordamento humano e a aptidão do patógeno. Ao cabo, milhões de aves suscetíveis disponíveis para infectar.

Isso significa que a escala adequada de intervenção não é apenas uma fazenda ou outra, mas requer o tipo de planejamento regional (Spencer, Marasco & Eichinger, 2021) que a saúde pública e animal dos EUA abandonaram como uma questão de princípio anti-Estado (Gellert, 2021), transformando a saúde no individualismo "cada um por si" (Gellar, 2022) de – no caso das fazendas – lavar caminhões, higiene e uso equipamentos de proteção.

Os vírus também podem se recusar a cooperar ao longo de dimensões temporais. Algumas dinâmicas epizootiológicas são tão irregulares e imprevisíveis (Kennedy, Dunn & Read, 2018) que a possibilidade de erradicação é eliminada,

163 "The Positives and Negatives of Negative and Positive Pressure Filtration". *Pork Business*. Disponível em: https://www.porkbusiness.com/news/hog-production/positives-and-negatives-negative-and-positive-pressure-filtration

quaisquer que sejam os esforços de controle de doenças desenvolvidos.

Em 2015-2016, produtores de patos e gansos da França foram atingidos (Briand *et al.*, 2018) em dezoito departamentos do sudoeste por surtos simultâneos de influenza altamente patogênica H5N1, H5N2, H5N3 e H5N9. Em resposta, os avicultores se mobilizaram[164] para acabar com a produção industrial com base na ideia de que as práticas de biossegurança há muito perseguidas eram insuficientes para o biocontrole. Em contraste com a produção dos EUA, produtores franceses naquela época propuseram a introdução de intervalos de quatro meses entre lotes, durante os quais os agricultores deveriam limpar e desinfetar seus galpões, um período de tempo que efetivamente teria terminado[165] com o lugar da França na corrida global pelo menor custo em produções ecológicas.

Doenças infecciosas, poluição e abuso de trabalhadores rurais são parte integrante das *deseconomias* de escala do setor, que nenhum ajuste nos modos de produção pode erradicar. As relações de produção que causam esse dano são mantidas, pois os lucros envolvidos servem como a diretriz primordial do sistema. Dependendo, no entanto, de quem detém o *locus de controle* – agricultores ou os fornecedores de insumos e compradores finais multinacionais.

Os adicionais US$ 400 milhões em auxílio financeiro que Rollins promete aos agricultores cujos lotes foram atingidos pela gripe aviária, juntamente com a promessa

164 "Face à la grippe aviaire, les éleveurs du Sud-Ouest se remettent 'en ordre de marche'". *Le Monde*. Disponível em: https://www.lemonde.fr/economie/article/2016/04/29/face-a-la-grippe-aviaire-les-eleveurs-du-sud-ouest-se-remettent-en-ordre-de-marche_4910900_3234.html

165 "Industrial production of poultry gives rise to deadly strains of bird flu H5Nx". Institute for Agriculture and Trade Policy. Disponível em: https://www.iatp.org/blog/201703/industrial-production-poultry-gives-rise-deadly-strains-bird-flu-h5nx

de aprovação mais rápida para reiniciar as operações após um surto, oferecem a possibilidade irônica de *piorar* o surto.

Em vez de cobrir as contas e hipotecas dos agricultores no equivalente a um confinamento até que o surto passe, o USDA de Rollins visa cobrir os agricultores apenas o suficiente para colocá-los de volta na produção para manter a carne e os ovos no mercado baratos. Epidemiologicamente, no entanto, os agricultores estariam apenas reposicionando outro conjunto de pinos suscetíveis para a bola de boliche viral ainda quicando pelas estradas rurais.

Rollins também promete reverter os requisitos mínimos de espaço da Califórnia[166] para aves em um esforço para reduzir o preço dos ovos. Tais esforços aumentariam as próprias densidades de galinhas que ajudam a espalhar a gripe aviária que ela alega estar impulsionando os preços dos ovos.

Os epidemiologistas Alexis Delabouglise e Maciej Boni descrevem (Delabouglise & Boni, 2018) uma perversidade similar ao intervir em um surto que circula por uma economia agropecuária altamente espacializada. Seu foco está nos pequenos produtores vietnamitas que comercializam regionalmente pintinhos, ração e aves abatidas, mas as complicações podem se aplicar a economias mais formalizadas como a dos EUA, sobre as quais pouco desse tipo de modelagem foi conduzida:

> No caso de alta transmissão baseada em comércio, a prática de despovoamento tem efeitos epidemiológicos perversos – pois acelera a propagação da doença via comerciantes de aves – mas tem um retorno alto o suficiente para os agricultores, persistindo no equilíbrio teórico do jogo do sistema. Nesta situação, as intervenções estatais devem se concentrar em disponibilizar tecnologias

166 "California passes Proposition 12, which means only cage-free eggs can be sold in the state", *Mic.* Disponível em: https://www.mic.com/articles/192321/california-passes-proposition-12-which-means-only-cage-free-eggs-can-be-sold-in-the-state#.wYpFgQufS

de vacinação eficazes a um preço baixo, em vez de penalizar fazendas infectadas...

Pesquisas qualitativas citadas por Delabouglise e Boni relatam que os agricultores fazem uma interpretação particular do contexto da gama de intervenções epidemiológicas:

Um estudo de campo recente sugeriu que a tomada de decisão dos avicultores pode ser afetada por considerações altruístas, aversão ao risco, preferência temporal e a influência de outros atores na cadeia de valor avícola. Os produtores estão preocupados com o bem-estar de avicultores vizinhos com os quais têm conexões sociais/familiares. Por essa razão, eles podem estar mais inclinados ao despovoamento do que nosso modelo prevê, pois o despovoamento seria percebido como capaz de reduzir a transmissão local da doença. Por outro lado, a aversão ao risco pode favorecer a vacinação em relação ao despovoamento.

Foi demonstrado no Vietnã que os avicultores cooperam principalmente com fornecedores locais de ração e pintinhos para gerenciar doenças avícolas, em parte porque esses atores vendem ração a crédito para os produtores, dando-lhes influência econômica sobre seus clientes. Esses fornecedores de pintinhos podem perceber o comportamento de despovoamento como vantajoso para eles, pois aumenta a demanda por pintinhos e limita a propagação local da doença, preservando, portanto, a produção avícola em sua área de venda.

No final das contas, se, apesar das mais de 300 milhões de galinhas poedeiras, os EUA se veem reduzidos a importar milhões de ovos da Turquia[167] e de outros países, como Rollins promete, o preço dos ovos não é a única acusação contra o sistema.

---

167 "Agriculture Department Looks to Import Eggs as Prices Soar", *New York Times*. Disponível em: https://www.nytimes.com/2025/02/26/us/politics/egg-prices-us-imports.html

Poderíamos fazer muito melhor. Adotar um modelo de queijo suíço[168] de intervenção que sobreponha proteções (Wallace & Motarjemi, 2023) contra a propagação da gripe aviária de múltiplas formas: não apenas no nível do trabalhador rural individual ou do consumidor, mas por toda a cadeia,[169] passando pela gestão, propriedade e planejamento regional.

Sim, perseguir a biossegurança galpão por galpão. Adotar abate, vacinação ou ambos, mas na escala do problema, como outros países fazem e sem a hesitação (Wallace, 2021) que prejudica *qualquer* estratégia que escolhermos. Colocar funcionários de saúde pública no comando do enfrentamento aos surtos, ao invés de representantes do agronegócio (Wallace *et al.* 2020). O primeiro objetivo deve ser parar o surto, não externalizar seus custos em favor do lucro ininterrupto do setor.

Adotar o tipo de legislação[170] que Nebraska está considerando para proteger a saúde e as finanças dos produtores integrados, trabalhadores rurais e trabalhadores de frigoríficos que frequentemente servem como ligação da infecção de animais de produção para a população em geral.

Em uma perspectiva mais ampla, como parte de um programa maior, precisamos reintroduzir a agrobiodiversidade para atuar como uma série de corta-fogos imunológicos contra a evolução e propagação desses patógenos mortais. Para esse esforço, precisamos devolver muito do controle sobre o que cultivar, de volta aos agricultores e

---

168 "The Swiss Cheese Model of Pandemic Defense", *New York Times*. Disponível em: https://www.nytimes.com/2020/12/05/health/coronavirus-swiss-cheese-infection-mackay.html

169 "The Swiss Cheese Model 5.3", *Global Center for Health Security*. Disponível em: https://www.unmc.edu/healthsecurity/transmission/2022/11/15/the-swiss-cheese-model-5-3/

170 "Proposal aims to beef up ag worker protections in Nebraska, lower egg costs", *Nebraska Examiner*. Disponível em:https://nebraskaexaminer.com/2025/02/25/proposal-aims-to-beef-up-ag-worker-protections-in-nebraska-lower-the-cost-of-eggs/

comunidades agrícolas,[171] em vez de deixar o controle nas mãos de fornecedores de insumos e compradores finais de fora dos estados.

No entanto, podemos ver um jogo final diferente nos planos do USDA para a gripe aviária. A crise de um surto está sendo implantada como uma jogada no capitalismo de desastre.[172] O objetivo parece ser mais posicionar a gripe aviária para contra-atacar os esforços de corrigir do modelo de produção que causou o desastre em primeiro lugar.

A estratégia parece feita sob medida para o desfecho fascista[173] do programa neoliberal. O objetivo da classe dominante aqui é lucrar no final do ciclo de acumulação[174] dos EUA. Quer o projeto chamado Estados Unidos da América continue ou não.

– *Patreon*, 3 de março de 2025

171 Across the Fence: Midwest farmers talk health, finances, COVID-19, and climate. Midwest Healthy Ag. Disponível em: https://drive.google.com/file/d/1g3b63Dft9tVNMfY4N0w9qD4FBTc-ok4p/view

172 "Naomi Klein: how power profits from disaster", the Guardian. Disponível em: https://www.theguardian.com/us-news/2017/jul/06/naomi-klein-how-power-profits-from-disaster

173 "Ignawguration", Patreon, Disponível em: https://www.patreon.com/posts/ignawguration-120475222

174 "II.3 Systemic cycles of accumulation of capital", *Empire without Emperor*. Disponível em: https://empirewithoutemperor.wordpress.com/world-system-theory/ii-3-systemic-cycles-of-accumulation-of-capital/

REFERÊNCIAS BIBLIOGRÁFICAS

ALLEN, J.; LAVAU, S. 'Just-in-Time' Disease: biosecurity, poultry and power. **Journal of Cultural Economy**, v. 8, n. 3, p. 342-360, 2014.

ALLINA-PISANO, J. **The Post-Soviet Potemkin Village: Politics and Property Rights in the Black Earth**. New York: Cambridge University Press, 2008.

ALSAN, M. M. et al. Poverty, Global Health and Infectious Disease: Lessons from Haiti and Rwanda. **Infectious Disease Clinics of North America**, v. 25, n. 3, p. 611-622, 2011.

ALTHUSSER, L.; BALIBAR, E. **Ler O capital**. Rio de Janeiro: Zahar, 1980.

AMISI, B. et al. Xenophobia and Civil Society: Durban's Structured Social Divisions. **Politikon**, v. 38, n. 1, p. 59-83, 2009.

AMONSIN, A. et al. Influenza Virus (H5N1) in Live Bird Markets and Food Markets, Thailand. **Emerging Infectious Diseases**, v. 14, n. 11, p. 1739-1742, 2008.

ANDERSON, M. J. A new method for non-parametric multivariate analysis of variance. **Austral Ecology**, v. 26, p. 32-46, 2001.

ANDERSON, T. et al. FAO-OIE-WHO Joint Technical Consultation on Avian Influenza at the Human-Animal Interface. **Influenza and Other Respiratory Viruses**, v. 4, s. 1, p. 1-29, 2010.

ANSON, A. The 'bitter fruit' of a new agrarian model: large-scale land deals and local livelihoods in Rwanda. In: INTERNATIONAL CONFERENCE ON GLOBAL LAND GRABBING, Sussex, 6-8 abr. 2011.

ANTI, P. et al. Human-bat interactions in rural West Africa. **Emerging Infectious Diseases**, v. 21, n. 8, p. 1418-1421, 2015.

ANTONA, D. et al. Measles elimination efforts and 2008-2011 outbreak, France. **Emerging Infectious Diseases**, v. 19, n. 3, p. 357-364, 2013.

ARMITAGE, D. R.; JOHNSON, D. Can Resilience be Reconciled with Globalization and the Increasingly Complex Conditions of Resource Degradation in Asian Coastal Regions? **Ecology and Society**, v. 11, n. 1, p. 2, 2006.

ARRIGHI, G. **Adam Smith in Beijing: Lineages of the 21st Century**. New York: Verso, 2007.

ARRIGHI, G. **The Long Twentieth Century: Money, Power and the Origins of Our Times**. London: Verso, 2010 [1994].

ARRIGHI, G. The Political Economy of Rhodesia. **New Left Review**, v. 1, n. 39, p. 35-65, 1966.

ARRIGHI, G. The Winding Paths of Capital. **New Left Review**, n. 56, p. 61-94, 2009.

BADGLEY, C. et al. Organic agriculture and the global food supply. **Renewable Agriculture and Food Systems**, v. 22, n. 2, p. 86-108, 2007.

BAIRD, I. G. Turning Land into Capital, Turning People into Labour: Primitive Accumulation and the Arrival of Large-Scale Economic Land Concessions in the Lao People's Democratic Republic. **New Proposals: Journal of Marxism and Interdisciplinary Inquiry**, v. 5, n. 1, p. 10-26, 2011.

BAIRD, V. Why Population Hysteria Is More Damaging than It Seems. **The Guardian**, 24 out. 2011. Disponível em: http://www.guardian.co.uk/environment/2011/oct/24/population-hysteria-damaging Acesso em 2 de outubro de 2025.

BAKKER, K. The 'Commons' Versus the 'Commodity': Alter-Globalization, Anti-Privatization and the Human Right to Water in the Global South. **Antipode**, v. 39, p. 430-455, 2007.

BARBAROSSA, M. V. et al. Transmission dynamics and final epidemic size of Ebola Virus Disease outbreaks with varying interventions. **PLoS One**, v. 10, n. 7, 2015.

BAROCCHI, M. A.; RAPPUOLI, R. Delivering vaccines to the people who need them most. **Philosophical Transactions of the Royal Society B: Biological Sciences**, v. 370, n. 1671, 2015.

BARRETT, M. A.; OSOFSKY, S. A. One Health: Interdependence of People, Other Species, and the Planet. In: KATZ, D. L. et al. (Orgs.). **Jekel's Epidemiology, Biostatistics, Preventive Medicine, and Public Health**. 4. ed. Philadelphia: Elsevier/Saunders, 2013.

BARRY, J. M. **The Great Influenza: The Epic Story of the Deadliest Plague in History**. New York: Viking Penguin, 2004.

BARTSCH, S. M.; GORHAM, K.; LEE, B. Y. The cost of an Ebola case. **Pathogens and Global Health**, v. 109, n. 1, p. 4-9, 2015.

BATRES-MARQUEZ, S. P.; CLEMENS, R.; JENSEN, H. H. The Changing Structure of Pork Trade, Production, and Processing in Mexico. **MATRIC Briefing Paper**, 06-MBP 10, 2006.

BAUSCH, D.; SCHWARZ, L. Outbreak of Ebola Virus Disease in Guinea: Where Ecology Meets Economy. **PLoS Neglected Tropical Diseases**, v. 8, n. 7, 2014.

BEHNKE, R.; KERVEN, C. Replacing Pastoralism with Irrigated Agriculture in the Awash Valley, North-Eastern Ethiopia: Counting the Costs. In: INTERNATIONAL CONFERENCE ON FUTURE OF PASTORALISM, Addis Ababa, 21-23 mar. 2011.

BELLO, W.; BAVIERA, M. Food Wars. In: MAGDOFF, F.; TOKAR, B. (Orgs.). **Agriculture and Food in Crisis: Conflict, Resistance and Renewal**. New York: Monthly Review Press, 2010.

BELONGIA, E. A. et al. Clinical Characteristics and 30-Day Outcomes for Influenza A 2009 (H1N1), 2008-2009 (H1N1), and 2007-2008 (H3N2) Infections. **JAMA**, v. 304, n. 10, p. 1091-1098, 2010.

BENNEGOUCH, N.; HASSANE, M. Mooriben: the experience of a system of integrated services for Nigerien farmers. **Farming Dynamics**, n. 23, set. 2010.

BENTON, T. Marxism and natural limits. **New Left Review**, n. 178, p. 51-81, 1989.

BERGMANN, L. R. Beyond imagining local causes/solutions to a global problem: mapping carbon footprints of global capitalism. In: ANNUAL MEETING OF THE ASSOCIATION OF AMERICAN GEOGRAPHERS, New York, 25 fev. 2012.

BERGMANN, L. R. Beyond the Anthropocene: toward modest mathematical narratives for more-than-human global communities. In: ANNUAL MEETING OF THE ASSOCIATION OF AMERICAN GEOGRAPHERS, Los Angeles, 2013a.

BERGMANN, L. R. Bound by chains of carbon: ecological-economic geographies of globalization. **Annals of the Association of American Geographers**, v. 103, n. 6, p. 1348-1370, 2013b.

BERGMANN, L.; HOLMBERG, M. Land in motion. **Annals of the American Association of Geographers**, v. 106, n. 4, p. 932-956, 2016.

BERTHERAT, E. et al. Leptospirosis and Ebola virus infection in five gold-panning villages in northeastern Gabon. **American Journal of Tropical Medicine and Hygiene**, v. 60, n. 4, p. 610-615, 1999.

BLACK, F.; SCHOLES, M. The pricing of options and corporate liabilities. **Journal of Political Economy**, n. 81, p. 637-654, 1973.

BLACKWELL, P. J. East Africa's pastoralist emergency: is climate change the straw that breaks the camel's back? **Third World Quarterly**, v. 31, n. 8, p. 1321-1338, 2010.

BONI, M. F. et al. Economic epidemiology of avian influenza on smallholder poultry farms. **Theoretical Population Biology**, v. 90, p. 135-144, 2013.

BONANO, S. & CAVALCANTI, J. **State Capitalism under Neoliberalism: The Case of Agriculture and Food in Brazil**. Lanham, Lexington Books, 2019.

BOND, P. Climate debt owed to Africa: what to demand and how to collect? In: MUCHIE, M.; BASKARAN, A. (Orgs.). **Innovation for Sustainability: African and European Perspectives**. Pretoria: Africa Institute of South Africa, 2012.

BORRAS JR., S. M.; FRANCO, J. C. Global Land Grabbing and Trajectories of Agrarian Change: A Preliminary Analysis. **Journal of Agrarian Change**, v. 12, n. 1, p. 34-59, 2012.

BOYCE, J. K. Is Inequality Bad for the Environment? **Political Economy Research Institute**, Working Paper Series n. 135, 2007.

BOYD, W.; WATTS, M. J. Agro-industrial just in time: the chicken industry and postwar American capitalism. In: GOODMAN, D.; WATTS, M. J. (Orgs.). **Globalising Food: Agrarian Questions and Global Restructuring**. London: Routledge, 1997.

BRAUN, B. Biopolitics and the molecularization of life. **Cultural Geographies**, v. 14, n. 1, p. 6-28, 2007.

BRECKLING, B.; VERHOEVEN, R. (Orgs.). **Large-Area Effects of GM-Crop Cultivation: Proceedings of the Second GMLS-Conference 2010 in Bremen.** Frankfurt: Peter Lang GmbH, 2010.

BREITUNG, W. Transformation of a Boundary Regime: The Hong Kong and Mainland China Case. **Environment and Planning A**, v. 34, n. 10, p. 1749-1762, 2002.

BRENNER, R. **What is Good for Goldman Sachs is Good for America: The Origins of the Present Crisis**. Los Angeles: Center for Social Theory and Comparative History, UCLA, 2009.

BRIAND, F. et al. Emergence and multiple reassortments of French 2015–2016 highly pathogenic H5 avian influenza viruses, **Infection, Genetics and Evolution**, Volume 61, 2018.

BROWN, S.; GETZ, C. Towards domestic fair trade? Farm labor, food localism, and the 'family scale' form. **GeoJournal**, v. 73, p. 11-22, 2008.

BRÜCKNER, G. K. Ensuring safe international trade: how are the roles and responsibilities evolving and what will the situation be in ten years' time? **Revue Scientifique et Technique**, v. 30, n. 1, p. 317-324, 2011.

BRYCESON, D. F. Sub-Saharan Africa's Vanishing Peasantries and the Specter of a Global Food Crisis. In: MAGDOFF, F.; TOKAR, B. (Orgs.). **Agriculture and Food in Crisis: Conflict, Resistance and Renewal**. New York: Monthly Review Press, 2010.

BURCH, D. Production, consumption and trade in poultry: corporate linkages and North-South supply chains. In: FOLD, N.; PRITCHARD, W. (Orgs.). **Cross-continental Agro Food Chains**. London: Routledge, 2005. p. 166-178.

BURNS, D. Growth in the Global Coffee Industry. In: INTERNATIONAL COFFEE ORGANIZATION, WORLD COFFEE CONFERENCE, London, 17-19 mai. 2001.

BUXTON-BRIDGES, C. et al. Risk of Influenza A (H5N1) Infection among Health Care Workers Exposed to Patients with Influenza A (H5N1), Hong Kong. **Journal of Infectious Diseases**, v. 181, n. 1, p. 344-348, 2000.

CAPUA, I.; ALEXANDER, D. J. Avian influenza: recent developments. **Avian Pathology**, v. 33, n. 4, p. 393-404, 2004.

CAPUA, I.; ALEXANDER, D. J. The challenge of avian influenza to the veterinary community. **Avian Pathology**, v. 35, n. 3, p. 189-205, 2006.

CARPENTER, S. R. et al. Science for Managing Ecosystem Services: Beyond the Millennium Ecosystem Assessment. **Proceedings of the National Academy of Sciences of the USA**, v. 106, n. 5, p. 1305-1312, 2009.

CARRERE, R. **Oil Palm in Africa: Past, Present and Future Scenarios**. Montevideo: World Rainforest Movement, 2010.

CARRILLO, I, & IPSEN, A. Worksites as Sacrifice Zones: Structural Precarity and COVID-19 in U.S. Meatpacking. **Sociological Perspectives**, 64(5), 2021.

CARROLL, M. W. et al. Temporal and spatial analysis of the 2014-2015 Ebola virus outbreak in West Africa. **Nature**, v. 524, n. 7563, p. 97-101, 2015.

CARTER, C. A.; LI, X. Economic reform and the changing pattern of China's agricultural trade. In: INTERNATIONAL AGRICULTURAL TRADE RESEARCH CONSORTIUM CONFERENCE, San Francisco, 25-26 jun. 1999.

CASTREE, N. Neoliberalising Nature: Processes, Effects, and Evaluations. **Environment and Planning A**, v. 40, n. 1, p. 53-73, 2008a.

CASTREE, N. Neoliberalising Nature: The Logics of Deregulation and Reregulation. **Environment and Planning A**, v. 40, n. 1, p. 131-152, 2008b.

CECCHI, G. et al. Agro-ecological Features of the Introduction and Spread of the Highly Pathogenic Avian Influenza (HPAI) H5N1 in Northern Nigeria. **Geospatial Health**, v. 3, n. 1, p. 7-16, 2008.

CHANG, W. K. National Influenza Experience in Hong Kong. **Boletim da Organização Mundial da Saúde**, n. 41, p. 349-351, 1969.

CHARNEY, I. Spatial Fix. In: WARF, B. (Org.). **Encyclopedia of Geography**. Thousand Oaks: Sage, 2010.

CHAVES, L. The Dynamics of Latifundia Formation. **PLOS ONE** 8(12): e82863, 2013.

CHEE-SANFORD, J. C. et al. Fate and Transport of Antibiotic Residues and Antibiotic Resistance Genes Following Land Application of Manure Waste. **Journal of Environmental Quality**, v. 38, n. 3, p. 1086-1108, 2009.

CHEN, H. et al. Establishment of multiple sublineages of H5N1 influenza virus in Asia: implications for pandemic control. **Proceedings of the National Academy of Sciences of the USA**, v. 103, n. 8, p. 2845, 2006.

CHEUNG, C. L. et al. Establishment of Influenza A virus (H6N1) in Minor Poultry in Southern China. **Journal of Virology**, v. 81, n. 19, p. 10402-10412, 2007.

CHRISTIE, A. et al. Possible sexual transmission of Ebola virus – Liberia, 2015. **Morbidity and Mortality Weekly Report**, v. 64, n. 17, p. 479-481, 2015.

CLAPP, J.; FUCHS, D. A. (Orgs.). **Corporate Power in Global Agrifood Governance**. Cambridge: MIT Press, 2009.

CLARK, D. V. et al. Long-term sequelae after Ebola virus disease in Bundibugyo, Uganda: a retrospective cohort study. **The Lancet Infectious Diseases**, v. 15, n. 8, p. 905-912, 2015.

CLAY, J. Freeze the footprint of food. **Nature**, v. 475, n. 7356, p. 287-289, 2011.

CLIFF, A. D.; HAGGETT, P.; ORD, J. K. **Spatial aspects of influenza epidemics**. London: Pion, 1986.

COHEN, J. Out of Mexico? Scientists Ponder Swine Flu's Origins. **Science**, v. 324, n. 5928, p. 700-702, 2009.

COKER, R. et al. Towards a conceptual framework to support One-Health research for policy on emerging zoonoses. **The Lancet Infectious Diseases**, v. 11, n. 4, p. 326-331, 2011.

COLGROVE, J. The McKeown Thesis: A Historical Controversy and Its Enduring Influence. **American Journal of Public Health**, v. 92, p. 725-729, 2002.

COLLARD, R-C.; DEMPSEY, J. Life for Sale? The Politics of Lively Commodities. **Environment and Planning A**, v. 45, n. 11, p. 2682-2699, 2013.

CONNELL, R. **Southern Theory: The Global Dynamics of Knowledge in Social Science**. Cambridge: Polity Press, 2007.

CRISTALLI, A.; CAPUA, I. Practical problems in controlling H5N1 high pathogenicity avian influenza at village level in Vietnam and introduction of biosecurity measures. **Avian Diseases**, v. 51, s. 1, p. 461-462, 2007.

DALY, H. E.; FARLEY, J. **Ecological Economics: Principles and Applications**. Washington: Island Press, 2011.

DANIEL, S. Situating private equity capital in the land grab debate. **Journal of Peasant Studies**, v. 39, n. 3-4, p. 703-729, 2012.

DAVIS, D. K. Neoliberalism, environmentalism, and agricultural restructuring in Morocco. **The Geographical Journal**, v. 172, n. 2, p. 88-105, 2006.

DAVIS, D. K. **Resurrecting the Granary of Rome: Environmental History and French Colonial Expansion in North Africa**. Athens: Ohio University Press, 2007.

DAVIS, M. **O monstro bate à nossa porta**. Rio de Janeiro: Record, 2006.

DAVIS, M. **Planeta Favela**. São Paulo: Boitempo, 2006.

DAWOOD, F. S. et al. Estimated global mortality associated with the first 12 months of 2009 pandemic influenza A H1N1 virus circulation: a modelling study. **The Lancet Infectious Diseases**, v. 12, n. 9, p. 687-695, 2012.

DE HAAN, C.; GERBER, P.; OPIO, C. Structural Change in the Livestock Sector. In: STEINFELD, H. et al. (Orgs.). **Livestock in a Changing Landscape: Drivers, Consequences, and Responses**. v. 1. Washington: Island Press, 2010. p. 35-50.

DE JONG, M. D. et al. Fatal outcome of human influenza A (H5N1) is associated with high viral load and hypercytokinemia. **Nature Medicine**, v. 12, n. 10, p. 1203-1207, 2006.

DE VREESE, L. Epidemiology and Causation. **Medicine, Health Care and Philosophy**, v. 12, n. 3, p. 345-353, 2009.

DEGELING, C.; JOHNSON, J.; MAYES, C. Impure politics and pure science: efficacious Ebola medications are only a palliation and not a cure for structural disadvantage. **American Journal of Bioethics**, v. 15, n. 4, p. 43-45, 2015.

DELABOUGLISE, A., BONI, M. Game theory of vaccination and depopulation for managing avian influenza on poultry farms. **bioRxiv** 348813, 2018.

DELARUE, J.; COCHET, H. Systemic impact evaluation: a methodology for complex agricultural development projects. The case of a contract farming project in Guinea. **European Journal of Development Research**, v. 25, n. 5, p. 778-796, 2013.

DELFORGE, I. Contract Farming in Thailand: A View From the Farm. In: BULLARD, N.; BAMFORD, A.; BAMFORD, C. (Orgs.). **Occasional Papers 2: A Report for Focus on the Global South**. Bangkok: Chulalongkorn University, 2007.

DENT, J. et al. Contact structures in the poultry industry in Great Britain: Exploring transmission routes for a potential avian influenza virus epidemic. **BMC Vet Res** 4, 27, 2008.

DIECKMANN, U. et al. (Orgs.). **Adaptive Dynamics of Infectious Diseases: In Pursuit of Virulence Management**. Cambridge: Cambridge University Press, 2002.

DILLON, T. **Factoring Culture and Discourse into an Appraisal of the Neoliberal Synthesis of Wildlife Conservation and Rural Development in Sub-Saharan Africa**. 2011. Dissertação (Mestrado em Antropologia) – Universidade de Durham, Durham, 2011.

DING, Y.; MEARNS, L.; WADHAMS, P. (Orgs.). **Climate Change 2013: The Physical Science Basis. Contribution of Working Group I to the Fifth Assessment Report of the Intergovernmental Panel on Climate Change**. 2013.

DREW, T. W. The emergence and evolution of swine viral diseases: to what extend have husbandry systems and global trade contributed to their distribution and diversity?. **Revue Scientifique et Technique**, v. 30, n. 1, p. 95-106, 2011.

DUAN, L. et al. Characterization of Low-Pathogenic H5 Subtype Influenza Viruses from Eurasia: Implications for the Origin of Highly Pathogenic H5N1 Viruses. **Journal of Virology**, v. 81, n. 14, p. 7529-7539, 2007.

DUDAS, G.; RAMBAUT, A. Phylogenetic analysis of Guinea 2014 EBOV Ebolavirus outbreak. **PLoS Currents Outbreaks**, v. 4, 2014.

DUFFY, G.; LYNCHA, O. A.; CAGNEYA, C. Tracking emerging zoonotic pathogens from farm to fork. Symposium on meat safety: From abattoir to consumer. **Meat Science**, v. 78, n. 1-2, p. 34-42, 2008.

EASWARAMOORTHY, S.; JAYARAJ, S. Effectiveness of the white halo fungus, *Cephalosporium lecanii*, against field populations of coffee green bug, *Coccus viridis*. **Journal of Invertebrate Pathology**, v. 32, n. 1, p. 88-96, 1978.

EBERT, D.; BULL, J. J. The evolution and expression of virulence. In: STEARNS, S. C.; KOELLA, J. C. (Orgs.). **Evolution in Health and Disease**. Oxford: Oxford University Press, 2008. p. 153-167.

ELITH, J. et al. A statistical explanation of MaxEnt for ecologists. **Diversity and Distributions**, v. 17, n. 1, p. 43-57, 2011.

ENERINK, M.; NORMILES, D. More bumps on the road to global sharing of H5N1 samples. **Science**, v. 318, n. 5854, p. 1229, 2007.

ENGERING, A.; HOGERWERF, L.; SLINGENBERGH, J. Pathogen-host-environment interplay and disease emergence. **Emerging Microbes & Infections**, v. 2, n. 2, 2013.

ERCSEY-RAVASZ, M. et al. Complexity of the International Agro-Food Trade Network and its Impact on Food Safety. **PLoS One**, v. 7, n. 5, 2012.

ESCORCIA, M. et al. Avian influenza: genetic evolution under vaccination pressure. **Virology**, v. 5, n. 1, 2008.

ETTER, A. et al. Regional patterns of agricultural land use and deforestation in Colombia. **Agriculture, Ecosystems & Environment**, v. 114, n. 2-4, p. 369-386, 2006.

EVANS, C. M.; MEDLEY, G. F.; GREEN, L. E. Porcine reproductive and respiratory syndrome virus (PRRSV) in GB pig herds: farm characteristics associated with heterogeneity in seroprevalence. **BMC Veterinary Research**, v. 4, n. 48, 2008.

FAIRHEAD, J.; LEACH, M. **Misreading the African Landscape: Society and Ecology in a Forest-Savanna Mosaic**. Cambridge: Cambridge University Press, 1999.

FALLAH, M. et al. Strategies to prevent future Ebola epidemics. **The Lancet**, v. 386, n. 9989, p. 131, 2015.

FAN, C. C. Interprovincial Migration, Population Redistribution, and Regional Development in China: 1990 and 2000 Census Comparisons. **The Professional Geographer**, v. 57, n. 2, p. 295-311, 2005.

FAN, C. C. Migration and Labor-Market Returns in Urban China: Results from a Recent Survey in Guangzhou. **Environment and Planning A**, v. 33, n. 3, p. 479-508, 2001.

FAO/OIE/WHO JOINT SCIENTIFIC CONSULTATION WRITING COMMITTEE. Influenza and Other Emerging Zoonotic Diseases at the Human-Animal Interface. In: FAO/OIE/WHO JOINT SCIENTIFIC CONSULTATION, Verona, 27-29 abr. 2010. **Proceedings...** Roma: FAO Animal Production and Health Proceedings, n. 13, 2011.

FARMER, P. **Pathologies of Power: Health, Human Rights, and the New War on the Poor**. Berkeley: University of California Press, 2004.

FASINA, F. O.; BISSCHOP, S. P.; WEBSTER, R. G. Avian influenza H5N1 in Africa: an epidemiological twist. **The Lancet Infectious Diseases**, v. 7, n. 11, p. 696-697, 2007.

FEARNLEY, L. The Birds of Poyang Lake: Sentinels at the Interface of Wild and Domestic. **Limn**, n. 3, 2013.

FEDERICI, S. **Re-enchanting the World: Feminism and the Politics of the Commons**. Oakland: PM Press, 2018.

FERGUSON, N. Poverty, death, and a future influenza pandemic. **The Lancet**, v. 368, n. 9554, p. 2187-2188, 2006.

FIDLER, D. P. Influenza Virus Samples, International Law, and Global Health Diplomacy. **Emerging Infectious Diseases**, v. 14, n. 1, p. 88-94, 2008.

FIELD, C. B. et al. (Orgs.). **IPCC Workshop on Impacts of Ocean Acidification on Marine Biology and Ecosystems**, Okinawa, 17-19 jan. 2011.

FIELD, H. E. Bats and Emerging Zoonoses: Henipaviruses and SARS. **Zoonoses and Public Health**, v. 56, n. 6-7, p. 278-284, 2009.

FOLEY, J. A. Can We Feed the World and Sustain the Planet?. **Scientific American**, v. 305, n. 5, p. 60-65, 2011.

FOLEY, J. A. et al. Solutions for a cultivated planet. **Nature**, v. 478, p. 337-342, 2011.

FORSTER, P.; CHARNOZ, O. Producing knowledge in times of health crises: insights from the international response to avian influenza in Indonesia. **Revue d'Anthropologie des Connaissances**, v. 7, n. 1, 2013.

FOSTER, J. B. **Marx's Ecology: Materialism and Nature**. New York: Monthly Review Press, 2000.

FOSTER, J. B. Marx, Value, and Nature. **Monthly Review**, v. 70, n. 3, p. 122-136, 2018.

FOSTER, J. B.; CLARK, B.; YORK, R. **The Ecological Rift: Capitalism's War on the Earth**. New York: Monthly Review Press, 2010.

FRISCHKNECHT, P. M.; ULMER-DUKEK, J.; BAUMANN, T. W. Purine alkaloid formation in buds and developing leaflets of *Coffea arabica*: expression of an optimal defence strategy?. **Phytochemistry**, v. 25, n. 3, p. 613-616, 1986.

GADD, J. B.; TREMBLAY, L. A.; NORTHCOTT, G. L. Steroid Estrogens, Conjugated Estrogens and Estrogenic Activity in Farm Dairy Shed Effluents. **Environmental Pollution**, v. 158, n. 3, p. 730-736, 2010.

GARRETT, K. A.; COX, C. M. Applied biodiversity science: managing emerging diseases in agriculture and linked natural systems using ecological principles. In: OSTFELD, R. S.; KEESING, F.; EVINER, V. T. (Orgs.). **Infectious Disease Ecology: Effects of Ecosystems on Disease and of Disease on Ecosystems**. Princeton: Princeton University Press, 2008. p. 368-386.

GARRETT, L. **Betrayal of Trust: The Collapse of Global Public Health**. New York: Hyperion, 2001.

GARTEN, R. et al. Antigenic and Genetic Characteristics of Swine-Origin 2009 A (H1N1) Influenza Viruses Circulating in Humans. **Science**, v. 325, n. 5937, p. 197-201, 2009.

GATHERER, D. The unprecedented scale of the West African Ebola virus disease outbreak is due to environmental and sociological factors, not special attributes of the currently circulating strain of the virus. **Evidence-Based Medicine**, v. 20, n. 1, p. 28, 2015.

GELLAR, O. Give me liberty or give me death on a ventilator : how the rhetoric of freedom amplified reactionary populism online during the COVID-19 pandemic. **Tese apresentada à Universidade do Texas**, Austin, 2022.

GELLERT, G. Public health nonfeasance, misfeasance and malfeasance in the U.S. government response to COVID-19, **Ethics, Medicine and Public Health**, Volume 16, 2021.

GIAMPIETRO, M. Sustainability and Technological Development in Agriculture: A Critical Appraisal of Genetic Engineering. **BioScience**, v. 44, n. 10, p. 677-689, 1994.

GIBBON, E. **The History of the Decline and Fall of the Roman Empire**. London: Strahan & Cadell, 1788. v. 6.

GIBSON-GRAHAM, J. K.; ERDEM, E.; ÖZSELÇUK, C. Thinking with Marx for a Feminist Postcapitalist Politics. In: JAEGGI, R.; LOICK, D. (Orgs.). **Marx' Kritik der Gesellschaft**. Berlim: Akademie Verlag, 2013.

GILBERT, M. et al. Avian influenza, domestic ducks and rice agriculture in Thailand. **Agriculture, Ecosystems & Environment**, v. 119, p. 409-415, 2007.

GILBERT, M. et al. Free-grazing Ducks and Highly Pathogenic Avian Influenza, Thailand. **Emerging Infectious Diseases**, v. 12, n. 2, p. 227-234, 2006.

GILBERT, M. et al. Livestock production dynamics, bird migration cycles, and the emergence of highly pathogenic avian influenza in East and Southeast Asia. In: SAUERBORN, R.; LOUIS, V. R. (Orgs.). **Global Environmental Change and Infectious Diseases: Impacts and Adaptation Strategies**. Berlim: Springer, 2012.

GILBERT, M. et al. Mapping H5N1 highly pathogenic avian influenza risk in Southeast Asia. **Proceedings of the National Academy of Sciences of the USA**, v. 105, n. 12, p. 4769-4774, 2008.

GILBERT, M. et al. Poultry production dynamics, bird migration cycles, and the emergence of highly pathogenic avian influenza in East and Southeast Asia. In: SAUERBORN, R.; LOUIS, V. R. (Orgs.). **Global Environmental Change and Infectious Diseases: Impacts and Adaptation Strategies**. Berlim: Springer Verlag, 2014.

GILBERT, M. et al. Preparedness and Vulnerability of African Countries Against Importations of Covid-19: A Modelling Study. **The Lancet**, v. 395, n. 10227, p. 871-877, 2020.

GILBERT, M.; PFEIFFER, D. U. Risk factor modelling of the spatio-temporal patterns of highly pathogenic avian influenza (HPAIV) H5N1: A review. **Spatial and Spatio-temporal Epidemiology**, v. 3, n. 3, p. 173-183, 2012.

GILBERT, S. The Reactive Genome. In: MULLER, G. B.; NEWMAN, S. A. (Orgs.). **Origination of Organismal Form: Beyond the Gene in Developmental and Evolutionary Biology**. Cambridge: MIT Press, 2003. p. 87-101.

GILBERT, M., XIAO, X. & ROBINSON, T.P. Intensifying poultry production systems and the emergence of avian influenza in China: a 'One Health/Ecohealth' epitome. **Arch Public Health** 75, 48, 2017.

GILCHRIST, M. J. et al. The Potential Role of Concentrated Animal Feeding Operations in Infectious Disease Epidemics and Antibiotic Resistance. **Environmental Health Perspectives**, v. 115, n. 2, p. 313-316, 2007.

GILLES-VERNICK, T.; CRADDOCK, S.; GUNN, J. (Orgs.). **Influenza and Public Health: Learning from Past Pandemics**. Londres: EarthScan Press, 2010.

GINDIN, S.; PANITCH, L. **The Making of Global Capitalism: The Political Economy of American Empire**. New York: Verso Books, 2012.

GINSBURG, M. et al. Swine Influenza A (H1N1) Infection in Two Children --- Southern California, March-April 2009. **Morbidity and Mortality Weekly Report**, v. 58, n. 15, p. 400-402, 2009.

GIRALDO, O. F. **Political Ecology of Agriculture: Agroecology and Post-Development**. New York: Springer, 2019.

GIRE, S. K. et al. Genomic surveillance elucidates Ebola virus origin and transmission during the 2014 outbreak. **Science**, v. 345, n. 6202, p. 1369-1372, 2014.

GISOLFI, M. R. From Crop Lien to Contract Farming: The Roots of Agribusiness in the American South, 1929-1939. **Agricultural History**, v. 80, n. 2, p. 167-189, 2006.

GLEW, L.; HUDSON, M. D.; OSBORNE, P. E. **Evaluating the Effectiveness of Community Conservation in Northern Kenya. A report to the Nature Conservancy**. Southampton: Centre for Environmental Sciences/University of Southampton, 2010.

GOLDBERG, T. L.; PAIGE, S. B.; CHAPMAN, C. A. The Kibale Ecohealth Project: Exploring Connections among Human Health, Animal Health and Landscape Dynamics in Western Uganda. In: AGUIRRE, A.; OSTFELD, R.; DASZAK, P. (Orgs.). **New Directions in Conservation Medicine: Applied Cases of Ecological Health**. New York: Oxford University Press, 2012.

GOULD, P. **The Slow Plague: A Geography of the AIDS Pandemic**. Cambridge: Blackwell Publishers, 1993.

GOZZI, N. et al. The importance of non-pharmaceutical interventions during the COVID-19 vaccine rollout. **PLoS Comput Biol** 17(9), 2021.

GRAHAM, J. P. et al. The Animal-Human Interface and Infectious Disease in Industrial Food Animal Production: Rethinking Biosecurity and Biocontainment. **Public Health Reports**, v. 123, n. 3, p. 282-299, 2008.

GREENFELD, K. T. **China Syndrome: The True Story of the 21st Century's First Great Epidemic**. New York: Harper Perennial, 2007.

GREGER, M. **Bird Flu: A Virus of Our Own Hatching**. New York: Lantern Books, 2006.

GROSETH, A.; FELDMANN, A.; STRONG, J. E. The ecology of Ebola virus. **Trends in Microbiology**, v. 15, n. 9, p. 408-416, 2007.

GU, C. et al. Regional Polarization under the Socialist Market System since 1978: A Case Study of Guangdong Province in South China. **Environment and Planning A**, v. 33, n. 1, p. 97-119, 2001.

GUAN, Y. et al. Molecular characterization of H9N2 influenza viruses: were they the donors of the 'internal' genes of H5N1 viruses in Hong Kong?. **Proceedings of the National Academy of Sciences of the USA**, v. 96, n. 16, p. 9363-9367, 1999.

GULDIN, G. E. Urbanizing the countryside: Guangzhou, Hong Kong and the Pearl River Delta. In: GULDIN, G. E. (Org.). **Urbanizing China**. Westport: Greenwood Press, 1993. p. 157-184.

GUTHMAN, J. **Weighing In: Obesity, Food Justice, and the Limits of Capitalism**. Berkeley: University of California Press, 2011.

HAAS, R. et al. Organic and quality food marketing in Asia and Europe: a double sided perspective on marketing of quality food products. In: HAAS, R. et al. (Orgs.). **Looking east, looking west: organic and quality food marketing in Asia and Europe**. Wageningen: Wageningen Academic Publishers, 2010. p. 11-17.

HALEY, G.; TAN, C. T.; HALEY, U. **New Asian Emperors: The Chinese Overseas, Their Strategies and Competitive Advantages**. London: Butterworth Heinemann, 1998.

HANSEN, J. **Storms of My Grandchildren: The Truth About the Coming Climate Catastrophe and Our Last Chance to Save Humanity**. New York: Bloomsbury, 2009.

HARDIN, G. The Tragedy of the Commons. **Science**, v. 162, n. 3859, p. 1243-1248, 1968.

HART-LANDSBERG, M.; BURKETT, P. **China and Socialism: Market Reforms and Class Struggle**. New York: Monthly Review Press, 2005a.

HART-LANDSBERG, M.; BURKETT, P. China and Socialism: Engaging the Issues. **Critical Asian Studies**, v. 37, n. 4, p. 597-628, 2005b.

HARVEY, D. Acumulação via espoliação. In: HARVEY, D. **O novo imperialismo**. São Paulo: Loyola, 2004.

HARVEY, D. **Spaces of Global Capitalism: A Theory of Uneven Geographical Development**. Londres: Verso, 2006.

HARVEY, D. **O enigma do capital e as crises do capitalismo**. São Paulo: Boitempo, 2011.

HARVEY, D. **Os limites do capital**. São Paulo: Boitempo, 2013.

HEARTFIELD, J. China's Comprador Capitalism is Coming Home. **Review of Radical Political Economics**, v. 37, n. 2, p. 196-214, 2005.

HENAO-RESTREPO, A. et al. Efficacy and effectiveness of an rVSV--vectored vaccine expressing Ebola surface glycoprotein: interim results from the Guinea ring vaccination cluster-randomised trial. **The Lancet**, v. 386, n. 9996, p. 857-866, 2015.

HERTEL, T. W. et al. Productivity growth and catching-up: implications for China's trade in livestock products. In: INTERNATIONAL AGRICULTURAL TRADE RESEARCH CONSORTIUM CONFERENCE, São Francisco, 25-26 jun. 1999.

HERTEL, T. W. et al. **Agriculture and Non Agricultural Liberalization in the Millennium Round**. Policy Discussion Paper n. 0016.

Adelaide: Centre for International Economic Studies, Universidade de Adelaide, jun. 2000.

HEYNEN, N. et al. (Orgs.). **Neoliberal Environments: false promises and unnatural consequences**. London: Routledge, 2007.

HINCHLIFFE, S. et al. Biosecurity and the topologies of infected life: from borderlines to borderlands. **Transactions of the Institute of British Geographers**, v. 38, n. 4, p. 531-543, 2013.

HOENEN, T. et al. Mutation rate and genotype variation of Ebola virus from Mali case sequences. **Science**, v. 348, n. 6230, p. 117-119, 2015.

HOFFMANN, E. et al. Characterization of the Influenza A virus Gene Pool in Avian Species in Southern China: Was H6N1 a Derivative or a Precursor of H5N1?. **Journal of Virology**, v. 74, n. 14, p. 6309-6315, 2000.

HOFFMAN, S. G. The new tools of the science trade: contested knowledge production and the conceptual vocabularies of academic capitalism. **Social Anthropology**, v. 19, n. 4, p. 439-462, 2011.

HOGERWERF, L. et al. **Agroecological Resilience and Protopandemic Influenza**. Roma: Organização das Nações Unidas para Alimentação e Agricultura, 2010a.

HOGERWERF, L. et al. Persistence of Highly Pathogenic Influenza A (H5N1) Defined by Agro-Ecological Niche. **EcoHealth**, v. 7, n. 2, p. 213-225, 2010b.

HOLMES, G. Conservation's Friends in High Places: Neoliberalism, Networks, and the Transnational Conservation Elite. **Global Environmental Politics**, v. 11, n. 4, p. 1-21, 2011.

HOLT-GIMENEZ, E.; PATEL, R.; SHATTUCK, A. **Food Rebellions! Crisis and the Hunger for Justice**. Oakland: Food First Books, 2009.

HORNBORG, A. Zero-Sum World: Challenges in Conceptualizing Environmental Load Displacement and Ecologically Unequal Exchange in the World-system. **International Journal of Comparative Sociology**, v. 50, n. 3-4, p. 237-262, 2009.

HORTON, R. WHO: strengthening the road to renewal. **The Lancet**, v. 367, n. 9525, p. 1793-1795, 2006.

HOSSEINI, P. et al. Predictive Power of Air Travel and Socio-Economic Data for Early Pandemic Spread. **PLoS ONE**, v. 5, n. 9, 2010.

HUESTON, W. et al. Assessing Global Adoption of One Health Approaches. **EcoHealth**, v. 10, n. 3, p. 228-233, 2013.

JEFFERIES, R. L.; ROCKWELL, R. F.; ABRAHAM, K. F. The embarrassment of riches: agricultural food subsidies, high goose numbers, and loss of Arctic wetlands -- a continuing saga. **Environmental Reviews**, v. 11, n. 4, p. 193-232, 2004.

JEVONS, W. S. **The Coal Question: An Inquiry Concerning the Progress of the Nation, and the Probable Exhaustion of Our Coal Mines**. London: Macmillan, 1865.

JOHNSON, G. The political economy of Chinese urbanization: Guangdong and the Pearl River Delta region. In: GULDIN, G. E. (Org.). **Urbanizing China**. Westport: Greenwood Press, 1993. p. 185-220.

JOHNSON, W. **River of Dark Dreams: Slavery and Empire in the Cotton Kingdom**. Cambridge: Harvard University Press, 2013.

JONES, B. A. et al. Zoonosis Emergence Linked to Agricultural Intensification and Environmental Change. **Proceedings of the National Academy of Sciences of the USA**, v. 110, n. 21, p. 8399-8404, 2013.

JUN, S. R. et al. Ebola virus comparative genomics. **FEMS Microbiology Reviews**, v. 39, n. 5, p. 764-778, 2015.

KAHN, J. Race in a Bottle: drugmakers are eager to develop medicines targeted at ethnic groups, but so far they have made poor choices based on unsound science. **Scientific American**, v. 297, n. 2, p. 40-45, 2007.

KAHN, L. H. et al. One Health, One Medicine. In: AGUIRRE, A.; OSTFELD, R.; DASZAK, P. (Orgs.). **New Directions in Conservation Medicine: Applied Cases of Ecological Health**. New York: Oxford University Press, 2012.

KANDUN, I. N. et al. Three Indonesian Clusters of h5n1 Virus Infection in 2005, **New England Journal of Medicine**, v. 355, p. 2186-94, 2006.

KAPCZYNSKI, D. et al. Protection of commercial turkeys following inactivated or recombinant H5 vaccine application against the 2015U.S. H5N2 clade 2.3.4.4 highly pathogenic avian influenza virus, **Veterinary Immunology and Immunopathology**, Volume 191, 2017.

KAPUR, R.; SMITH, M. D. Treatment of cardiovascular collapse from caffeine overdose with lidocaine, phenylephrine, and hemodialysis. **American Journal of Emergency Medicine**, v. 27, n. 2, 2009.

KECK, F. Une sentinelle sanitaire aux frontières du vivant. Les experts de la grippe aviaire à Hong Kong. **Terrain**, v. 54, p. 26-41, 2010.

KELLY, H. et al. The Age Specific Cumulative Incidence of Infection with Pandemic Influenza H1N1 2009 Was Similar in Various Countries Prior to Vaccination. **PLoS ONE**, v. 6, n. 8, 2011.

KEN, I., & LEÓN, K. S. Necropolitical Governance and State-Corporate Harms: COVID-19 and the U.S. Pork Packing Industry. **Journal of White Collar and Corporate Crime**, 3(2), 76-89, 2021.

KENNEDY, D., DUNN, P., READ, A. Modeling Marek's disease virus transmission: A framework for evaluating the impact of farming practices and evolution, **Epidemics**, Volume 23, 2018.

KENTIKELENIS, A. et al. The International Monetary Fund and the Ebola outbreak. **The Lancet Global Health**, v. 3, n. 2, p. e69-e70, 2015.

KIDD, D. M.; RITCHIE, M. G. Phylogeographic information systems: putting the geography into phylogeography. **Journal of Biogeography**, v. 33, n. 11, p. 1851-1865, 2006.

KILPATRICK, A. M. et al. Predicting the global spread of H5N1 avian influenza. **Proceedings of the National Academy of Sciences of the USA**, v. 103, n. 51, p. 19368-19372, 2006.

KIM, J. Y. et al. (Orgs.). **Dying for Growth: Global Inequality and the Health of the Poor**. Boston: Common Courage Press, 2000.

KING, N. B. Security, disease, commerce: Ideologies of postcolonial global health. **Social Studies of Science**, v. 32, n. 5-6, p. 763-789, 2002.

KINZIG, A. P. et al. Paying for Ecosystem Services - Promise and Peril. **Science**, v. 334, n. 6056, p. 603-604, 2011.

KLEINMAN, A. et al. Asian flus in ethnographic and political context: a biosocial approach. **Anthropology and Medicine**, v. 15, n. 1, p. 1-5, 2008.

KOCK, R. A. The newly proposed Laikipia disease control fence in Kenya. In: FERGUSON, K.; HANKS, J. (Orgs.). **Fencing Impacts: A Review of the Environmental, Social and Economic Impacts of Game and Veterinary Fencing in Africa with Particular Reference to the Great Limpopo and Kawango-Zambezi Transfrontier Conservation Areas**. Pretoria: Pretoria Mammal Research Institute, 2010. p. 71-75.

KOCK, R. A.; ALDERS, R.; WALLACE, R. G. Wildlife, Wild Food, Food Security and Human Society. In: OIE GLOBAL CONFERENCE ON WILDLIFE: ANIMAL HEALTH AND BIODIVERSITY - PREPARING FOR THE FUTURE, Paris, 23-25 fev. 2011. **Proceedings**... Paris: OIE, 2011. p. 71-79.

KOMINERS, S & TABARROK, A. Vaccines and the Covid-19 pandemic: lessons from failure and success, **Oxford Review of Economic Policy**, Volume 38, Issue 4, 2022.

KOVEL, J. **The Enemy of Nature: The End of Capitalism or the End of the World?** London: Zed Books, 2002.

KRIEGER, N. Theories for social epidemiology in the 21st century: an ecological perspective. **International Journal of Epidemiology**, v. 30, n. 4, p. 668-677, 2001.

KUCHEMMÜLLER, T. et al. Estimating the Global Burden of Foodborne Diseases - A Collaborative Effort. **Eurosurveillance**, v. 14, n. 18, 2009.

LAGI, M.; BERTRAND, K. Z.; BAR-YAM, Y. The Food Crises and Political Instability in North Africa and the Middle East. **arXiv**:1108.24591 [physics.soc-ph], 11 ago. 2011.

LANDIM, R. **Why Not Como os irmãos Joesley e Wesley, da JBS, transformaram um açougue em Goiás na maior empresa de carnes do mundo, corromperam centenas de políticos e quase saíram impunes**. São Paulo, Intrínseca, 2019.

LAUDERDALE, J. M. **An Inquiry into the Nature and Origin of Public Wealth and into the Means and Causes of its Increase**. Edinburgh: Archibald Constable & Co., 1804.

LEACH, M.; SCOONES, I. The Social and Political Lives of Zoonotic Disease Models: Narratives, Science and Policy. **Social Science & Medicine**, v. 88, p. 10-17, 2013.

LE ROUIZIC, A.; ALVAREZ-CASTRO, J. M.; CARLBORG, O. Dissection of the Genetic Architecture of Body Weight in Chicken Reveals the Impact of Epistasis on Domestication Traits. **Genetics**, v. 179, n. 3, p. 1591-1599, 2008.

LEFF, B.; RAMANKUTTY, N.; FOLEY, J. A. Geographic distribution of major crops across the world. **Global Biogeochemical Cycles**, v. 18, n. 1, 2004.

LEFF, H. S.; REX, A. F. (Orgs.). **Maxwell's Demon 2: Entropy, Classical and Quantum Information, Computing**. London: Institute of Physics, 2003.

LEIBLER, J. H.; CARONE, M.; SILBERGELD, E. K. Contribution of Company Affiliation and Social Contacts to Risk E/stimates of Between-Farm Transmission of Avian Influenza. **PLoS ONE**, v. 5, n. 3, 2010.

LEIBLER, J. H. et al. Industrial Food Animal Production and Global Health Risks: Exploring the Ecosystems and Economics of Avian Influenza. **EcoHealth**, v. 6, n. 1, p. 58-70, 2009.

LEIBLER, J., OTTE., J & SILBERGELD, E. Zoonotic Disease Risks and Socioeconomic Structure of Industrial Poultry Production: Review of the US Experience with Contract Growing. Pro-Poor Livestock Policy Initiative. **A Living from Livestock Research Report**. Agosto de 2008.

LEMLY, A. D.; KINGSFORD, R. T.; THOMPSON, J. R. Irrigated Agriculture and Wildlife Conservation: Conflict on a Global Scale. **Environmental Management**, v. 25, n. 5, p. 485-512, 2000.

LENIN, V. I. Capitalism and Agriculture in the United States of America. In: LENIN, V. I. **Collected Works**. Moscow: Progress, 1964 [1915].

LEROY, E. M. et al. Human Ebola outbreak resulting from direct exposure to fruit bats in Luebo, Democratic Republic of Congo, 2007. **Vector-Borne and Zoonotic Diseases**, v. 9, n. 6, p. 723-728, 2009.

LEVIN, S. A. The problem of pattern and scale in ecology. **Ecology**, v. 73, n. 6, p. 1943-1967, 1992.

LEVINS, R. Como cuba aderiu à ecologia. In: R Lewontin & R Levins. **Dialética da biologia: ensaios marxistas sobre ecologia, agricultura e saúde**. Expressão Popular, São Paulo, 2024.

LEVINS, R. Strategies of abstraction. **Biology and Philosophy**, v. 21, p. 741-755, 2006.

LEVINS, R. The ecological transformation of Cuba. **Agriculture and Human Values**, v. 10, p. 52-60, 1993.

LEVINS, R. The internal and external in explanatory theories. **Science as Culture**, v. 7, n. 4, p. 557-582, 1998.

LEWIS, M. **The Big Short: Inside the Doomsday Machine**. New York: W. W. Norton, 2010.

LEWONTIN, R. The maturing of capitalist agriculture: farmer as proletarian. In: LEWONTIN, R.; LEVINS, R. **Biology under the Influence: Dialectical Essays on Ecology, Agriculture, and Health**. New York: Monthly Review Press, 2007. p. 329-342.

LEWONTIN, R.; LEVINS, R. **Biology under the Influence: Dialectical Essays on Ecology, Agriculture and Health**. New York: Monthly Review Press, 2007.

LI, D. et al. Estimating the Scale of Covid-19 Epidemic in the United States: Simulations Based on Air Traffic Directly from Wuhan, China. **MedRxiv**, 8 mar. 2020.

LI, K. S. et al. Genesis of a highly pathogenic and potentially pandemic H5N1 influenza virus in eastern Asia. **Nature**, v. 430, p. 209-213, 2004.

LI, M. An Age of Transition: The United States, China, Peak Oil, and the Demise of Neoliberalism. **Monthly Review**, v. 59, n. 11, p. 20-34, 2008.

LI, T. M. Exit from agriculture: a step forward or a step backward for the rural poor?. **Journal of Peasant Studies**, v. 36, n. 3, p. 629-636, 2009.

LI, X. et al. Influencing Factors of Express Delivery Industry on Safe Consumption of Wild Dynamic Foods. **Revista Científica**, v. 30, n. 1, p. 393-403, 2020.

LIBERTI, S. **Land Grabbing: Journeys in the New Colonialism**. New York: Verso Books, 2013 [2011].

LIN, G. C. S. State, Capital, and Space in China in an Age of Volatile Globalization. **Environment and Planning A**, v. 32, n. 3, p. 455-471, 2000.

LIN, G. C. S. **Red Capitalism in South China: Growth and Development of the Pearl River Delta**. Vancouver: UBC Press, 1997.

LIPSITCH, M.; NOWAK, M. The evolution of virulence in sexually transmitted HIV/AIDS. **Journal of Theoretical Biology**, v. 174, n. 4, p. 427-440, 1995.

LIU, J. H. et al. Phylogenetic Analysis of Neuraminidase Gene of H9N2 Influenza Viruses Prevalent in Chickens in China during 1995-2002. **Virus Genes**, v. 27, n. 2, p. 197-202, 2003.

LIU, Q.; CAO, L.; ZHU, X-Q. Major Emerging and Re-emerging Zoonoses in China: A Matter of Global Health and Socioeconomic Development for 1.3 Billion. **International Journal of Infectious Diseases**, v. 25, p. 65-72, 2014.

LIVERANI, M. et al. Understanding and Managing Zoonotic Risk in the New Livestock Industries. **Environmental Health Perspectives**, v. 121, n. 8, p. 873-877, 2013.

LOMAS, J. Social capital and health: implications for public health and epidemiology. **Social Science & Medicine**, v. 47, n. 9, p. 1181-1188, 1998.

LOWE, C. Preparing Indonesia: H5N1 Influenza Through the Lens of Global Health. **Indonesia**, n. 90, p. 147-170, 2010.

LU, C. Y. et al. Potential infections of H5N1 and H9N2 avian influenza do exist in Guangdong populations of China. **Chinese Medical Journal**, v. 121, n. 20, p. 2050-2053, 2008.

LUBY, S. P.; GURLEY, E. S.; JAHANGIR HOSSAIN, M. Transmission of human infection with Nipah Virus. **Clinical Infectious Diseases**, v. 49, n. 11, p. 1743-1748, 2009.

LUO, X.; OU, Y.; ZHOU, X. Livestock and poultry production in China. In: ASAE ANNUAL INTERNATIONAL MEETING, Las Vegas, 27 jul. 2003. **Proceedings**... Las Vegas: ASAE, 2003.

MACDONALD, J. Tracking the Consolidation of U.S. Agriculture. **Applied Economic Perspectives and Policy**, 42: 361-379, 2020.

MACLENNAN, C. A.; SAUL, A. Vaccines against poverty. **Proceedings of the National Academy of Sciences of the USA**, v. 111, n. 34, p. 12307-12312, 2014.

MADELAINE, C. **Analyse du fonctionnement et de la dynamique de la palmeraie sub-spontanée en Guinée forestière. Cas du village de Nieuh**. 2005. Dissertação (Mestrado em Silvicultura Rural e Tropical) – ENGREF - AgroParisTech, Montpellier, 2005.

MADELAINE, C. et al. Semi-wild palm groves reveal agricultural change in the forest region of Guinea. **Agroforestry Systems**, v. 73, n. 3, p. 189-204, 2008.

MAGDOFF, F.; TOKAR, B. (Orgs.). **Agriculture and Food in Crisis: Conflict, Resistance and Renewal**. New York: Monthly Review Press, 2010.

MAGDOFF, F.; FOSTER, J. B. Stagnation and Financialization: The Nature of the Contradiction. **Monthly Review**, v. 66, n. 1, 2014.

MANNING, L.; BAINES, R. N. Globalisation: a study of the poultry-meat supply chain. **British Food Journal**, v. 106, n. 10-11, p. 819-836, 2004.

MANNING, L.; BAINES, R. N.; CHAND, S. A. Trends in global poultry meat supply chain. **British Food Journal**, v. 109, n. 5, p. 332-342, 2007.

MANSFIELD, B.; MUNROE, D. K.; MCSWEENY, K. Does Economic Growth Cause Environmental Recovery? Geographical Explanations of Forest Regrowth. **Geography Compass**, n. 4, p. 416-427, 2010.

MARANI, M. et al. Intensity and frequency of extreme novel epidemics, **Proc. Natl. Acad. Sci. U.S.A**. 118 (35). 2021.

MARCONE, M. F. Composition and properties of Indonesian palm civet coffee (Kopi Luwak) and Ethiopian civet coffee. **Food Research International**, v. 37, n. 9, p. 901-912, 2004.

MARKUSEN, A. R. **Regions: The Economics and Politics of Territory**. New York: Rowman & Littlefield, 1987.

MARTIN, V. et al. Spatial Distribution and Risk Factors of Highly Pathogenic Avian Influenza (HPAI) H5N1 in China. **PLoS Pathogens**, v. 7, n. 3, 2011.

MARX, K. **O Capital: Crítica da economia política.** [1867]. v. 1. São Paulo, Nova Cultural, 1983.

MARX, K. [1885]. **O Capital - Livro II: Crítica da economia política. O processo de circulação do capital**. Coleção Os Economistas. São Paulo, Nova cultura, 1985.

MCCARTHY, J. Commons. In: CASTREE, N. et al. (Orgs.). **A Companion to Environmental Geography**. West Sussex: Wiley-Blackwell, 2009.

MCDONALD, J. H. **Handbook of Biological Statistics**. 3. ed. Baltimore: Sparky House Publishing, 2014.

MCMICHAEL, P. Contradictions in the Global Development Project: Geo-politics, Global Ecology and the 'Development Climate'. **Third World Quarterly**, v. 30, n. 1, p. 247-262, 2009.

MCMICHAEL, P. Feeding the world: agriculture, development and ecology. In: PANITCH, L.; LEYS, C. (Orgs.). **Socialist Register 2007: Coming to Terms With Nature**. London: Merlin Press, 2006. p. 170-194.

MCMICHAEL, P. The land grab and corporate food regime restructuring. **Journal of Peasant Studies**, v. 39, n. 3-4, p. 681-701, 2012.

MCNEILL, W. H. **Plagues and Peoples**. New York: Anchor Books, 2010 [1977].

MENÉRAT, A. et al. Intensive Farming: Evolutionary Implications for Parasites and Pathogens. **Evolutionary Biology**, v. 37, n. 2-3, p. 59-67, 2010.

MÉSZÁROS, I. **Estrutura social e formas de consciência: a determinação social do método**. São Paulo: Boitempo, 2009.

MÉSZÁROS, I. Structural crisis needs structural change. **Monthly Review**, v. 63, n. 10, p. 19-32, 2012.

MYERS, K. P. et al. Are Swine Workers in the United States at Increased Risk of Infection with Zoonotic Influenza Virus?. **Clinical Infectious Diseases**, v. 42, n. 1, p. 14-20, 2006.

MYERS, K. P. et al. Infection Due to 3 Avian Influenza Subtypes in United States Veterinarians. **Clinical Infectious Diseases**, v. 45, n. 1, p. 4-9, 2007.

MOLLE, F. Scales and power in river basin management: the Chao Phraya River in Thailand. **The Geographical Journal**, v. 173, n. 4, p. 358-373, 2007.

MONATH, T. P. Classical Live Viral Vaccines. In: DORMITZER, P. R. et al. (Orgs.). **Replicating Vaccines. Birkhäuser Advances in Infectious Diseases, Part 1.** Basel: Springer, 2011. p. 47-69.

MONSIVAIS, P.; AGGARWAL, A.; DREWNOWSKI, A. Following Federal Guidelines to Increase Nutrient Consumption May Lead to Higher Food Costs for Consumers. **Health Affairs**, v. 30, n. 8, p. 1471-1477, 2011.

MOONEY, C. **The Republican War on Science**. New York: Basic Books, 2005.

MOORE, J. W. Cheap Food and Bad Money: Food, Frontiers, and Financialization in the Rise and Demise of Neoliberalism. **Review: A Journal of the Fernand Braudel Center**, v. 33, n. 2-3, p. 225-261, 2012.

MOORE, J. W. Transcending the metabolic rift: a theory of crises in the capitalist world-ecology. **Journal of Peasant Studies**, v. 38, n. 1, p. 1-46, 2011.

MORENS, D. M. Characterizing a 'New' Disease: Epizootic and Epidemic Anthrax, 1769-1780. **American Journal of Public Health**, v. 93, n. 6, p. 886-893, 2003.

MORRIS, M. L.; BINSWANGER-MIKHIZE, H. P.; BYERLEE, D. **Awakening Africa's Sleeping Giant: Prospects for Commercial Agriculture in the Guinea Savannah Zone and Beyond**. Washington: World Bank Publications, 2009.

MORTIMORE, M. et al. **Dryland Opportunities: A New Paradigm for People, Ecosystems and Development**. Gland: International Union for Conservation of Nature, 2009.

MORTON, D. C. et al. Cropland expansion changes deforestation dynamics in the southern Brazilian Amazon. **Proceedings of the National Academy of Sciences of the USA**, v. 103, n. 39, p. 14637-14641, 2006.

MORVAN, J. M. et al. Forest ecosystems and Ebola virus. **Bulletin de la Société de Pathologie Exotique**, v. 93, n. 3, p. 172-175, 2000.

MUKHTAR, M. M. et al. Origin of highly pathogenic H5N1 avian influenza virus in China and genetic characterization of donor and recipient viruses. **Journal of General Virology**, n. 88, p. 3094-3099, 2007.

MULLER, R. et al. Proximate causes of deforestation in the Bolivian lowlands: an analysis of spatial dynamics. **Regional Environmental Change**, n. 12, p. 445-459, 2011.

NAGY, A., ČERNÍKOVÁ, L., SEDLÁK, K., Genetic data and meteorological conditions: unravelling the windborne transmission of H5N1 high-pathogenicity avian influenza between commercial poultry outbreaks **bioRxiv** 2025.02.12.637829, 2025.

NARAYANAN, G. B.; WALMSLEY, T. L. (Orgs.). **Global Trade, Assistance, and Production: The GTAP 7 Data Base**. West Lafayette: Center for Global Trade Analysis, Purdue University, 2008.

NATHANSON, J. A. Caffeine and Related Methylxanthines: Possible Naturally Occurring Pesticides. **Science**, v. 226, n. 4671, p. 184-187, 1984.

NATURE EDITORIAL. Trial and triumph. **Nature**, v. 524, n. 7563, p. 5, 2015.

NELSON, M. I. et al. Spatial Dynamics of Human-Origin H1 Influenza A Virus in North American Swine. **PLoS Pathogens**, v. 7, n. 6, 2011.

NOER, C. L. et al. Molossid bats in an African agro-ecosystem select sugarcane fields as foraging habitat. **African Zoology**, v. 47, n. 1, p. 1-11, 2012.

NORTHUP, S. **Doze anos de escravidão**. São Paulo: Companhia das Letras, 2014.

O'CONNOR, J. **Natural Causes**. New York: Guilford Press, 1998.

OGATA, T. et al. Human H5N2 Avian Influenza Infection in Japan and the Factors Associated with High H5N2-Neutralizing Antibody Titer. **Journal of Epidemiology**, v. 18, n. 4, p. 160-166, 2008.

OKAMOTO, K. W.; LIEBMAN, A.; WALLACE, R. G. At What Geographic Scales Does Agricultural Alienation Amplify Foodborne Disease Outbreaks? A Statistical Test for 25 U.S. States, 1970-2000. **medRxiv**, 2020.

OKAMOTO, K. et al. Governance is key to controlling SARS-CoV-2's vaccine resistance. **medRxiv** 2022.05.26.22275649, 2022.

OLIVAL, K. J.; HAYMAN, D. T. Filoviruses in bats: current knowledge and future directions. **Viruses**, v. 6, n. 4, p. 1759-1788, 2014.

ORGANIZAÇÃO DAS NAÇÕES UNIDAS PARA ALIMENTAÇÃO E AGRICULTURA (FAO). **World Agriculture: Towards 2015/2030: An FAO Perspective**. London: Earthscan, 2003.

ORGANIZAÇÃO DAS NAÇÕES UNIDAS PARA ALIMENTAÇÃO E AGRICULTURA (FAO). Questions and Answers on Avian Influenza: Briefing Paper Prepared by AI Task Force. **Internal FAO document**, 30 jan. 2004.

ORGANIZAÇÃO MUNDIAL DA SAÚDE (OMS). Ebola Virus Disease in West Africa: The First 9 Months of the Epidemic and Forward Projections. **New England Journal of Medicine**, v. 371, n. 16, p. 1481-1495, 2014.

ORGANIZAÇÃO MUNDIAL DA SAÚDE (OMS). Toward a Unified Nomenclature System for the Highly Pathogenic H5N1 Avian Influenza Viruses. **Emerging Infectious Diseases**, v. 14, n. 7, jul. 2008.

ORGANIZAÇÃO PARA A COOPERAÇÃO E DESENVOLVIMENTO ECONÔMICO (OCDE). **Agricultural Policies in Non-Member Countries**. Paris: Centre for Cooperation with Economics in Transition, Organization for Economic Co-Operation and Development, 1998.

OSBAHR, H. et al. Evaluating Successful Livelihood Adaptation to Climate Variability and Change in Southern Africa. **Ecology and Society**, v. 15, n. 2, 2010.

OSTERHOLM, M. T.; MOORE, K. A.; GOSTIN, L. O. Public health in the age of Ebola in West Africa. **JAMA**, v. 175, n. 1, p. 7-8, 2015.

OSTROM, E. **Governing the Commons: The Evolution of Institutions for Collective Action**. Cambridge: Cambridge University Press, 1990.

OTTE, J. et al. Industrial Livestock Production and Global Health Risks. **Food and Agriculture Organization Pro-Poor Livestock Policy Initiative Research Report**, 2007.

OTTE, J.; GRACE, D. Human Health Risks from the Human-Animal Interface in Asia. In: AHUA, V. (Org.). **Asian Livestock: Challenges, Opportunities and the Response**. Proceedings of an international policy forum, Bangkok, 16-17 ago. 2012. p. 121-160.

PATTERSON, K. D. **Pandemic Influenza, 1700-1900: A Study in Historical Epidemiology**. Totowa: Rowman & Littlefield Publishers, 1986.

PAUL, M. et al. Practices associated with Highly Pathogenic Avian Influenza spread in traditional poultry marketing chains: social and economic perspectives. **Acta Tropica**, v. 126, n. 1, p. 43-53, 2013.

PEARCE, F. **The Land Grabbers: The New Fight over Who Owns the Earth**. Boston: Beacon Press, 2012.

PEARCE-DUVET, J. M. C. The Origin of Human Pathogens: Evaluating the Role of Agriculture and Domestic Animals in the Evolution of Human Disease. **Biological Reviews of the Cambridge Philosophical Society**, v. 81, n. 3, p. 369-382, 2006.

PEDRIQUE, B. et al. The drug and vaccine landscape for neglected diseases (2000-11): a systematic assessment. **The Lancet Global Health**, v. 1, n. 6, 2013.

PERFECTO, I. et al. Greater Predation in Shaded Coffee Farms: The Role of Resident Neotropical Birds. **Ecology**, v. 85, n. 10, p. 2677-2681, 2004.

PERFECTO, I.; VANDERMEER, J. The Agroecological Matrix as Alternative to the Land-Sparing/Agriculture Intensification Model. **Proceedings of the National Academy of Sciences of the USA**, v. 107, n. 13, p. 5786-5791, 2010.

PERKINS, F. C. Export Performance and Enterprise Reform in China's Coastal Provinces. **Economic Development and Cultural Change**, v. 45, n. 3, p. 501-539, 1997.

PHONGPACHIT, P.; BAKER, C. **Thailand, Economy and Politics**. Oxford: Oxford University Press, 1995.

PHONGPACHIT, P.; BAKER, C. **Thaksin: The Business of Politics in Thailand**. Chiang Mai: Silkworm Books, 2004.

PLOWRIGHT, R. K. et al. Ecological dynamics of emerging bat virus spillover. **Proceedings of the Royal Society B: Biological Sciences**, v. 282, n. 1798, 2015.

PONTE, S. The 'Latte Revolution'? Regulation, Consumption in the Global Coffee Chain. **World Development**, v. 30, n. 7, p. 1099-1122, 2002.

POON, L. L. et al. The aetiology, origins, and diagnosis of severe acute respiratory syndrome. **The Lancet Infectious Diseases**, v. 4, n. 11, p. 663-671, 2004.

PORTER, N. **Viral Economies: Bird Flu Experiments in Vietnam**. University of Chicago Press, 2019.

POSSAS, C. A. Social ecosystem health: confronting the complexity and emergence of infectious diseases. **Cadernos de Saúde Pública**, v. 17, n. 1, p. 31-41, 2001.

PRETTY, J. Can Ecological Agriculture Feed Nine Billion People?. **Monthly Review**, v. 1, n. 6, p. 46-58, 2009.

PRETTY, J.; TOULMIN, C.; WILLIAMS, S. Sustainable intensification in African agriculture. **International Journal of Agricultural Sustainability**, v. 9, n. 1, p. 5-24, 2011.

PRESTON, N. D.; DASZAK, P.; COIWELL, R. R. The Human Environment Interface: Applying Ecosystem Concepts to Health. **Current Topics in Microbiology and Immunology**, v. 365, p. 83-100, 2013.

PULLIAM, J. R. et al. Agricultural intensification, priming for persistence and the emergence of Nipah Virus: a lethal bat-borne zoonosis. **Journal of the Royal Society Interface**, v. 9, n. 66, p. 89-101, 2012.

PUZZELLI, S. et al. Serological Analysis of Serum Samples from Humans Exposed to Avian H7 Influenza Viruses in Italy between 1999 and 2003. **Journal of Infectious Diseases**, v. 192, n. 8, p. 1318-1322, 2005.

PYLE, G. F. **The Diffusion of Influenza: Patterns and Paradigms**. Totowa: Rowman & Littlefield, 1986.

QURESHI, A. I. et al. Study of Ebola Virus Disease survivors in Guinea. **Clinical Infectious Diseases**, v. 61, n. 7, p. 1035-1042, 2015.

RABINOWITZ, P. M. et al. Toward proof of concept of a one health approach to disease prediction and control. **Emerging Infectious Diseases**, v. 19, n. 12, 2013.

RAYNER, G.; LANG, T. **Ecological Public Health: Reshaping the Conditions for Good Health**. New York: Routledge, 2012.

REARDON, S. Ebola's mental-health wounds linger in Africa. **Nature**, v. 519, n. 7541, p. 13-14, 2015.

REES, P. Unfiltered leaks. 2011. Disponível em: http://philrees.tv/index.php/2011/09/22/slider-pix-1

REINHARDT, N.; BARLETT, P. The Persistence of Family Farms in United States Agriculture. **Sociologia Ruralis**, v. 29, n. 3-4, p. 203-225, 1989.

ROBINSON, T. P. et al. Mapping the global distribution of livestock. **PLoS ONE**, v. 9, n. 5, 2014.

RODEN, D. Regional inequality and rebellion in the Sudan. **Geographical Review**, v. 64, n. 4, p. 498-516, 1974.

ROE, B., IRWIN., E., SHARP J. Pigs in Space: Modeling the Spatial Structure of Hog Production in Traditional and Nontraditional Production Regions. **American Journal of Agricultural Economics**. Vol. 84, No. 2, 2002.

ROUSH, S. W. et al. Historical comparisons of morbidity and mortality for vaccine-preventable diseases in the United States. **Journal of the American Medical Association**, v. 298, n. 18, p. 2155-2163, 2007.

ROZELLE, S.; PRAY, C.; HUANG, J. Importing the means of production: foreign capital and technologies flows in China's agriculture. In: INTERNATIONAL AGRICULTURAL TRADE RESEARCH CONSORTIUM CONFERENCE, São Francisco, 25-26 jun. 1999.

RWEYEMAMU, M. et al. Emerging Diseases of Africa and the Middle East. **Annals of the New York Academy of Sciences**, v. 916, n. 1, p. 61-70, 2000.

SAEZ, A. M. et al. Investigating the zoonotic origin of the West African Ebola epidemic. **EMBO Molecular Medicine**, v. 7, n. 1, p. 17-23, 2014.

SALZBERG, S. L. et al. Genome Analysis Linking Recent European and African Influenza (H5N1) Viruses. **Emerging Infectious Diseases**, v. 13, n. 5, p. 713-718, 2007.

SANDERS, T. A. B. Food production and food safety. **British Medical Journal**, v. 318, n. 7199, p. 1689-1693, 1999.

SAUNDERS, L. Z. Virchow's Contributions to Veterinary Medicine: Celebrated Then, Forgotten Now. **Veterinary Pathology**, v. 37, n. 3, p. 199-207, 2000.

SCHAR, D.; DASZAK, P. Ebola economics: the case for an upstream approach to disease emergence. **EcoHealth**, v. 11, n. 4, p. 451-452, 2014.

SCHERR, S. J.; MCNEELY, J. A. Biodiversity conservation and agricultural sustainability: towards a new paradigm of 'ecoagriculture' landscapes. **Philosophical Transactions of the Royal Society B: Biological Sciences**, v. 363, n. 1461, p. 477-494, 2008.

SCHIZAS, D. Systems ecology reloaded: a critical assessment focusing on the relations between science and ideology. In: STAMOU, G. P. (Org.). **Populations, Biocommunities, Ecosystems: A Review of Controversies in Ecological Thinking**. Sharjah: Bentham Science Publishers, 2012. p. 67-92.

SCHOSEPP, R. J. et al. Undiagnosed acute viral febrile illnesses, Sierra Leone. **Emerging Infectious Diseases**, v. 20, n. 7, p. 1176-1182, 2014.

SCHWABE, C. W. **Veterinary Medicine and Human Health**. Baltimore: Williams & Wilkins, 1984.

SETO, K. C.; FRACKIAS, M. Quantifying Spatiotemporal Patterns of Urban Land-use Change in Four Cities of China with Time Series Landscape Metrics. **Landscape Ecology**, v. 20, n. 7, p. 871-888, 2005.

SETO, K. C.; KAUFMANN, R. K.; WOODCOCK, C. E. Landsat reveals China's farmland reserves, but they are vanishing fast. **Nature**, v. 406, n. 13, p. 121, 2000.

SHAFIE, N. J. et al. Diversity pattern of bats at two contrasting habitat types along Kerian River, Perak, Malaysia. **Tropical Life Sciences Research**, v. 22, n. 2, p. 13-22, 2011.

SHEPPARD, E. Geographic dialectics?. **Environment and Planning A**, v. 40, p. 2603-2612, 2008.

SHEPPARD, E.; BARNES, T. **The Capitalist Space Economy: Geographical Analysis After Ricardo, Marx and Sraffa**. Oxford: Routledge, 1990.

SHI, L. Health care in China: a rural-urban comparison after the socioeconomic reforms. **Boletim da Organização Mundial da Saúde**, v. 71, n. 6, p. 723-736, 1993.

SHIM, E.; GALVANI, A. P. Evolutionary Repercussions of Avian Culling on Host Resistance and Influenza Virulence. **PLoS ONE**, v. 4, n. 5, 2009.

SHORTRIDGE, K. F. Avian influenza a viruses of southern China and Hong Kong: ecological aspects and implications for man. **Boletim da Organização Mundial da Saúde**, v. 60, n. 1, p. 129-135, 1982.

SHORTRIDGE, K. F. Avian influenza viruses in Hong Kong: zoonotic considerations. In: SCHRIJVER, R. S.; KOCH, G. (Orgs.). **Proceedings of the Frontis Workshop on Avian Influenza: Prevention and Control**. Wageningen: Wageningen University and Research Centre, 2003a. p. 9-18.

SHORTRIDGE, K. F. Severe Acute Respiratory Syndrome and Influenza: Virus Incursions from Southern China. **American Journal of Respiratory and Critical Care Medicine**, v. 168, n. 12, p. 1416-1420, 2003b.

SHORTRIDGE, K. F. The next pandemic influenza virus?. **The Lancet**, v. 346, n. 8984, p. 1210-1212, 1995.

SHORTRIDGE, K. F.; STUART-HARRIS, C. H. An Influenza Epicentre?. **The Lancet**, v. 2, n. 8302, p. 812-813, 1982.

SHULMAN, S. **Undermining Science: Suppression and Distortion in the Bush Administration**. Berkeley: University of California Press, 2006.

SIEMBIEDA, J. L. et al. The Role of Wildlife in Transboundary Animal Diseases. **Animal Health Research Reviews**, v. 12, n. 1, p. 95-111, 2011.

SIMON-LORIERE, E. et al. Distinct lineages of Ebola virus in Guinea during the 2014 West African epidemic. **Nature**, v. 524, n. 7563, p. 102-104, 2015.

SIMOONS, F. J. **Food in China: A Cultural and Historical Inquiry**. Boca Raton: CRC Press, 1991.

SIMPSON, J. R. et al. Pig, broiler and laying hen farm structure in China, 1996. In: INTERNATIONAL AGRICULTURAL TRADE RESEARCH CONSORTIUM CONFERENCE, São Francisco, 25-26 jun. 1999.

SITI, V. F. S. China's WTO Accession and its Impact on Hong Kong-Guangdong Cooperation. **Asian Survey**, v. 44, n. 6, p. 815-835, 2004.

SMIT, L. A. M. et al. Q Fever and Pneumonia in an Area with a High Livestock Density: A Large Population-based Study. **PLoS ONE**, v. 7, n. 6, 2012.

SMITH, D. H. et al. The Nazra outbreak of viral haemorrhagic fever. In: PATTYN, S. R. (Org.). **Ebola Virus Haemorrhagic Fever: Proceedings of an International Colloquium on Ebola Virus Infection and Other Haemorrhagic Fevers held in Antwerp, Belgium, 6-8 of December, 1977**. Amsterdam: Elsevier, 1978.

SMITH, G. J. D. et al. Emergence and predominance of an H5N1 influenza variant in China. **Proceedings of the National Academy of Sciences of the USA**, v. 103, n. 45, p. 16936-16941, 2006.

SMITH, M. D. et al. Sustainability and Global Seafood. **Science**, v. 327, n. 5967, p. 784-786, 2010.

SMITH-NONINI, S. **Engineering the Coronaverse: The Wild, Wild Sovereignty of Big Meat in the Age of the Corporate State**. Routledge, 2022.

SOARES MAGALHÃES, R. J. et al. Associations between attributes of live poultry trade and HPAI H5N1 outbreaks: descriptive and network analysis study in northern Vietnam. **BMC Veterinary Research**, v. 6, n. 10, 2010.

SOLOMON, S. et al. (Orgs.). **Contribution of Working Group I to the Fourth Assessment Report of the Intergovernmental Panel on Climate Change, 2007**. Cambridge: Cambridge University Press, 2007.

SONGSERM, T. et al. Domestic Ducks and H5N1 Influenza Epidemic, Thailand. **Emerging Infectious Diseases**, v. 12, n. 4, p. 575-581, 2006.

SPARKE, M. Health. In: LEE, R. et al. (Orgs.). **The SAGE Handbook of Progress in Human Geography**. Thousand Oaks: SAGE, 2014.

SPARKE, M.; ANGUELOV, D. H1N1, globalization and the epidemiology of inequality. **Health & Place**, v. 18, n. 4, p. 726-736, 2012.

SPENCER, J. MARASCO, D., & EICHINGER, M. Planning for Emerging Infectious Disease Pandemics: Definitions, the Role of Planners, and Learning From the Avian Influenza Outbreak of 2004–2005. **Journal of the American Planning Association**, 88(1), 2021.

STECHERT, C. et al. Insecticide residues in bats along a land use-gradient dominated by cotton cultivation in northern Benin, West Africa. **Environmental Science and Pollution Research**, v. 21, n. 14, p. 8812-8821, 2014.

STINCARELLI, M. et al. Reassortment ability of the 2009 pandemic H1N1 influenza virus with circulating human and avian influenza viruses: public health risk implications. **Virus Research**, v. 175, n. 2, p. 151-154, 2013.

STINE, N. W.; CHOKSHI, D. A. Opportunity in Austerity: A Common Agenda for Medicine and Public Health. **New England Journal of Medicine**, v. 366, p. 395-397, 2012.

STRIFFLER, S. **Chicken: The Dangerous Transformation of America's Favorite Food**. New Haven: Yale University Press, 2005.

SUÁREZ-TORRES, J. et al. Agroecology and Health: Lessons from Indigenous Populations. **Current Environmental Health Reports**, n. 4, p. 244-251, 2017.

SUAREZ, D. L.; LEE, C. W.; SWAYNE, D. E. Avian influenza vaccination in North America: strategies and difficulties. **Developmental Biology**, n. 124, p. 117-124, 2006.

SUN, A. D. et al. Development of out-of-season laying in geese and its impact on the goose industry in Guangdong Province, China. **World's Poultry Science Journal**, v. 63, n. 3, p. 481-490, 2007.

TAKEKAWA, J. Y. et al. Migration of waterfowl in the East Asian flyway and spatial relationship to HPAI H5N1 outbreaks. **Avian Diseases**, v. 54, n. S1, p. 466-476, 2010a.

TAKEKAWA, J. Y. et al. Victims and vectors: highly pathogenic avian influenza H5N1 and the ecology of wild birds. **Avian Biology Research**, v. 3, n. 2, p. 51-73, 2010b.

TAKEKAWA, K. **Introduction to nonparametric regression**. Hoboken: John Wiley & Sons, 2006.

TAN, K. S.; KHOR, H. E. China's changing economic structure and implications for regional patterns of trade, protection and integration. **China & World Economy**, v. 14, n. 6, p. 1-19, 2006.

TANG, X. et al. Isolation and characterization of prevalent strains of avian influenza viruses in China. **Chinese Journal of Animal Poultry Infectious Diseases**, n. 20, p. 1-5, 1998. (em chinês).

TANURO, D. **L'impossible capitalisme vert**. Paris: La Découverte, 2010.

TAYLOR, P. J. et al. Seasonal patterns of habitat use by insectivorous bats in a subtropical African agro-ecosystem dominated by macadamia orchards. **African Journal of Ecology**, v. 51, n. 4, p. 552-561, 2013.

TEIXEIRA, L. Brazilian National Champions and Antitrust Policy: Interaction and Challenges. **SSRN**, 2012

THOMPSON, J. M. et al. Effect of repeated implants of Oestradiol-17 on beef palatability in Brahman and Braham cross steers finished to different market end points. **Australian Journal of Experimental Agriculture**, v. 48, n. 11, p. 1434-1441, 2008.

TIANG, G. et al. Protective Efficacy of the H5 Inactivated Vaccine Against Different Highly Pathogenic H5N1 Avian Influenza Viruses Isolated in China and Vietnam. **Avian Dis** (2010) 54 (s1): 287–289, 2010.

TIENSIN, T. P. et al. Highly Pathogenic Avian Influenza H5N1, Thailand, 2004. **Emerging Infectious Diseases**, v. 11, n. 11, p. 1664-1672, 2005.

TIENSIN, T. P. et al. Transmission of the Highly Pathogenic Avian Influenza Virus H5N1 Within Flocks During the 2004 Epidemic in Thailand. **Journal of Infectious Diseases**, v. 196, n. 11, p. 1679-1684, 2007.

TILLEY, H. Ecologies of Complexity: Tropical Environments, African Trypanosomiasis, and the Science of Disease Control in British Colonial Africa, 1900-1940. **Osiris**, v. 19, p. 21-38, 2004.

TORRENCE, P. F. (Org.). **Combating the Threat of Pandemic Influenza: Drug Discovery Approaches**. Nova York: Wiley, 2007.

TSENG, W.; ZEBREGS, H. Foreign direct investment in China: Some lessons for other countries. In: TSENG, W.; RODLAUER, M. (Orgs.). **China, Competing in the Global Economy**. Washington: Fundo Monetário Internacional, 2003. p. 68-88.

TSENG, I. et al. Re-evaluating efficacy of vaccines against highly pathogenic avian influenza virus in poultry: A systematic review and meta-analysis, One Health, Volume 18, 2024.

TUCKER, J. D. et al. Surplus men, sex work, and the spread of HIV in China. **AIDS**, v. 19, n. 6, p. 539-547, 2005.

UNITED STATES COUNCIL FOR AGRICULTURAL SCIENCE AND TECHNOLOGY (CAST). **Global risks of infectious animal diseases**. Issue Paper, n. 28, 2005. Disponível em: http://www.cast-science.org/publications/?global_risks_of_infectious_animal_diseases&show=product&productID=2900. Acesso em 2 de outubro de 2025.

UNITED STATES DEPARTMENT OF AGRICULTURE (USDA). **Coffee: World Markets and Trade**. Foreign Agricultural Service, 2014.

UNITED STATES DEPARTMENT OF AGRICULTURE (USDA). **Foreign trade barriers: China**. Washington, 1998.

VAN ASSELDONK, M. A. P. M. et al. Economics of controlling avian influenza epidemics. In: SCHRIJVER, R. S.; KOCH, G. (Orgs.). **Avian Influenza: Prevention and Control**. Dordrecht: Springer, 2005. p. 139-148.

VAN BOECKEL, T. P. et al. Improving Risk Models for Avian Influenza: The Role of Intensive Poultry Farming and Flooded Land During the 2004 Thailand Epidemic. **PLoS ONE**, v. 7, n. 11, 2012b.

VAN BOECKEL, T. P. et al. Predicting the Distribution of Intensive Poultry Farming in Thailand. **Agriculture, Ecosystems & Environment**, v. 149, p. 144-153, 2012a.

VAN BOECKEL, T. P. et al. The Nosoi commute: a spatial perspective on the rise of bsl-4 laboratories in cities. **arXiv**:1312.3283v2 [q-bio.PE], 13 dez. 2013.

VAN EERGEN, M. R. et al. Connecting seas: western Palearctic continental flyway for water birds in the perspective of changing land use and climate. **Global Change Biology**, v. 11, n. 6, p. 894-908, 2005.

VAN HELDEN, P. D.; VAN HELDEN, L. S.; HOAL, E. G. One World, One Health. **European Molecular Biology Organization Reports**, v. 14, n. 6, p. 497-501, 2013.

VAN REGENMORTEL, M. H. V. Reductionism and complexity in molecular biology. **European Molecular Biology Organization Reports**, v. 5, n. 11, p. 1016-1020, 2004.

VANDERMEER, J.; PERFECTO, I.; PHILPOTT, S. Ecological Complexity and Pest Control Organic Coffee Production: Uncovering an Autonomous Ecosystem Service. **BioScience**, v. 60, n. 7, p. 527-537, 2010.

VIJAYKRISHNA, D. et al. Evolutionary Dynamics and Emergence of Panzootic H5N1 Influenza Viruses. **PLoS Pathogens**, v. 4, n. 9, 2008.

WALKER, P. et al. Outbreaks of H5N1 in poultry in Thailand: the relative role of poultry production types in sustaining transmission and the impact of active surveillance in control. **Journal of the Royal Society Interface**, v. 9, n. 73, p. 1836-1845, 2012.

WALLACE, C & MOTARJEMI, Y. **Chapter 45 - Incident Management and Root Cause Analysis**. Veslemøy Andersen, Huub Lelieveld, Yasmine Motarjemi (ed). Food Safety Management, Academic Press, 2023.

WALLACE, R. Immune cognition and vaccine strategy: pathogenic challenge and ecological resilience. **Open Systems & Information Dynamics**, v. 9, p. 51-83, 2002.

WALLACE, R.; FULLILOVE, R. Why Simple Regression Models Work So Well Describing 'Risk Behaviors' in the USA. **Environment and Planning A: Economy and Space**, v. 31, n. 4, p. 719-734, 1999.

WALLACE, R.; WALLACE, R. G. Adaptive Chronic Infection, Structured Stress, and Medical Magic Bullets: Do Reductionist Cures Select for Holistic Diseases? **BioSystems**, n. 77, p. 93-108, 2004.

WALLACE, R.; WALLACE, R. G. Blowback: new formal perspectives on agriculturally-driven pathogen evolution and spread. **Epidemiology and Infection**, v. 143, n. 10, p. 2068-2080, 2014.

WALLACE, R. How policy failure and power relations drive COVID-19 pandemic waves: A control theory perspective. **Hal**, 2021.

WALLACE, R. et al. Agribusiness vs. Public Health: Disease Control in Resource-Asymmetric Conflict. **Hal**, 2020.

WALLACE, R. et al. Agribusiness vs. Public Health: Disease Control in Resource-Asymmetric Conflict. **HAL Archives-Ouvertes**, mar. 2020. Disponível em: https://hal.archives-ouvertes.fr/hal-02513883/. Acesso em: [data de acesso].

WALLACE, R. et al. **Clear-Cutting Disease Control: Capital-Led Deforestation, Public Health Austerity, and Vector-Borne Infection**. Nova York: Springer, 2018.

WALLACE, R. et al. Ebola in the hog sector: Modeling pandemic emergence in commodity livestock. In: WALLACE, R. G.; WALLACE, R. (Orgs.). **Neoliberal Ebola: Modeling Disease Emergence from Finance to Forest and Farm**. Nova York: Springer, 2016.

WALLACE, R. et al. **Farming Human Pathogens: Ecological Resilience and Evolutionary Process**. Dordrecht: Springer, 2009.

WALLACE, R. G. Agriculture, Capital, and Infectious Diseases. In: HARREN, H. et al. **IAASTD – Ten Years After**. No prelo.

WALLACE, R. G. Alien vs. Predador. **Pandemia e agronegócio: doenças infecciosas, capitalismo e ciência.** São Paulo, Igrá Kniga, 2020.

WALLACE, R. G. A Racialized Medical Genomics: Shiny, Bright and Wrong. **RACE: The Power of an Illusion**, 2005.

WALLACE, R. G. **Pandemia e agronegócio: doenças infecciosas, capitalismo e ciência**. Tradução de Allan Rodrigo de Campos Silva. São Paulo, Igra Kniga, 2020.

WALLACE, R. G. Dead Epidemiologists: On the Origins of COVID-19. Monthly Review Press, 2020.

WALLACE, R. G. 'Biosecure' Farms not so Biosecure. **Farming Pathogens**, 26 ago. 2009. Disponível em: https://farmingpathogens.wordpress.com/2009/08/26/biosecure-farms-not-so-biosecure/. Acesso em 2 de outubro de 2025.

WALLACE, R. G. Bird Flu's Industrial Revolution. **Farming Pathogens**, 5 abr. 2009. Disponível em: https://farmingpathogens.wordpress.com/2009/04/05/bird-flus-industrial-revolution/. Acesso em 2 de outubro de 2025.

WALLACE, R. G. Book review: Combating the Threat of Pandemic Influenza: Drug Discovery Approaches. **Quarterly Review of Biology**, v. 83, p. 327-328, 2008.

WALLACE, R. G. Breeding Influenza: The Political Virology of Offshore Farming. **Antipode**, v. 41, n. 5, p. 916-951, 2009a.

WALLACE, R. G. Egypt's Food Pyramid. **Farming Pathogens**, 16 fev. 2011. Disponível em: http://farmingpathogens.wordpress.com/2011/02/16/egypts-food-pyramids/. Acesso em 2 de outubro de 2025.

WALLACE, R. G. Grainmortal. **Farming Pathogens**, 6 dez. 2010. Disponível em: https://farmingpathogens.wordpress.com/2010/12/06/grainmortal/. Acesso em 2 de outubro de 2025.

WALLACE, R. G. Midvinter-19. **Patreon**, 5 mai. 2020. Disponível em: https://www.patreon.com/posts/midvinter-19-36797182. Acesso em 2 de outubro de 2025.

WALLACE, R. G. Projecting the impact of Haart on the evolution of HIV's life history. **Ecological Modelling**, v. 176, n. 3-4, p. 227-253, 2004.

WALLACE, R. G.; FITCH, W. M. Influenza a H5N1 Immigration is Filtered Out at Some International Borders. **PLoS ONE**, v. 3, n. 2, 2008.

WALLACE, R. G.; HALL, K. **It's a Small World: Preparing for a Pandemic Outbreak at and around Disneyland, 2010 and Beyond. A report commissioned by Unite Here Local 11**. Farming Pathogens, nov. 2009. Disponível em: https://farmingpathogens.files.wordpress.com/2015/01/wallace-and-hall-its-a-small-world-final-report.pdf. Acesso em 2 de outubro de 2025.

WALLACE, R. G.; KOCK, R. A. Whose food footprint? Capitalism, agriculture and the environment. **Human Geography**, v. 5, n. 1, p. 63-83, 2012.

WALLACE, R. G.; OKAMOTO, K.; LIEBMAN, A. Earth, the Alien Planet. In: MONK, D. B.; SORKIN, M. (Orgs.). **Between**

Catastrophe and Redemption: Essays in Honor of Mike Davis. Nova York: UR Books. No prelo.

WALLACE, R. G.; WALLACE, R. (Orgs.). **Neoliberal Ebola: Modeling Disease Emergence from Finance to Forest and Farm**. Nova York: Springer, 2016.

WALLACE, R. G.; WALLACE, R. The geographic search engine: one way urban epidemics find susceptible populations and evade public health intervention. **Journal of Urban Health**, v. 80, n. S2, p. ii5, 2003.

WALLACE, R. G.; STERN, H. By Protease Uracil Load Qinghai-like and Southern Chinese Influenza A (H5N1) Appear Closest to Evolving Human-to-human Infection. Não publicado.

WALLACE, R. G. et al. A statistical phylogeography of influenza A H5N1. **Proceedings of the National Academy of Sciences of the USA**, v. 104, n. 11, p. 4473-4478, 2007.

WALLACE, R. G. et al. Are Influenzas in Southern China Byproducts of the Region's Globalizing Historical Present?. In: GILES-VERNICK, T.; CRADDOCK, S.; GUNN, J. (Orgs.). **Influenza and Public Health: Learning from Past Pandemics**. Londres: EarthScan Press, 2010. p. 101-144.

WALLACE, R. G. et al. Covid-19 and Circuits of Capital. **Monthly Review**, v. 72, n. 1, 1 mai. 2020. Disponível em: https://monthlyreview.org/2020/04/01/covid-19-and-circuits-of-capital/. Acesso em 2 de outubro de 2025.

WALLACE, R. G. et al. Did Ebola emerge in West Africa by a policy-driven phase change in agroecology?. **Environment and Planning A**, v. 46, n. 11, p. 2533-2542, 2014.

WALLACE, R. G. et al. Did neoliberalizing West African forests produce a new niche for Ebola?. **International Journal of Health Services**, v. 46, n. 1, p. 149-165, 2016.

WALLACE, R. G. et al. Industrial Agricultural Environments. In: FALL, J.; FRANCIS, R.; SCHLAEPFER, M. A.; BARKER, K. (Orgs.). **The Routledge Handbook of Biosecurity and Invasive Species**. Nova York: Routledge. No prelo.

WALLACE, R. G. et al. The Dawn of Structural One Health: A New Science Tracking Disease Emergence along Circuits of Capital. **Social Science & Medicine**, v. 129, p. 68-77, 2015.

WAN, X. F. et al. Genetic characterization of H5N1 avian influenza viruses isolated in southern China during the 2003-04 avian influenza outbreaks. **Archives of Virology**, n. 150, p. 1257-1266, 2005.

WANG, C. J.; NG, C. Y.; BROOK, R. H. Response to Covid-19 in Taiwan: Big Data Analytics, New Technology, and Proactive Testing. **JAMA**, v. 323, n. 14, p. 1321-1342, 2020.

WANG, J. et al. Identification of the Progenitors of Indonesian and Vietnamese Avian Influenza A (H5N1) Viruses from Southern China. **Journal of Virology**, v. 82, n. 7, p. 3405-3414, 2008.

WANG, M.; FU, C. X.; ZHENG, B. J. Antibodies against H5 and H9 avian influenza among poultry workers in China. **New England Journal of Medicine**, v. 360, n. 24, p. 2583-2584, 2009.

WATTS, S. **Epidemics and History: Disease, Power and Imperialism**. Bath: Bath Press, 1997.

WEBB, J. C. et al. Tools for Thoughtful Action: The Role of Ecosystem Approaches to Health in Enhancing Public Health. **Canadian Journal of Public Health**, v. 101, n. 6, p. 439-441, 2010.

WEBSTER, R. G. A Molecular Whodunit. **Science**, v. 293, n. 5536, p. 1773-1775, 2001.

WEBSTER, R. G. et al. H5N1 Outbreaks and Enzootic Influenza. **Emerging Infectious Diseases**, v. 12, n. 1, p. 3-8, 2006.

WEBSTER, R. G.; WALKER, E. J. Influenza. **American Scientist**, n. 91, p. 122-129, 2004.

WEINBERG, B. A.; BEALER, B. K. **The World of Caffeine: The Science and Culture of the World's Most Popular Drug**. Nova York: Routledge, 2002.

WEIS, T. **The Global Food Economy: The Battle for the Future of Farming**. Londres: Zed Books, 2007.

WENG, Q. Land Use Change Analysis in the Zhujiang Delta of China Using Satellite Remote Sensing, GIS and Stochastic Modeling. **Journal of Environmental Management**, v. 64, n. 3, p. 273-284, 2002.

WHALLEY, J.; XIN, X. China's FDI and Non-FDI Economies and the Sustainability of Future High Chinese Growth. **Working Paper**, n. 12249, National Bureau of Economic Research, Cambridge, 2006.

WILD, A. **Coffee: A Dark History**. Nova York: Norton, 2004.

WILLIAMS, E. **Capitalismo e escravidão**. São Paulo, Companhia das Letras, 2012.

WILLIAMS-GUILLÉN, K.; PERFECTO, I. Ensemble Composition and Activity Levels of Insectivorous Bats in Response to Management Intensification in Coffee Agroforestry Systems. **PLoS ONE**, v. 6, n. 1, 2011.

WILLIAMS-GUILLÉN, K.; PERFECTO, I. Investigating Trophic Interactions with Molecular Methods: Insectivory by Bats in the Coffee Agroecosystem. In: **95th ESA Annual Meeting**, 1-6 ago. 2010.

WILLIAMS-GUILLÉN, K.; PERFECTO, I.; VANDERMEER, J. Bats Limit Insects in a Neotropical Agroforestry System. **Science**, v. 320, n. 5872, p. 70, 2008.

WILSON, M. E.; LEVINS, R.; SPIELMAN, A. (Orgs.). **Disease in Evolution: Global Changes and Emergence of Infectious Diseases.** Nova York: Annals of the New York Academy of Sciences, v. 740, n. 1, 1994.

WINTGENS, J. N. (Org.). **Coffee: Growing, Processing, Sustainable Production.** 2. ed. Weinheim: Wiley-VCH, 2012.

WISE, T. **Eating Tomorrow: Agribusiness, Family Farmers, and the Battle for the Future of Food.** The New Press, 2019.

WOLFE, N. D. et al. Bushmeat hunting, deforestation, and prediction of zoonoses emergence. **Emerging Infectious Diseases**, v. 11, n. 12, p. 1822-1827, 2005.

WOLFE, N. D.; DUNAYAN, C. P.; DIAMOND, J. Origins of major human infectious diseases. **Nature**, v. 447, p. 279-283, 2007.

XU, K. M. et al. The Genesis and Evolution of H9N2 Influenza Viruses in Poultry from Southern China, 2000 to 2005. **Journal of Virology**, v. 81, n. 19, p. 10389-10401, 2007.

XU, J.; WU, L.; CHANG, A. C. Degradation and adsorption of selected pharmaceuticals and personal care products (PPCPs) in agricultural soils. **Chemosphere**, v. 77, n. 10, p. 1299-1305, 2009.

XUEQIANG, X. et al. Production change in Guangdong. In: YIN-WANG, R.; SO, A. Y. (Orgs.). **The Hong Kong-Guangdong Link: Partnership in Flux**. Nova York: M.E. Sharpe, 1995. p. 135-162.

YANG, Y. et al. Detecting Human-to-Human Transmission of Avian Influenza A (H5N1). **Emerging Infectious Diseases**, v. 13, n. 9, p. 1348-1353, 2007.

YARON, Y.; HADAD, Y.; CAHANER, A. Heat tolerance in featherless broilers. In: **Proceedings of the 22nd World Poultry Congress**, Istanbul, 8-12 jun. 2004.

YEUNG, H. W. Rethinking Relational Economic Geography. **Transactions of the Institute of British Geographers**, v. 30, n. 1, p. 37-51, 2005.

YUEN, K. Y.; WONG, S. S. Human infection by avian influenza A H5N1. **Hong Kong Medical Journal**, v. 11, n. 3, p. 189-199, 2005.

ZHANG, P. et al. Characterization of H9N2 influenza viruses isolated from vaccinated flocks in an integrated broiler chicken operation in eastern China during a 5-year period (1998-2002). **Journal of General Virology**, v. 89, n. 12, p. 3102-3112, 2008.

ZHAO, Y., et al. Airborne transmission may have played a role in the spread of 2015 highly pathogenic avian influenza outbreaks in the United States. **Sci Rep 9**, 11755, 2019.

ZHU, Y. G. et al. Diverse and abundant antibiotic resistance genes in Chinese swine farms. **Proceedings of the National Academy of Sciences of the USA**, v. 110, n. 9, p. 3435-3440, 2013.

ZINSSTAG, J. Convergence of Ecohealth and One Health. **EcoHealth**, v. 9, n. 4, p. 371-373, 2012.

ZINSSTAG, J. et al. Mainstreaming One Health. **EcoHealth**, v. 9, n. 2, p. 107-110, 2012.

ZWENG, D. Internationalizing China's Countryside: The Political Economy of Exports from Rural Industry. **The China Quarterly**, v. 128, p. 716-741, 1991.

FONTES Baskervville e Gill Sans MT
PAPEL Pólen Soft, 80g
CAPA Supremo LD 250
TIRAGEM 300 exemplares
1ª EDIÇÃO Outubro de 2025